책 대 책

APCTP 기획

과학 대 상상

칼 세이건, 그가 성취한 꿈

궁극의 답은 왜 42인가

상상력과 논리가 만나는 지점

다른 차원, 다른 세계

평행 우주로의 초대장

인물 대 인물

물리학계의 두 천재,

그들의 내면을 들여다보다

책 대 책

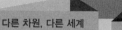코스모스에서 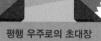뉴런 네트워크까지

고중숙 외 22인

13편의 사이언스 북 토크

거인들의 시대

단절과 연속

승자는 누구였는가?

금세기 최대의 과학 논쟁,

이론 대 이론

새 우주가 열리다

신의 입자,

양자와 정보가 만난 순간,

소설이냐 소설이냐?

지상에 내려오다

최종 이론은 꿈인가?

사이언스북스
SCIENCE BOOKS

발간사

김승환
아시아태평양이론물리센터 소장

『책 대 책』은 과학 역사에서 이정표가 된 두 권의 책을 비교 분석하는 대담 시리즈를 아시아태평양이론물리센터(APCTP)가 발행하는 웹진《크로스로드》에 게재한 후 이를 모아 펴낸 책이다.

APCTP는 아시아 태평양 권역의 물리학 발전을 위해 설립된 대표적인 기초 과학 국제 연구소이다. 1996년에 한국에 본부를 두고 설립된 후 현재 포항 공과 대학교 캠퍼스에 둥지를 틀고 있다. 매년 중국, 일본, 대만, 베트남, 오스트레일리아 등 아시아 태평양 권역 내 15개 회원국뿐 아니라 미국, 유럽 등 전 세계로부터 최고의 과학 브레인 3,000여 명이 센터의 학술 활동에 참여하거나, 방문 연구를 수행한다.

이론 물리학자들의 꿈은 자신 주위의 자연과 세상을 가장 근본적인 수준에서 탐구, 이해하는 것이다. 우주의 기원, 물질의 근본, 힘의 통합, 생명의 기원, 그리고 뇌의 신비 등 가장 근원적인 주제들이 이들이 즐겨 토론하는 주제들이다. 보통 이론 물리학자들은 아이디어만 가지고 다니면 되므로 행장이 가볍고 행보가 유연하다. 따라서 이들은 이동성이 강한 유목민으로서 전 세계 어디든지 자신의 꿈을 펼칠 수 있는 연구소로 움직인다. 젊은 과학자들이 자유롭고 독립적으로 연구에 몰입할 수 있는 연구소는 '꿈의 연구소'이다. 아태이론물리센터도 아시아 태평양 권역을 대표하는 최고의 연구소가 되기 위한 꿈에 도전하고 있다.

웹진《크로스로드》는 아시아태평양이론물리센터가 과학의 전통적인 경계를 넘어 과학자들이 대중과 사회와 소통하고 꿈을 나눌 수 있도록 온라인 공간에 마련한 장이다. 특히 센터와 사이언스북스가 공동 기획한『책 대 책』은 한 권의 책을 내용 중심으로 소개하던 일반적인 서평 쓰기에서 벗어나 물리학의 역사에서 이정표 역할을 했거나 물리학을 대중화하는 데 지대한 공헌을 한 책들을 중심으로 인물 대 인물, 이론 대 이론, 이론 대 현실 또는 상상, 명강의 대 명강의 등 두 권의 책을 비교 분석한 대표적 과학 커뮤니케이션 프로그램이다. 이 시리즈는 우선 좋은 책을 선정하고 독특한 배틀 형식의 토론을 진행해 온-오프라인에서 많은 인기를 끌어 왔다. 독자들이 이 책에서 과학의 다양한 주제에 대한 자유로운 토론이 가져다주는 남다른 흥미와 감동을 느끼길 기대한다.

앞으로도 아시아태평양 이론물리센터는 독자 여러분과 과학에 대한 꿈, 이야기, 토론을 다양한 방식으로 지속적으로 담아 나가고자 한다.

김승환 아시아태평양이론물리센터 소장

서울 대학교 물리학과를 졸업하고 미국 펜실베이니아 대학교 물리학과에서 박사 학위를 받았다. 코넬 대학교 및 프린스턴 고등 연구소 연구원, 케임브리지 대학교 방문 교수 등을 역임하고 현재 포항 공과 대학교 물리학과 교수로서 국가 지정 비선형 및 콤플렉스 시스템 연구실장, 아시아 태평양 물리학 연합회 회장 등을 맡고 있다.

차 례

머리말

이명현
과학 저술가/천문학자

이 책은 결과적으로 과학책에 관한 글을 모은 책이지만 책이 나오기까지의 과정은 그 이상의 가치를 지니고 있다. 과학책에 대한 서평을 웹진《크로스로드》에 매달 두 편씩 올리면 어떻겠냐는 APCTP 과학 문화 위원들의 단순한 제안이 이 책의 시작이었다. 연재가 끝난 후 서평을 묶어서 책으로 내면 좋겠다는 역시 단순한 생각에서 출판사와 접촉을 했다. 사건은 여기서 시작되었다. 서평 출간 제안을 받은 사이언스북스는 과학책 서평의 연재와 출판을 넘어선 이벤트를 해 보자는 역제안을 했다. 서평을 쓴 필자들을 한자리에 모아서 대담을 하자는 것이었다. 같은 책에 대해서 두 사람이 서평을 쓴 후 한자리에 모여서 대담을 하는 형식이 제안되었다. 서로 다른 두 권의 책에 대해서 각기 다른 필자들이 서평을 쓰고 대담회를 열자는 제안도 있었다. 대담회를 비공개로 할 것인지 일반인들에게 공개할 것인지에 대해서도 서로 다른 의견이 나왔다. 출판사와 과학 문화 위원들 사이의 진지한 토론 끝에 어느 지점에서건 맥락이 닿아 있는 각기 다른 두 권의 과학책을 두 명의 필자가 서평을 쓰는 것으로 결

11

론이 났다. 서평 두 편을《크로스로드》에 먼저 싣고 그 서평을 읽고 온 독자들을 대상으로 서평을 쓴 필자 두 명을 초대해서 과학 문화 위원 중 한 명이 사회를 보는 형식으로 공개 대담회를 열기로 합의했다. 이 책은 이런 협의 과정을 거쳐서 진화하고 탄생한 과학책 서평 및 대담회 이벤트의 결과물이다. 흔히 말하는 융합적 소통의 산물이라는 의미가 크다고 하겠다. 이 책에는 그 분위기가 반영될 틈이 없었지만 공개 대담회에 참가한 청중들이 보여 준 열기 또한 이 책이 서평집 그 이상이라는 것을 반영하는 증거라고 할 수 있겠다.

《크로스로드》 2011년 9월호에 과학책 서평 두 편이 처음 올라갔다. 이를 바탕으로 한 첫 공개 대담은 같은 해 9월 20일에 진행되었고 대담회 내용을 녹취한 글은 10월호《크로스로드》에 실렸다. 2012년 12월까지 매달 두 편의 과학책 서평이《크로스로드》에 게재되었다. 마지막 대담회 내용을 담은 글은 2013년 1월호《크로스로드》에 실렸다. 이 기간 동안 총 열여섯 쌍(서른두 편)의 과학책 서평과 열여섯 번의 공개 대담회가 열렸고 열여섯 편의 대담회 녹취록이《크로스로드》에 실렸다. 이 책에 이 모든 내용을 담지는 못했다. 2012년 4월, 10월 그리고 11월에 게재된 서평과 이에 대한 대담회 녹취록은 주제가 중복되거나 대담 진행 형식의 특수성 등을 고려해서 이 책의 편집 과정에서 아쉽지만 제외되었다.

쌍으로 묶인 책들의 특성을 바탕으로 '과학 대 상상', '인물 대 인물' 그리고 '이론 대 이론' 이렇게 총 3부로 나누어서 이 책의 큰 틀을 잡았다. 1부 '과학 대 상상'은 과학책 한 편과 그에 걸맞은 과학적인 내용이 바탕에 깔려 있는 과학 소설 한 편이 함께 등장한다. 각 장의 중심은 두 책에 대한 서평이다. 대담 내용은《크로스로드》에 올렸던 내용 중 대담자가 서로의 책을 주제로 대화를 나누는 부분과 대담을 마무리할 때 내린 결론부를 중점적으로 발췌해서 서평 다음에 실었다. 이 원칙은 이 책에 실린 다른 모든 대담 글에도 적용되었다. 생생한 대담회 녹취록 원문은《크로스로드》해당 호에서 만날 수 있다. 때로는 과학책이 못다 한 이야기를 과학 소설이 해 주기도 한다. 반대로 과학 소설이 마구 펼쳐 놓은 상상력을 과학책이 차분하게 설명해 주기도 한다. 물론 과학책과 과학 소설이 도란도란 대화를 나누기도 한다. 1부 '과학과 상상'에서는 이 모든 일들을 경험할 수 있을 것이다.

2부 '인물 대 인물'은 과학자들의 자서전이나 평전 또는 그들이 쓴 대표적인 대중 과학책을 통해서 직업적인 과학자로서만이 아닌 '인물' 그 자체로서의 과학자를 만나 보는 기회를 제공하고 있다. 비슷해 보이지만 결이 다른 두 명의 과학자를 한 쌍으로 구성하거나 같은 시대를 살았지만 서로 다른 길을 걸었던 과학자 두 사람을 대척점에 놓고 보거나 여전히 한 주제의 논쟁 속에서 만나고 있는 두 과학자의 대표적인 책을 통해서 그들의 치열한 경쟁의 모습을 보여 주는 것이 '인물 대 인물'의 목표다. 하지만 진짜 하고 싶은 이야기는 어느 시대를 살아가는 한 인간으로서의 과학자들의 이야기다. 2부 '인물 대 인물'을 읽다 보면 그곳에 과학뿐 아니라 연민의 눈길을 줄 수 있는 우리 같은 사람들이 있다는 사실을 발견하게 될 것이다.

3부 '이론 대 이론'은 현재 쟁점이 되고 있는 물리학 이론에 대한 대중 과학책을 쌍으로 묶어서 살펴본다. 서로 다른 결론을 내리고 있는 논쟁적인 두 권의 책을 함께 엮기도 하고 오히려 서로의 내용을 보완해 줄 수 있는 책들을 같이 놓기도 했다. 두 편의 서평을 통해서 각자의 개성을 발휘하며 책에 대한 의견을 표출했던 필자들이 만나 펼치는 대담은 내용이 선구적인 만큼 이 책의 다른 부분에 비해서 상대적으로 더 논쟁적이라고 할 수 있다. 대담회 현장에서의 생동감 넘치는 치열함이 발췌 편집 과정에서 다소 약화된 것은 사실이지만 정제된 내용을 만나는 상쾌함도 있다. 3부 '이론 대 이론'에서는 과학적 결과가 주는 경이로움 이상으로 논쟁 과정 자체가 즐거움을 줄 수 있다는 사실을 깨닫게 할 것이다.

이 책은 과학책에 어떻게 접근할 것인가에 대한 고민의 산물이다. 기획 단계에서부터 기획자와 출판사가 긴밀하게 토론하는 문화를 형성하고 경험했다는 것이 무엇보다 큰 소득일 것이다. 기획의 결과를 실행하는 과정에서 독자들이 청중으로 참여해서 이 기획의 완성에 기여한 점도 눈여겨 볼 만하다고 생각한다. 이 책은 그 모든 과정의 기록이며 결과물이다. 독자들이 이 책을 읽는 행위를 통해서 다시 그 과정에 동참하고 마침표를 찍어 줄 것으로 기대한다.

이명현 과학 저술가/천문학자

네덜란드 흐로닝언 대학교 천문학과에서 박사 학위를 받았다. 2009 세계 천문의 해 한국 조직 위원회 문화분과 위원장으로 활동했고 한국형 외계 지적 생명체 탐색(SETI KOREA) 프로젝트를 맡아서 진행했다. 현재 과학 저술가로 활동 중이다.

1부

과학
대
상상

01

칼 세이건,
그가 성취한 꿈

『콘택트』

『칼 세이건』

콘택트
칼 세이건 | 이상원 옮김
사이언스북스 | 2001년 12월

칼 세이건
윌리엄 파운드스톤 | 안인희 옮김
동녘사이언스 | 2007년 9월

『콘택트』를 지탱하는 작은 미학들

배명훈
SF 작가

아직도 SF를 그저 상상력의 장르라고 생각하는 사람들이 많은 것 같지만, 사실 작가 입장에서 보면 그렇지가 않다. SF 미학의 정점에는 경이감(sense of wonder)이라는 어마어마한 독서 경험이 놓여 있어야 하기 때문이다.(칼 세이건(Carl Sagan) 같은 과학자가 쓴 SF만이 아니라 나 같은 사람이 써도 마찬가지다.) 그런데 이 조건은 많은 작가 지망생을 좌절시킨다. 책을 읽고 독자가 경이감을 느껴야 한다니! 도대체 얼마나 잘 쓰라는 말이야? 아니, 그게 가능하기나 한 거야!

물론 가능하다. 다만 너무 경이감에만 집중해서는 곤란하다. 첫 페이지부터 경이감을 들이대 봐야 그 누구의 마음도 움직이지 않을 것이기 때문이다. 여기에서 중요한 힌트가 등장한다. 사실 SF의 미학은 경이감 하나로 이루어진 게 아니라 최소한 두 부분으로 이루어져 있어야 한다는 점이다. 물론 정점에 놓여 있는 건 경이감이다. 그런데 정점에 도달하기 위해서는 독자의 마음을 움직이기 위한, 보다 소박한 미학들이 필요하다. 플롯이라는 이름의 마음을 들뜨게 해 경이감으로 가는 머나먼 여행을 기꺼이 따라 나서게 만들 소소한 아름다움들.

그러니까 좋은 SF는 통통 튀는 상상력만 가득한 글도, 무턱대고 경이감으로만 채워진 글도 아니다. 소소한 아름다움과 놀랄 만큼 거대한 아름다움이 과학을 중심으로 잘 어우러진 이야기. 그래야 아름다운 SF라 할 수 있다.

그런 점들을 염두에 두고 『콘택트(*Contact*)』를 만나 보자. 『콘택트』는 외계인과의 접촉, 그리고 거기에서 비롯되는 경이감을 담고 있는 소설이다. 칼 세이건은 그 미학적 정점을 향해 책 두 권 분량의 이야기를 차곡차곡 쌓아 나간다.

소설의 구성은 복잡하지 않다. 주인공 엘리는 전파 천문학자이다. 그녀는 우주 저편에 살고 있는 지적 생명체가 보냈을지도 모를 전파 신호를 잡아내기 위해 수십 개의 전파 망원경을 우주 구석구석에 맞춰 놓고는 신호가 오기를 끈질기게 기다린다. 그러던 어느 날 드디어 기다리던 신호가 도착한다. 지구의 것이 아니며 자연 상태에서 존재할 수 없는 것이 분명한 신호가. 그 신호 안에는 정체를 알 수 없는 어떤 기계의 설계도가 들어 있다. 엘리와 네 명의 지구인은 그 기계를 타고 신호를 보낸 외계인을 만나러 떠난다.

제목에서도 알 수 있듯이 이야기의 미학적 정점은 기계가 완성된 이후, 엘리를 포함한 지구인이 외계인을 만나는 순간에 집중되어 있다. 그런데 이 소설, 어쩐지 흐름이 이상하다. 아니, 사실은 전혀 안 이상하다.

이상하다는 느낌이 드는 이유는 앞부분의 템포가, 외계인을 만나러 떠나기 직전까지의 템포가 너무 느려서다. 특히 맨 앞 수십 페이지는, 경험으로 미루어 판단하건대 적지 않은 수의 편집자들이 초고를 읽자마자 분량을 확 줄여서 책을 아예 한 권 분량으로 만드는 게 어떻겠냐는 의견을 낼 만큼 느린 템포다. 첫 신호가 잡힐 때까지 무려 95페이지. 위에 요약한 이 책의 주요 내용대로라면 거의 100페이지에 이르기까지 사실상 아무 일도 일어나지 않은 셈이다. 중간 부분도 느긋하기는 마찬가지다. 외계에서 보내온 신호대로 만든 기계가 마침내 작동하는 2권의 150페이지 전까지도 역시 별일이 안 일어난다. 도대체 외계인은 언제 만나러 가는 걸까? 시놉시스만 가지고 판단하자면 그렇다는 이야기다.

그렇다면 정말로 그 '쓸데없는' 부분들을 확 처내고 한 권 분량으로 줄이는 것도 가능할까? 물론 불가능하다. 시놉시스 수준에서는 가능할지 모르겠지만, 미학적인 차원에서는 절대 안 된다. 바로 그 부분에 이 이야기의 작은 미학이 가득 차 있기 때문이다.

우주 저 너머에 있는 무언가를 만나러 가는 이야기가 있다. 만남 이후의 경이감은 일단 뒤로 미뤄 두고, 나 혼자만이 아니라 독자까지 함께 그 경이감에 이르도록 끌고 가려면 이야기의 앞부분에 어떤 장치를 사용하면 좋을까. 이야기꾼 소리를 듣는 소설가라면 흥미를 유발하는 플롯으로 앞부분을 채울 수 있을 것이다. 누구나 공감할 만한 매력적인 인물을 통해 독자의 눈을 붙들어 매는 방법도 있고, 미지의 세계로 떠나는 두근거림으로 독자의 마음을 붕 띄워 놓을 수도 있다. 궁금해 죽을 것 같은 질문 하나를 던져 놓는 방법도 좋을 것이다. 이 단계에서도 뭔가 정답이 있다고 주장하는 사람들이 가끔 있는데, 사실 이건 선택의 문제다. 어떤 미학적 선택을 했느냐가 바로 그 작가의 색깔이기 때문이다.

여기에서 다음 질문. 그렇다면 전파 천문학자는 과연 어떤 선택을 했을까? 그 질문에 대한 답이 바로 이 책 『콘택트』의 긴 앞부분이다. 그리고 그 미학적 선택이 이 소설의 색깔을 가장 잘 보여 주는 대목이라고 봐도 좋다. 칼 세이건의 선택은 '보편'이다.

사람들은 우주에 관심을 갖는 것이 곧 우리가 사는 세계와는 완전히 분리되어 있는 다른 세상에 관심을 두는 일이라고 생각한다. '화성인' 혹은 '외계인'이라는 표현이 일상생활에서 어떤 의미로 사용되고 있는지만 봐도 알 수 있다. 실제로 천문학자들이 별을 관측하려면 일단 사람들의 삶과 완전히 동떨어진 곳, 소백산 꼭대기, 산소마저 희박한 하와이의 화산 위, 혹은 일상생활에서 만들어지는 전파가 잡음으로 작용하지 않는 어느 오지의 천문대로 숨어 들어가야 한다. 책에 나오는 아르고스 천문대도 마찬가지다.

거기까지 가서 다른 것도 아닌 외계 생명체의 신호를 찾는 내용이라니. 천문학자가 아닌 많은 사람들에게 이 시놉시스는 아마도 비슷한 연상 작용을 일으킬 것이다. 뭔가 신기하고 독특한 것을 찾아 나서는 여행. 지구의 것으로는 이해할 수 없는, 뭔가 굉장히 독특한 무언가와 접촉하는 즐거움.

그런데 실제로 천문학자들은 그런 방식으로 독특하지는 않다. 그들은 오히려 대단히 보편적인 방식으로 일을 한다. 어느 학문이든 학문 자체가 어느 정도 그런 성격을 갖고 있기는 하지만, 천문학의 경우에는 전 세계 모든 천문학자가 완전히 동일한 대상을 연구 대상으로 삼고 있다는 측면에서 다른 학문보다도 훨씬 더 보편적이기 때문이다. 어느 천문학자가 새로운 천문 현상을 발견했을 때, 그 현상을 증명하는 방법은 대단히 분명하고 또 투명하다. 세계 곳곳에 퍼져 있는 다른 천문대에서 똑같은 현상이 발견되기만 하면 그걸로 확인 끝. 연구 결과를 날조할 수도 숨길 수도 없다. 있으면 있고 없으면 없는 것이다.

『콘택트』의 작은 미학은 바로 이 과정을 따른다. 아르고스 연구소에서 처음으로 수신한 외계 신호가 외계에서 온 신호가 맞다는 것을 확인하는 온갖 방법은 천문학자들이 밤하늘에서 무언가를 발견했을 때 자기가 본 것이 맞는지 아닌지 확인하는 방법과 일맥상통한다. 그 신호를 미국이 독점하는 게 낫지 않겠냐는 누군가의 제안을, 엘리는 이런 말로 일축한다. "어차피 지구 반대편에서도 우리가 들은 것과 똑같은 신호가 잡힌다고요." 이 책은 바로 이런 재미를 통해 초반부를 꾸려 나간다.

이런 보편성은 여러 수준에서 확인된다. 가장 먼저 이 이야기는 국경을 넘는다. 그것도 인류 역사상 가장 위험하고 경직된 경계선인 냉전의 벽을 넘는다. 이유는 간단하다. 지구가 자전하기 때문이다. 미국이 신호가 오고 있는 방향에 놓여 있을 때는 아무 문제가 없지만, 지구가 자전해서 아메리카 대륙이 그 반대편으로 돌아서 있는 동안에는 소련에서라도 그 신호를 계속 수신해 주지 않으면 안 된다. 실제 세계에서 천문학자들이 국경을 너무나도 쉽게 훌쩍 뛰어넘어 버리는 것과 완전히 동일한 이유다.

물론 2000년이 될 때까지 냉전이 지속되고 있는 오류가 있지만, 그건 사실 비난할 만한 일이 전혀 아니다. 20세기 국제 정치학계 최대의 오점이 어떤 학자도 냉전의 붕괴를 예측하지 못했다는 점이라는 사실을 생각하면, 칼 세이건의 예측은 꽤 전문적이기까지 한 셈이다. 냉전 말기의 변수들을 20여 년 더 지속시키면서, 외계와의 접촉이라는 거대한 문명사적 변수가 그 상황에 어떻게 적용될지 예측하는 부분은 상당히 그럴듯하게 들린다. 다만 이 대목에서 세이건이 이야기하려는 주요 내용은 권력이라는 건 늘 탐욕스럽다는 염세적인 메시지가 아니라, 그렇게 나뉘어져 있는 정치적, 문명적 경계선에도 불구하고 인류가 결국 그 선을 뛰어넘고 보편성을 향해 나아갔다는 메시지일 것이다.

그런데 사실 『콘택트』의 보편성에는 더 높은 단계가 존재한다. 바로 외계 신호를 해석하는 과정이다. 어딘가에서 날아온 그 신호가 외계의 지적 생명체로부터 온 신호라는 것을 알아내게 된 첫 번째 단서는 바로 소수다. 1과 자신으로만 나눌 수 있는 수. 2, 3, 5, 7, 11, ……로 이어지는 숫자들의 배열. 숫자를 확인하고 나서 엘리는 그 신호가 지적 생명체가 보낸 것임을 확신한다. 소수는 우주 어디에서나 소수이고, 자연 상태에서는 그런 신호가 발생할 수 없기 때문이다.

그뿐만이 아니다. 신호를 해석하면서 난관에 부딪힐 때마다 지구인들은, '내가 지구에 신호를 보내는 외계인이라면 어떻게 할까?'하고 자문한다. 그리고 그 질문은 늘 정답을 찾아내는 힌트가 된다. 외계인을 찾는 지구인이 아니라, 우주 어딘가에 있는 어떤 지적 생명체가 보낸 신호를 수신할 또 다른 우주 생명체라면, 나는 과연 어떤 식으로 메시지를 전달하고, 어떤 방식으로 신호 해독 단서를 제시할 것이며, 궁극적으로는 어떤 식의 만남을 계획할 것인가?

즉 이 소설의 지구인들은 외계인을 만나러 가는 것이 아니라 스스로 외계인이 되어 가는 것이다. 우주에 있는 어느 누구를 만나도 보편적으로 통용될 것 같은 단서를 이용해 단어를 만들고, 그 단어들을 모아 사전을 만든다. 외계인이 지구에 전해 준 설계도는 그 과정이 완성된 이후에나 실물로 제작될 수 있다.

    그렇게 차곡차곡 쌓아 놓은 작은 미학들의 제단 위에, 이 소설의 가장 경이로운 대목, 외계와의 접촉이 놓인다. 그런데 그렇게 어렵게 만난 외계인들은 사실 전혀 특이하지 않다. 물론 은하 중심으로 가는 통로나 외계 문명이 만들어 놓은 구조물인 '중앙역' 같은 장치들은 충분히 놀랄 만하다. 그러나 그곳에서 엘리와 다른 네 명의 지구인 대표가 마침내 만나게 된 건 희한하게 생긴 외계인이 아니라 오히려 너무나 익숙한 사람들, 그들 다섯 사람이 가장 사랑했고 또 내내 만나고 싶어 했던 사람들이다. 지구인의 모습을 한 것으로도 모자라 그냥 가족의 모습을 한 외계인.

    그래서 그 경이로움이 별것 아닌 게 됐느냐? 물론 그렇지 않다. 만약 책 앞부분에 놓인 작은 미학들, 즉 보편성을 향해 가는 기나긴 여정이 생략되어 있었다면 아마 정말로 별것 아닌 것처럼 느껴졌을지도 모른다. 그래서 그 작은 미학들은, 중요하다. 그 보편의 미학이 결말의 경이감을 규정하고 또 지탱한다고 봐도 지나치지 않을 것이다.

    이 작은 미학들이 만들어 놓은 길을 차근차근 따라가다 보면, 엘리가 만난 외계인이 오래전에 세상을 떠난 아빠의 모습을, 자기와 닮은 평범한 인간의 모습을 하고 있는 건 어쩌면 당연한 일일지도 모른다. 처음 신호를 발견하고 기계(본문에서도 특별히 이름을 붙이지 않고 그냥 '기계'라고 부른다.)를 완성한 다음 마침내 여행을 떠날 수 있게 되기까지의 기나긴 과정을 거치는 동안, 엘리 스스로가 이미 충분히 외계인에 가까워져 있었기 때문이다.

    사람들은 SF를 공상 과학이라고 부르곤 한다. 그런데 미학적인 관점에서 이 말은 오해의 소지가 많다. 물론 독자 입장에서는 그 이름이 더 익숙할지도 모르겠다. 하지만 글을 쓰는 입장에서는 통통 튀는 상상력과 기발한 설정만 가지고는 아무래도 온전한 글 한 편을 꾸려 나가기가 쉽지는 않으리라는 점을 지적하지 않을 수 없다. 작은 미학들과 큰 미학들을 어떤 식으로 배치해서 글 한 편을 꾸려 나갈 것인가.

『콘택트』가 보여 주는 방식은 조금 독특하다. 일반인들보다는 과학자들이 좀 더 열광하는 방식이라는 점에서 그렇다. 하지만 이 점은 의미가 있다. 인류가 우주에 사람들을 보낸다면, 어떤 사람들을 보내게 될까. 현실적으로 그 사람들은 군인이거나 과학자일 가능성이 높다. 이 순간 우리에게는 중요한 선택의 기회가 주어진다. 둘 중 어느 쪽을 고를 것인가? 『콘택트』는 후자를 선택한다. 탐욕과 경쟁과 분리의 욕구가 끊임없이 분출되는 혼란스러운 상황 속에서도 인류는 결국 '그들'을 만난다. 낯선 것이니 무기를 먼저 준비해야 된다는 목소리보다 과학과 보편을 앞에 두는 것, 그게 바로 칼 세이건의 선택이다.

배명훈 SF 작가

2004년 '대학문학상'을 받았고 2005년 「스마트D」로 '과학기술창작문예 단편부문'에 당선되면서 본격적으로 소설을 쓰기 시작했다. 환상 문학 웹진 《거울》을 통해 꾸준히 작품을 발표해 왔으며, 3인 공동 창작집 『누군가를 만났어』를 비롯해 《판타스틱》 등에 단편을 수록한 바 있다. 『타워』, 『안녕, 인공존재!』, 『총통각하』, 『신의 궤도』 등의 저서가 있으며 2010년 『안녕, 인공존재!』로 문학동네 젊은작가상을 수상했다.

내 인생 최고의 선생,
칼 세이건을 만나다

이명현
과학 저술가/천문학자

사람이 온다는 건

실은 어마어마한 일이다.

그는

그의 과거와 현재와

그리고

그의 미래와 함께 오기 때문이다.

한 사람의 일생이 오기 때문이다.

― 정현종, 「방문객」

　오랜만에 『칼 세이건(*Carl Sagan: A Life in the Cosmos*)』을 다시 펼쳐 드는데 정현종 시인의 「방문객」의 구절이 떠올랐다. 어떤 사람의 평전을 읽는다는 것은 어쩌면 (최소한 책을 읽고 있는 동안에는) 그 사람을 온전히 만나는 일이고 결국 그 사람의 일생을 맞이하는 작업인지도 모르겠다는 생각이 들었다.

　돌이켜 보면 나는 그동안 칼 세이건이라는 방문객을 여러 고비에서 여러 차례 만났는데 그것이 실로 어마어마한 일이었다는 것을 모르고 지나쳤던 것 같다. 과학을 좋아하던 내 또래의 다른 많은 소년 소녀처럼 나도 그에 대한 이런저런 이야기를 《학생 과학》이나 《하늘과 망원경(Sky & Telescope)》 같은 과학 잡지를 통해서 보고 듣고 자랐다. 그가 정말 멋진 천문학자라고 생각했다.

화성 탐사선 바이킹(Viking)이 화성에 착륙해서 찍어 보낸 사진을 신문에서 오려 내 보고 또 보면서도 그곳에 세이건의 손길이 닿아 있는 줄은 몰랐다. 텔레비전으로 「코스모스(Cosmos)」 다큐멘터리를 시청하고는 그것으로는 아쉬워서 비디오테이프를 구해서 또 보면서 처음으로 그의 존재감을 느꼈다. 책으로 나온 『코스모스』는 많은 사람들의 가슴에 불을 질렀다. 나도 가슴에 불이 붙은 많고 많은 그들 중 하나였다.

유학을 마치고 귀국한 다음 교양 천문학 강의를 맡게 되었을 때 의지하며 다시 펼쳐 본 책도 『코스모스』였다. 칼 세이건의 사망 소식에 친구들에게 나만의 추모 이메일을 띄우면서 슬퍼했고 허무함에 무너지는 느낌을 경험하기도 했다. 부끄럽지만 정작 그의 다른 책들을 찾아서 읽기 시작한 것은 그가 죽은 후였다. 『콘택트』는 영화를 먼저 보고 우리말로 번역된 소설을 읽었고, 그 여운을 잊지 못해 출장에서 돌아오는 비행기 안에서 영문 원서를 읽었다. 나는 그가 만들어 놓은 프레임 안에서 사고하려고 안간힘을 썼고 그의 이야기를 학생들에게 충실하게 전하려고 노력했다.

칼 세이건에 관한 텔레비전 다큐멘터리를 만드는 작업에 자문을 시작하면서 처음으로 그의 삶을 전체적으로 살펴볼 기회가 생겼다. 국내에 번역된 책들을 모두 읽었다. 자료가 될 만한 것들도 닥치는 대로 찾아서 보았다. 처음으로 그가 사람으로 보이기 시작했다. 책속에서 그의 과학뿐 아니라 그의 삶도 보이기 시작했다. 그 무렵부터 나는 벌써 그를 그리워하기 시작했다.

미국 출장길에 들렀던 서점에서 파운드스톤의 『칼 세이건』 영문판 원서를 발견했다. 돌아오는 비행기 안에서 한숨도 자지 않고 책을 읽었다. 그동안 그때그때 단편적으로 마주쳤던 칼 세이건의 삶의 여정을 한꺼번에 만날 기회를 더 빨리 만들고 싶었기 때문이다. 예상과는 다르게 파운드스톤은 칼 세이건에 대한 이야기를 세밀하지만 별다른 평가 없이 써 내려가고 있었다. '평전이라면 지은이의 평가가 더 명확하게 서술되어야 하는 것이 아닌가?' 하는 생각을 했던 기억이 난다. 하지만 과학적 업적과 사생활에 대한 세밀한 서술은 세이건의 과학과 삶을 이해하는 데 큰 도움이 되었다.

귀국하자마자 영문판 『칼 세이건』을 들고 잘 아는 출판사 편집장을 만나서 번역 출간을 강하게 권했다. 하지만 이런저런 이유로 그 작업은 실현되지 못했고 나는 이 책이 출판되지 못하는 것에 늘 불만이었다. 나중에 다른 출판사에서 출간된 『칼 세이건』을 서점에서 만났을 때 나는 마치 마음속에 오랫동안 간직하고 있던 어린 시절의 친구를 다시 만난 것처럼 책을 꼭 껴안고 한참을 서 있었다. 오래전 비행기 안에서 그랬던 것처럼, 나는 집으로 돌아오는 차 안에서 또 이 책을 펼쳐 놓고 읽어 내려가기 시작했다.

몇 년 전에 칼 세이건의 세 번째이자 마지막 아내였던 앤 드루얀 (Ann Druyan)을 만날 기회가 생겼다. 그녀가 칼 세이건과 함께 쓴 『잊혀진 조상의 그림자(Shadows of Forgotten Ancestors)』가 다시 번역되어 나온 것을 기념하는 기자 간담회 자리에서 내가 통역과 사회를 맡은 것이었다. 그녀와 아들 샘을 만나러 그들이 묵고 있던 호텔로 찾아가기 전날 밤, 나는 또다시 영문판 『칼 세이건』을 꺼내 들었다. 밤을 꼬박 새면서 읽었다. 그녀와의 만남을 앞둔 상황 때문인지, 이번에는 드루얀과 세이건의 인연이 겹치는 과정에 유난히 눈길이 갔다. 이들의 이야기는 책의 후반부를 가득 채우고 있었지만, 샘에 대한 이야기는 단 한 문장, 그가 1991년에 태어났다는 것뿐이었다.

앤 드루얀을 만나서 사적인 대화를 나눌 기회가 생긴다면 나는 두 가지 이야기를 화두로 올려 보겠다고 생각하고 있었다. 하나는 그들이 결혼 전까지의 약 4년 동안을 불륜 상태에서 연애를 했는데 그동안 어떤 감정을 갖고 있었는지에 대한 것이었다. 다른 하나는 그들의 삶에서 또 다른 큰 부분을 차지하고 있는 마리화나에 대한 것이었다.

칼 세이건의 과학과 사상에 대한 이야기는 책을 통해서 어느 정도 알고 있었고 기자 간담회 때 반복될 것인데, 그녀와의 첫 만남에서 그런 이야기로 시간을 낭비하고 싶지는 않았다. 첫 만남에 질문하기에는 좀 무례할 수도 있는 내용이었지만, 사실 비밀도 풍문도 아니고 관심이 있는 사람들에게는 잘 알려진 이야기였기 때문에 별 문제는 없을 것으로 생각했다. 『칼 세이건』에도 이와 관련된 일부 내용이 적혀 있다.

호텔 로비에서 만나서 기자 간담회가 열리는 곳으로 이동하는 차 안에서 나는 먼저 샘 이야기를 시작했다. 앤 드루얀은 가벼운 인사를 나눈 다음 메모지 몇 장을 살펴보고 있었다. 당시 고등학생이었던 샘은 역사를 공부하고 싶다고 했다. 너무 어린 나이에 아버지가 죽었기 때문인지 아버지에 대한 직접적인 추억보다는 그를 추모하고 회상하는 과정에서 생긴 흠모가 더 많아 보였다. 1991년에 태어 났냐고 확인하면서 샘에게 6월 1일이 무슨 날인지 아느냐고 물었다. 그는 "글쎄요." 하면서 머뭇거렸다. 그때 앤 드루얀이 끼어들었다. 알 고 물어보느냐고 내게 다시 물었다. 나는 웃으면서 그렇다고 대답했 다. 나는 내가 알고 있는 그들의 이야기를 내가 기억하는 연도와 날 짜와 장소를 제시하면서 늘어놓았다. 그러자 앤 드루얀이 내 말을 받아서 그들의 이야기를 들려주기 시작했다.

『칼 세이건』에도 서술되어 있듯이 드루얀과 세이건은 친구 집에 서 친구의 친구로 처음 만났고 곧바로 친구이자 여러 작업을 같이하 는 파트너가 되었다. 둘 사이에 사랑이 싹트면서 세이건은 친구의 애 인을, 드루얀은 친구의 남편을 빼앗는 배신의 주인공이 되었다. 불륜 의 기간 중에 그들은 『코스모스』를 펴내기도 하면서 연인이자 파트 너로서 왕성한 활동을 했다.

앤 드루얀은 솔직하고 매력적인 인물이었다. 불륜 기간 중 정작 자신들을 많이 괴롭힌 것은 자신들에게 배신당한 친구들에 대한 미 안함이 아니라 (물론 미안했다고 부연 설명했지만) 세이건과 린다 살츠먼 (Linda Salzman) 사이에서 태어난 아들 닉이 받았을 충격에 대한 걱 정이었다고 한다. 그리고 세이건의 재산을 둘러싼 살츠먼과의 길고 긴 이혼 소송이었다고 한다. 정작 그들은 자신들의 옛 파트너에 대 한 큰 죄책감 없이 그들만의 생활을 즐겼다고 이야기해 주었다. 싱겁 게도 그들은 그들만의 행복한 생활을 꾸려 가느라 여념이 없었던 듯 하다. 그럼 6월 1일은? 그들이 처음 결혼하기로 결정한 날짜이자 4년 후 실제 결혼식을 올린 날짜이다. 내겐 앤 드루얀과의 소중한 대화 를 만들어 준 고마운 숫자이기도 하다.

칼 세이건이 마리화나 애연가였다는 것은 어느 정도 알려진 사실이었다. 그는 마리화나를 피우면서 느끼는 감정적·지적 변화를 즐겼다. 그는 앤 드루얀과 함께 마리화나 흡연 합법화를 위한 시위에도 참가했다. 내가 궁금했던 것은 이 지점이었다. 명망가들 중에 개인적인 마리화나 애연가는 숱하게 많지만 부부가 합심해서 마리화나 합법화 운동에 나설 정도면 굉장히 큰 애착이나 집착이 있을 것이라고 생각했다. 앤 드루얀의 대답은 의외로 단순하고 명확했다. 그들은 마리화나가 담배보다 건강상으로나 중독성 면에서 덜 해롭다는 과학적 근거를 알고 있다는 것이었다. 한편 마리화나 흡연이 가져다주는 즐거움도 동시에 절제하면서 즐겼다는 것이었다. 그런 과학적 판단과 경험을 바탕으로 사실을 알리는 운동에 동참한 것뿐이라는 것이다. 나는 이런 그들을 '과학적 마리화나 흡연 운동가'라고 불러도 좋으냐고 물었고 그녀는 웃으면서 '바로 그것'이라고 응수했다.

나는 국내에서 외계 지적 생명체를 탐색하는 세티(SETI) 프로젝트를 진행하면서 미리 그곳에 가서 자리를 지키고 있던 선각자 칼 세이건을 또다시 만났다. 아직 국내에 번역되지 않은 그의 책을 찾아서 출판사에 번역을 권유하면서 또 그의 그림자 속으로 들어갔다. 다행히 내가 번역을 권유한 세 권의 책 중 두 권은 국내에서 출간하기로 결정되었다.

칼 세이건은 내겐 늘 고마운 방문객이었다. 필요할 때 미리 그곳에서 기다리고 있던, 무엇보다 지식뿐만 아니라 삶에 대한 태도를 바꾸는 지혜를 알려 준 사람이었다. 어떤 사람의 태도가 바뀌게 하는 것이 최고의 교육이라는 말을 들은 적이 있다. 그렇다면 칼 세이건이야말로 최고의 선생이다. 그렇게 나는 그에게로 스며들어 갔다.

『칼 세이건』을 다시 펼쳤다.

이 책을 단 한 문장으로 줄여서 말하라는 터무니없는 부탁을 받는다고 하더라도 누구든 이 책을 다 읽고 나면 감히 그렇게 할 수 있다는 생각을 하게 될 것이다. '외계 생명체라는 타자를 찾아 나섰던 호기심 가득한 칼 세이건의 경이로운 여행기' 정도로.

그가 만났던 사람들은 모두 우주 생물학 분야를 새롭게 개척해 나가는 사람들이었다. 그는 외계 생명체의 발견을 향한 우주 생물학의 새로운 도전과 그 매듭이 이어지는 순간에 늘 현장에 있었다. 그는 자신에게도, 그들 모두에게도 선각자 같은 방문객이었다. 사람들은 그에게 열광했고 그는 그것을 즐겼다. 하지만 칼 세이건이 매사에 성공한 것은 아니었다. 많은 사람들로부터 시기와 배척을 받아야만 했다. 그의 결혼 생활은 열정적인 만남과 달콤한 신혼 기간이 지나면 늘 파탄에 이르곤 했다. 세 번째이자 마지막 부인이었던 앤 드루얀과 만나면서 칼 세이건은 비로소 안정을 찾았다. 100퍼센트가 아니라면 아마 90퍼센트의 공로는 관심 받고 인정받고 싶어 하는 칼 세이건의 이기적인 욕구를 잘 채워 준 앤 드루얀에게 돌려야 할 것이다. 『칼 세이건』에는 한 위대한 선각자 속에서 살았던 지킬과 하이드의 이야기가 담겨 있다.

『칼 세이건』을 덮었더니 정현종 시인의 시가 다시 찾아왔다.

사람이 온다는 건
실은 어마어마한 일이다.
그는
그의 과거와 현재와

그리고

그의 미래와 함께 오기 때문이다.

한 사람의 일생이 오기 때문이다.

이명현 과학 저술가/천문학자

네덜란드 흐로닝언 대학교 천문학과에서 박사 학위를 받았다. 2009 세계 천문의 해 한국 조직 위원회 문화분과 위원장으로 활동했고 한국형 외계 지적 생명체 탐색(SETI KOREA) 프로젝트를 맡아서 진행했다. 현재 과학 저술가로 활동 중이다.

1장 칼 세이건, 그가 성취한 꿈

배명훈
『콘택트』

박상준
사회자

이명현
『칼 세이건』

박상준 세이건은『코스모스』로 전 세계적인 유명세를 누리던 상황에서『콘택트』를 집필하며 웬만한 작가 이상의 엄청난 선인세를 받았습니다. SF 장르의 애호가로서, 제가 보기에『콘택트』에는 조금 흥미로운 점이 있습니다. 단적으로 말해서 SF에서 최고로 손꼽는 명작과 동급에 오를 만큼 훌륭하냐고 하면 냉정하게 그 정도는 아니라고 저는 생각합니다. 그렇지만 이 책의 의의는 한 과학자가 자신이 평생을 통해 추구했던 '지적인 외계 고등 문명과의 접촉'이 일어날 수 있는 개연적인 시나리오를 모든 지식을 동원해서 가장 그럴듯하게 서술했다는 데 있는 듯합니다. 작가로서 배명훈 작가님은『콘택트』를 읽고 어떤 점을 느끼셨는지 궁금합니다.

일상에 가까운 미학

배명훈 소설가로서는 분명히 재미있다고 생각하지만 만약에 제가 이 원고를 출판사에 내밀었다면 삭제하라는 소리를 들었을 부분이 굉장히 많이 보입니다. 뭐랄까요, 소설가가 생각하는 초반부의 재미와는 굉장히 다른 재미를 가지고 가는 것 같아요. 어떤 게 재미있느냐면 세이건이 젊었을 때 주장했던 틀린 가설들 있죠, 화성의 어두운 부분을 해석하려고 정확한 자료도 없는데 몇 년간 주장하다가 결국에는 폐기되고 만 그런 가설들. 사실은 그런 과정 하나하나가 재밌거든요. 소설가가 사용하는 장치가 아니라 진짜로 과학을 해 본 사람만이 던질 수 있는, 일상에 가까운 그런 미학들.

그러면서도 마지막에서는 SF 작가들이 언제나 신경 쓰는 '경이감'에 접근하려고 하거든요. 일반인은 SF가 상상력의 장르라고 생각하시는 분이 많아요. 그렇게 알려져 있지만 막상 실제 창작에서는 상상력만 가지고는 결론을 낼 수가 없거든요.『콘택트』에서는 앞부분에 있는 굉장히 매력적인 재료를 착착 쌓아 나가면서 마지막에 경이감이 들도록 배치해요. 신호를 받았을 때 이게 진짜 외계에서 온 신호라는 것을 확신하는 과정 같은 게 굉장히 재미있는데 이게 진짜로 해 본 사람이 아니라면 자기가 느끼기에 재미있었던 대목이 아니라 다른 식으로, 아마 플롯을 더 복잡하게 하는 식으로 갔을 거예요. 그래서 다른 방식, 다른 작법으로 가도 훌륭한 글이 나올 수 있음을 보여 주는 소설이라고 생각합니다.

박상준 이명현 박사님께서는 과학자로 외계 생명을 직접 연구하시는 입장에서『콘택트』를 어떻게 읽으셨나요?

이명현 저는『콘택트』를 읽으면서 마치 제가 강의를 하는 것 같은 느낌을 많이 받았어요. 배명훈 작가님이 말씀하시기를 소소한 장치들이 들어갔다고 하셨는데, 그게 이런 거죠. 이게 텔레비전 드라마라면 어떤 신호가 발견되었을 때 그것으로부터 어떤 현상이 벌어지는가에 초점을 맞출 텐데 『콘택트』에서는 과연 그들은 신호를 어떻게 보냈으며 어떻게 분석할 것인가, 해독하려면 우주 보편적인 언어가 필요한데 그것은 무엇인지, 수학이라면 수학 중에서도 뭔지, 현장에서 과학자들이 늘 생각하는 것들을 100여 페이지에 걸쳐서 차분하게 잘 풀어 놓았어요. 이게 굉장히 리듬감 있다고 생각되거든요. 그러다가 또 큰 질문을 던지고 그것에 대한 대답을 치밀하게 해 나가고. 그래서 과학자들의 생생한 모습, 과학이 일어나고 있는 현장을 가장 사실적으로 그려 주는 작품이 아닌가 생각합니다.

박상준 『콘택트』가 과학자가 좋아하는 SF일 수는 있는데 작가 칼 세이건을 과학자들이 과연 좋아했을까, 이게 또 굉장히 재미있는 부분이에요. 칼 세이건도 피력한 바가 있지만, 처음에 일반 대중에게 과학을 쉽게 설명하는 프로그램을 하려고 했을 때 많은 동료들이 손가락질했다는 거예요. 학문적이고 이쪽 분야에 정통한 전문가만이 알고 있는 지식을 하나의 기득권으로 생각해서 이걸 대중에게 쉽게 전달하는 일에 거부감을 가진 거죠. 그런 것에 반기를 들고 과학을 널리 계몽하는 — 계몽이란 표현을 이때는 써도 될 것 같은데 — 그러니까 널리 알리고 쉽게 전달하는 프로그램을 맡았던 것이 칼 세이건의 큰 공적인 것 같아요. 그런데 그런 점을 지금까지도 어떤 과학자들은 쇼 비즈니스라면서 낮춰 보는 게 있단 말이죠. 이명현 선생님은 과학계에서 활동하시니까 과학자 칼 세이건에 대한 부정적인 증언도 접해 보신 적이 있는지 궁금합니다.

세이건은 훌륭한 과학자였다

이명현 그가 물론 쇼 비즈니스의 달인이기는 했지요. 한 예로 「코스
모스」 텔레비전 시리즈를 만들기 위해서 코넬 대학교를 2년간 휴직
해요. 캘리포니아로 가서 할리우드에 아예 상주하면서 1년을 더 연
장해서 3년 동안 그 작업만 해요. 칼 세이건 프로덕션이라는 회사도
차리고요. 그 과정에서 여러 건의 소송에도 휘말리기도 하고 하여
간 굉장히 이문에 밝았던 사람입니다. 뇌 과학에 대한 책을 써서 퓰
리처상도 받아요. 그래서 뇌 과학 분야 사람들에게서 굉장히 시기를
받기도 했지요.

　그런데 우리가 간과하는 것 중 하나가 그가 굉장히 훌륭한 과학
자라는 점입니다. 학문적인 소질이 굉장히 뛰어났고요, 이 사람의
박사 학위 논문이 네 장(章)으로 이루어져 있는데 제목이 「행성 과학
의 연구」예요. 하나는 달에서의 유기 화학 물질, 즉 달에 생명체가 있
느냐에 관한 것이고, 금성 대기에 관한 것도 있습니다. 지구 온난화
라는 말 많이 들어 보셨죠? 온실 효과라는 단어가 금성의 대기를 연
구한 세이건의 연구 결과로부터 나온 것이거든요. 그게 나중에 핵겨
울하고도 연결됩니다. 또 하나는 달의 오염 문제입니다. 달에 로켓을
쏘면 여기에 박테리아 같은 것이 묻어가서 도착하는 순간 달을 오염
시키기 때문에 우리가 찾고자 하는 생명체를 놓친다는 거죠. 우주
생물학에서 쟁점이 되는 모든 분야가 이 사람의 박사 논문에 다 들

어 있어요. 현대 우주 생물학의 기반을 아주 정량적으로, 특히 행성 과학 쪽에서 다져 온 사람이구요.

칼 세이건은 모든 현장에 있었습니다. 20대 중반부터 외계 생명 체에 관련한 중요 사건의 현장에 항상 있었어요. 천문학 전공으로 박사 학위 논문을 쓰고 있는 와중에도 유전학자의 연구실에서 공부를 해요. 생명 발생을 실험한 해럴드 유리(Harold Urey)와 스탠리 밀러(Stanley Miller)의 팀에서도 연구하고요. 나중에는 소행성 134340(명왕성) 근처에 여러 소행성이 밀집한 영역을 카이퍼 벨트(kuiper belt)라고 제안한 당시 미국의 유일한 행성 과학자 제라드 카이퍼(Gerard Kuiper)하고 작업을 해요. 조금 지나서는 또 프린스턴 의과 대학교에 연구하러 가요. 인도 출신 천문학자 수브라마니안 찬드라세카르(Subrahmanyan Chandrasekhar)하고도 교류하고, 조슈아 레더버그(Joshua Lederberg)라고 하는 굉장히 유명한 생물학자의 대변인을 맡아서 그가 NASA에 우주 생물학 분과를 만들 때 세이건을 자문 위원으로 위촉합니다. 당시 그의 나이가 20대 후반이었음에도 쟁쟁한 사람들을 다 만나고 다녔어요. 협력을 굉장히 잘했던 것 같아요. 천문학자지만 생물학에 굉장히 조예가 깊어서 생물학과 천문학을 연결할 수 있는 거의 유일한 사람이라는 설명이 있는데 지금으로 말하면 그야말로 융합적인 사람이죠. 학제 간 팀을 조직하기도 했고요.

반면에 여러 사람의 증언을 들어 보면 굉장히 고집이 세고 가부장적이고 무책임했다고 합니다. 약속을 해 놓고서 안 나타난다든지 하는 일이 많았대요. 자기 성취 욕구가 강했던 사람인 것 같아요. 그래서 자기를 인정해 주기를 바라는 마음이 대중의 인기를 확보하려고 하는 원동력이 되었던 것 같고요.

박상준 칼 세이건이 문제적 인간이었다고 이야기하는 사람들이 있습니다. 말만 페미니스트고 진보주의자였지 실제 생활은 그런 모습을 찾아보기가 어려웠다는 이야기도 들리고요. 칼 세이건이 결혼도 여러 번 하고 개인사가 좀 파란만장하잖아요. 이런 증언은 그의 아내 중 한 사람의 입에서도 나온 이야기였기 때문에 우리가 완전히 무시할 수가 없죠. 제가 예전에 국내에 아직 번역이 안 된 원서를 보다 『코스모스』에서는 분명히 헌사가 '앤 드루얀에게'였는데 1970년대에 앞서 나온 다른 책을 보니까 '린다 살츠먼 세이건에게'라고 되어 있네. 이 여자는 또 누구지?' 하고 의문을 품었던 기억이 있어요. 코스모스 키드들에게는 앤 드루얀에게 바치는 헌사의 문구가 ― 아시는 분도 계시겠지만 "이 광대한 우주 속에서 당신과 함께 살아 있는 것을 기뻐하면서."입니다. ― 굉장한 감동으로 남아 있을 겁니다. 저도 어릴 적에 이 문구를 많이 써먹었습니다.

이렇게 그 사람의 업적뿐만 아니라 그 사람 자체가 가지고 있는 파란만장한 개인사들이 배명훈 작가님처럼 이야기를 창작하시는 입장에서는 그 자체로 좋은 재료가 되기도 하잖아요. 전기(biography)를 읽고 나서 칼 세이건에 대해 더 잘 알게 되면서, 혹시 그것이 그간 SF를 쓰면서 그 속에서 묘사해 왔던 과학자상이라던가, 또는 이를테면 '미친 과학자(매드 사이언티스트)' 같은 약간은 상투적인 과학자상에 변화를 줄 여지가 있었는지 궁금하네요.

천문학자, 제일 지구인에 가까운 직업

배명훈 저도 과학자들의 실제 모습을 정확하게 알지는 못하다가 몇 년 전에야 천문대에 가서 선생님들이 하시는 것도 보고 이야기도 나누면서 '재미있는 분들이시구나.' 하고 깨달았습니다. 그전에는 사실 잘 몰랐고요.

칼 세이건의 개인사는, 사실 제가 그 밑에서 공부하는 학생이었으면 조금 힘들 것 같기는 해요. 잘해 주다가 실수 하나 가지고 제자를 파문하기도 하는 일화들을 책에서 봤거든요. 그런 개인적인 면 말고, 저는 천문대에 가서 천문학자들이 실제로 연구하는 걸 보면서 '진짜로 제일 지구인에 가까운 직업이 이거구나.'라는 생각을 했거든요. 왜냐하면 우리 생각에는 천문대에 간다는 게 뭔가 특이한 곳에 가서 상상력이 가득한 뭔가를 만날 것만 같잖아요. 그런데 실제로는 천문대가 이상한 곳에 있거든요. 빛이 많이 안 드는 오지, 도시에서도 멀고 높이도 되게 높은 데에 있어요. 소백산 천문대는 심지어 공기도 희박해서 올라가면 머리가 아주 멍해지거든요. 천문학자들이 실제로 하는 일을 보면, 다루는 연구 대상이라는 게 똑같잖아요. 세계 어느 나라에 있던 똑같은 대상을 관찰하기 때문에 누가 조작을 할 수도 없습니다. 다 보이니까. 내가 무언가를 발견했고 지구 반대편에서도 똑같이 발견을 하면 그냥 끝, 확정이 되는 것이죠. 제가 듣기로는 천문학자들의 연맹은 세계적으로도 하나로 묶여 있는데 그런 조직은 천문학계밖에 없다고 하더라고요. 당연한 것이 다루는 대상 자체가 그러니까.

그런 생각을 하면서 『콘택트』를 읽으니까 재미있었어요. 외계 신호라는 것을 확인하고 추적하는 과정에서 제일 먼저 해야 하는 게 국경을 넘어서 확인하는 거잖아요. 칼 세이건의 전기를 보면 냉전 때도 소련 학자와 실제로 교류를 했습니다. 게다가 냉전의 장벽에서 끝나는 것이 아니라 — 서평에서도 썼지만 — 외계인이라면, 우리에게 신호를 보내는 외계인이라면 어떤 식으로 우리에게 신호를 보냈을까를 계속 추론해 가는 과정에서 그럼 우리는 누구일까를 묻게 되거든요. 외계의 생명체를 찾는 과정 자체가 그런 것 같아요. 저 행성에 생명체가 있는지 없는지 어떻게 알 수 있을까를 찾아가다 보면 우리 지구에서 생명체가 발생한 과정이 어떻게 되나, 그것을 찾아보게 되더라고요. 외계인을 만나기 전에 지구인 자체가 외계인이 되어야 하는 과정이에요. 그래야 외계인이 하는 말을 한마디라도 알아들을 수 있기 때문이지요. 세이건은 그 과정을 실제로 진행했고 『콘택트』에 그게 담겨 있어요. 전 그게 굉장히 감동적이라고 생각해요. 소설의 결론이 중요한 게 아니라 거기에 이르기까지 칼 세이건이 밟아 가는 과정, 그래서 수학이라는 우주 보편적인 도구에 관해서 이야기를 하는 접근 방식들. 그걸 보면 인간으로서 인류로서 칼 세이건이라는 사람이 굉장히 훌륭하다는 생각이 들어요. 실제로 인종 문제라든지 성차별 문제에 굉장히 적극적으로 문제 제기를 했던 사람이고요.

박상준 저도 인류의 눈을 외계로 향하게 하는 차원까지 올려놓은 이 업적이 아마 우리 역사에서도 굉장히 의미심장한 조명을 받을 때가 오지 않겠는가, 개인적으로 그렇게 생각합니다.

칼 세이건이 SETI 프로그램을 처음 연구하던 시절이 1960년대잖아요. 그때는 외계 문명을 학술적으로 진지하게 접근해서 연구하겠다고 하면 미치광이 소리를 들었던 시대였습니다. 그랬는데 세월이 흘러 칼 세이건이 작고한 1990년대 후반이 되면서 SETI가 훌륭하게 과학의 한 분야로 대접을 받고 많은 예산을 들여서 전 세계적인 네트워크와 연구 인프라를 가지고 진지하게 연구하는 분야가 되었죠. 그런데 재미있는 것은 그 옛날이나 그 이후나 SETI와 관련해서 하나라도 확증이 나온 것은 없다는 거예요. 옛날이나 지금이나 전혀 객관적인 우주 바깥의 배경 데이터는 변한 게 없는데 그동안에 외계문명을 탐사하는 어떤 입장, 태도가 완전히 변한 거죠. 한마디로 이단이 정통으로 됐다는 건데 여기서 사실상 1인 밴드나 다름없는 역할을 한 사람이 바로 칼 세이건입니다.

그래서 칼 세이건이 SETI 연구에서 차지하는 위상이라던가 아니면 가장 최근 SETI가 이루어 낸 성과, 그리고 외계인과 만날 날이 정말 가까워졌다고 생각을 해도 되는지 이런 것들을 간단하게 이명현 선생님에게 여쭙겠습니다.

이명현 칼 세이건은 1950년대 말에 외계 생명체 연구를 시작합니다. 지금은 우주 생물학이라고 하는데 그게 막 꽃피던 시절이죠. 지구, 태양계 바깥에 지구와 비슷한 행성이 있을까? 행성이 있어야 그곳에 생명체가 살 수 있다고 보는 거죠. 요즘에는 가능성 있는 것들이 많이 발견되고 있습니다. 인터넷에 검색만 하면 지구와 질량과 크기가 거의 동일한 행성도 나오고 세이건이 생각했던 것들이 실현되고 있는 상황이죠. 외계 지적 생명체와 관련해서도 굉장히 막연했는데 지구와 거의 닮은 행성들이 발견되니까 이제는 거기다가 초점을 맞춰서 그 행성만 집중적으로 관측하는 연구들이 캘리포니아 주립 대학교 버클리 캠퍼스라든지 SETI 연구소에서 시작되어서 데이터들이 나오고 있습니다. 발견된 것은 아직 없지만 말입니다. 그리고 큐리오시티(Curiosity)라고 하는 탐사선이 화성에서 탐사 활동을 벌이며 생명체의 흔적을 찾고 있지요. 당시에는 관측할 수 없고 결론을 내릴 수 없었던 것들이 칼 세이건의 사후 15년이 흐른 지금에는 몇 년 내로 임박한 일인 것 같습니다. 그런 혜안, 비전, 칼 세이건과 동시대의 분들이 만들어 놓았던 것이 이제야 꽃을 피운다, 이렇게 정리할 수 있을 것 같아요.

박상준 이명현 박사님이 SETI 코리아에서 지금 책임자를 맡고 계시죠? 사람들이 자기 집에서 잠깐 PC가 비는 시간에 외계인 생명체를 찾는 데 일조하는 그런 프로젝트의 한국 총책임자를 이명현 박사님이 하고 계시거든요. 누구든지 SETI에서 진행하는 프로그램에 관심을 두고 지켜본다면 어느 날 소설이 현실로 나타날 수 있는 거예요. 20XX년 모월 모일 서울, 김 아무개 씨 집 PC에서 갑자기 이상한 신호가 반짝거리기 시작했다.『콘택트』속편의 첫 문장이 그렇게 시작할 수 있는 겁니다.

이명현 SETI에서 S가 탐색(search)의 머릿글자이거든요. ET는 영화 제목으로도 있습니다. extra terrestrial, 지구 밖이란 뜻이고 I가 지성(intelligence)이어서 결국 SETI는 외계 지적 생명체 탐색을 뜻합니다. 처음에는 사실 커뮤니케이션(communication)의 C로 CETI(communication with extra terrestrial intelligence)라고 썼어요. 그런데 금방 깨달았어요. 우주가 너무 멀어서 커뮤니케이션이 불가능하다는 걸. 그래서 S로 바꾼 겁니다. 탐색하는 거죠.

『콘택트』 속편의 시작이라고 말씀하셨는데 신호를 우리가 포착해서 정말 99.9퍼센트 유의한 수준에서 외계 지적 생명체가 보낸 인공 신호임을 확신한다면 그다음에 어떤 일이 벌어질지를 연구하시는 분들이 있어요. SETI 커뮤니티의 절반 정도는 천문학자들이고요. 나머지는 인류학자, 사회학자, 기호 논리학자, 이런 분들이 많이 있고 SF 작가들도 많고요. 돌고래 전문가도 계십니다. 사회에 미칠 충격에 대한 것들을 회의도 많이 하고 책도 내고요. 그런 걸 발견했을 때 우리는 무조건 공개하려고 합니다. 기자 간담회 열어서 바로 공개하고 다른 팀들이 동시에 관측해서 확증하는 식으로 되도록 말이지요. 그다음에는 뭐 사실 너무 멀리 있으니까 발견해도 별일 없을 것 아니에요? 걱정은 안 해도 되고요. 일단 보고 체계는 그렇게 되어 있고, 그다음에는 대표성의 문제가 대단히 커요. 누가 대표해서 그것들과 접촉할 것인가가 아직도 결정되어 있지 않아요. UN에 외계인 전담 대사를 두어야 한다는 말도 있어서 후보자를 각축도 하고 그랬는데 아직 합의가 없고요. 우리가 보내는 콘텐츠가 인류를 대표할 수 있느냐 과연 누가 그걸 해야 하느냐 하는 종류의 논란은 계속 있습니다. 2010년 5월에 회의를 해서 워킹 그룹을 만들었어요. 누가 대표가 될 것이냐는 이야기 중이죠.

박상준 국적, 인종, 나이, 성별 모든 걸 초월해서 밤에 반짝반짝 빛나는 별을 바라보면서 "저 외계의 별에는 어떤 외계인이 살고 있을까?" "우리가 그들하고 만날 기회는 있을까?" 그걸 평생을 다 해서 연구하고 추구하는 그런 학문을 하시는 분들은 정말 제가 볼 때는 시인의 마음을 가진 사람들이 아닐까 그런 생각이 듭니다. SF 번역하시는 분을 만났는데 어떤 공부를 하셨는지 여쭈었더니 "저 문학 전공했습니다." 이러세요. 그래서 학과를 물었더니 "천문학 했습니다." 하시더라고요. 반은 우스갯소리였지만 다시 생각하니 멋있는 대답 같아요. 지금 여기도 그런 멋있는 천문학을 하시는 분이 계신데 이명현 선생님은 세이건처럼 직접 소설을 쓰실 생각은 하신 적 없으신지요?

이명현 제가 사실 에세이도 쓰고 서평도 쓰는데 사람들이 호의적으로 봐 줍니다. 문예지에도 글을 씁니다. 그게 먹히는 이유가 전업 작가가 아니라서 그런 것 같아요. 우리 쪽은 비평의 대상이 아닌 거죠. 심층적으로 파헤쳐서 할 대상이 아니니까 '어, 저놈 저 정도는 쓰네.' 하면서 그냥 봐 주는 거죠. 그런데 제가 만약 소설가로 데뷔하는 순간 온갖 날카로운 공격과 비평들이 들어올 걸요. 그러니까 그런 걸 뭐 하러 하겠습니까. 그냥 안 쓰는 게 낫죠.

배명훈 저도 SF 쓰면서 항상 과학 하시는 분들의 눈치를 봐야 한다고 해야 할까요. 그래서 책이 나오면 이명현 박사님도 그렇고 다른 선생님들 만나면 선생님들이 항상 먼저 하시는 말씀이 "아 책은 사긴 했는데 아직 못 읽었어요." 그러시거든요. 그러면 읽지 마시라고. 읽지 마시고 추천만 해 주시라고 이야기해요. 과학자 분들이 이걸 읽으면 뭐라고 말할까? 그걸 생각하면 진짜 뭘 쓸 수가 없어요. 부담되죠.

하지만 그게 우리한테는 사실 잠재적인 갈등 요소지 그것으로 진짜로 배틀을 하고 있지는 않거든요. 흥행을 하려면 뭔가 싸움을 붙여야 잘될 텐데, 그 정도로 생각하는 건 아니고요. 그런데 항상 신경을 쓸 수밖에 없는 면은 있어요. 과학자 분들께 하드 SF로 좀 더 가라는 이야기를 항상 들어요. 하드 SF가 가장 많이 팔리는 장르는 아닌데도 그것을 지향하면서 뭔가 그 주변 것을 쓰고 있어야 하는. 야구에서 스트라이크 존 한가운데에 집어넣는 투수가 꼭 잘 던지는 투수가 아니잖아요. 그런데 그 점을 신경 쓰면서 주변으로 이렇게 던져야 하는 게 제 입장이고요. 우리가 보기에는 이명현 박사님 정도 되면 글 쓰는 것 자체가 어렵지도 않으시고 하면 잘 쓰실 것 같은데 절대 안 된다는 이야기만 하시는 상황이죠.

이명현 국내에서도 과학자가 쓴 SF 작품들이 있어요. 하지만 솔직히 다 허접해요. 그 이유를 생각해 보면 일단은 두 가지인데 하나는 과학적 엄밀함에 대한 추구를 못 버리는 것 같아요. 마치 강박처럼. 앞에서 나왔던 현장의 과학자들만이 아는 그런 요소들이 녹아들어가야 한다는 강박이 있어서 몽땅 집어넣어요. 저희가 보기에는 따분하고 다른 사람이 보기에는 느닷없고…… 작품 전체와 어울리지를 못하고 그냥 그것만 떼어 내서 강의록 만들면 좋을 이런 요소들이 들어가는 거죠. 이러니까 전혀 소설이 아닌 거죠.

또 한 가지는 과학자들이 기대하는 SF는 사실 그전에 아이작 아시모프(Isaac Asimov)라던가 아서 C. 클라크(Arthur C. Clarke) 같은 작가들을 보면 과학자들이 받아들일 만한 어떤 비전을 제시했어요. 그래서 그것들이 실제 과학 연구의 영역으로 넘어와서 그것들이 실현되기도 하고 거기에서 이름들을 따서 어떤 탐사 작업에 이름을 붙이기도 하는데, 요즘 SF 작가들의 상상력은 과학적인 발견을 못 따라

오는 것 같아요. 과학 발견을 넘어서는 SF 작가의 상상력이 없는 것 같아요. 과학이 소설보다 상상력이 더 뛰어난 역전 현상이 일어났다고나 해야 할까요? 그러니까 과학 자체가 소설보다 훨씬 더 SF적인데 뭘 쓰라는 거냐, 그런 생각이 있는 거죠. 그런 면에서 과학자가 소설로 넘어가기가 되게 어려운 것 같고요. 그러기보다는 배명훈 작가님처럼 이렇게 역량 있는 소설가를 잘 교육해서 최동원 투수처럼 가운데로 직구를 넣게 하는 것이 훨씬 빠르지 않을까 그런 생각을 하는 거죠. 저는 배명훈 작가님을 만날 때마다 공부를 더 하라고 이야기를 해요. 작가님 정도 되는 역량을 갖춘 신진 SF 작가라면 하드 SF를 써라. 그런데 요구를 하고 본전을 못 찾는 게, 대답이 "하드 SF는 과학자 너희들이 써라." 그런 식의 압력을 받아서. 그래서 배명훈 작가님이 어떤 작품을 쓰면 그 분량에 맞게 제가 해제를 쓰는 그런 형식으로 한 번 해 보면 재밌지 않겠나 이런 이야기들을 했던 기억이 나네요.

박상준 결국은 우리나라 출판 시장이 참 작아서 글 쓰는 분들이나 출판하는 분들 다 힘들어 하시는데, 독자 분들이 많이 성원을 해 주신다면 아마 두 분이 서로 이렇게 떠밀려서 "쓰세요", "쓰세요."가 아니라 "쓸게요", "제가 쓸게요." 하고 서로 다투는 아름다운 장면이 나올지도 모르지요. 저도 보고 싶습니다. 마지막으로 두 분께 이번 대담에서 꼭 하고 싶은 말씀 아직 못 하신 게 있으면 마무리 멘트를 좀 부탁을 드릴게요.

이명현 칼 세이건에게는 여러 측면이 있습니다. 개인으로서는 그야말로 욕망의 화신이었지만 과학적인 면이나 그의 협력 구도 같은 것을 보면 굉장히 멋진 사람임을 부정할 수 없죠. 저는 그가 살아 있을 때 잡지와 책을 통해 그의 소식을 접했고, 죽은 다음에도, 지금도 굉장히 그립다는 생각이 들어요. 우리에게 굉장히 그리움을 주는 사람 같아요. 이 사람이 가지고 있던 '닿을 수 없는 고향에 대한 아련한 생각들', 그러니까 외계 생명체를 찾아 나가는 과정에서 본인은 스스로가 굉장히 성공한 과학자라고 생각하지만 사실 발견이라는 측면에서 보면 성공한 적은 없는 것이나 마찬가지거든요. 지금에 와서야 그가 꿈꾸던 지구와 엇비슷한 행성들이 발견되기 시작하고, 화성 탐사도 처참하게, 17년 동안 다시 시도도 못 할 정도로 처참하게 실패했습니다. SETI 프로젝트도 그 노력이 이제야 꽃을 피우는 것이거든요. 그런 꿈, 실패해 가는 꿈들을 굳건히 지켜 나갔던 사람이어서 늘 이런 작업을 하면서도 굉장히 그립다는 생각이 듭니다.

배명훈 칼 세이건은 손을 뻗어서 잡았을 때 그 안에 들어 있는 게 거의 아무것도 없다는 것만 계속 발견한 사람인 것 같아요. 화성의 흙을 가져다가 실험을 계속 반복했지만 결론은 생명체가 있는지 없는지 모르겠다, 아무것도 판단을 못 내리겠다는 게 결론이었지요. 보이저호에 실어 우주로 보낼 레코드에다가 넣을 음악도 선정하고 전 세계의 인사말을 UN 직원들을 통해 녹음하는 그 과정도 굉장히 쉽지 않았거든요. 사람들을 설득하는 것에서부터 계속 발목을 잡는 외교적, 행정적 문제를 하나하나 극복해 나가면서, 이혼 발표 날짜까지 조정해 가면서 그렇게 힘들게 일을 해서 발사를 했어요. 그러고 나서도 사실 아무것도 없거든요.

그런데 아무것도 없는 게 아니라는 이야기가 중요한 것 같아요. 『콘택트』에 그런 내용이 나와요. 다른 천문학자들이 전파 망원경을 쓸데없는 데에다 쓰지 말고 쓸모 있는 연구를 하도록 시간 배분을 다른 쪽으로 돌려 달라고 하니까 외계 문명 탐구를 계속해야 된다고 주장하면서 '우주에 생명체가 없다는 것을 정말로 찾아내면 그 또한 가치 있는 것 아니냐고, 그만큼 우리가 우주에서 정말 소중한 존재가 되었는데.'라는 이야기를 하지요.

손을 쥐었을 때 아무것도 없다는 사실을 발견하는 것도 너무 가치 있는 일이라는 걸 상정하고 일한 것 같아요. 그래서 상대성 이론 같은 이론을 만든 과학자는 아니지만 계속 가설을, 질문을, 인류의 인식 한계 밖의 질문을 계속 던지고. 결국 잡아낸 것은 아무것도 없었지만 그 자체가 너무 훌륭한 일인 것 같다는 생각이 듭니다.

02

궁극의 답은
왜 42인가

『은하수를 여행하는
히치하이커를 위한 안내서』

『은하수를 여행하는
히치하이커를 위한 과학』

**은하수를 여행하는
히치하이커를 위한 안내서**
더글러스 애덤스 | 김선형, 권진아 옮김
책세상 | 2004년 12월

**은하수를 여행하는
히치하이커를 위한 과학**
마이클 핸런 | 김창규 옮김
이음 | 2008년 5월

『히치하이커』를 즐기는 데 대체로 무해한 이야기들

김창규
SF 작가/번역가

SF는 범주에 대한 오해를 양분으로 삼아 생존하는 장르라는 생각이 들 때가 가끔 있다. 본래 모든 창작물이 표현하고 즐기기 위해 만들어졌다는 점을 감안한다면, SF의 경계를 뚜렷하게 선 긋기 어렵다는 점은 장르에 처음 접근하는 이들을 힘들게 만드는 부정적인 요소일 수 있다.

물론 눈치 빠른 이들이라면 바로 그 점 때문에 안 그래도 넓은 SF의 영역이 무한에 가깝도록 팽창한다는 결론에 도달하겠지만 말이다. 게다가, 애당초 비평가의 흉내를 내고 싶어서 초조하게 손톱을 물어뜯는 독자가 아니라 순수하게 즐거움을 얻으려는 독자라면 작품의 장르나 경계보다는 재미를 우선시할 게 뻔하다. '재미'라는 물건이 의도적으로 빚어내기도 어려운 데다가 지극히 주관적이라는 사소한 문제가 남아 있긴 하지만.

영국 작가 더글러스 애덤스(Douglas Adams)의 『은하수를 여행하는 히치하이커를 위한 안내서(*The Hitchhiker's Guide to the Galaxy*)』(이하 『히치하이커』)는 SF의 대표적 특징 가운데 하나를 완벽하게 포기함으로써 대표적인 코믹 SF로 자리 잡았다. 『히치하이커』가 포기한 특징이란 다름 아닌 개연성이다. SF는 사건 간, 인물의 의식이나 행동 간의 개연성 외에 과학적인 인과 관계라는 또 하나의 개연성을 주된 무기로 삼는다. 하지만 『히치하이커』는 전통적인 부조리극과 SF를 결합시킨 다음 전자에게 주도권을 주었기 때문에 그 무기를 거꾸로 이용한다.

『히치하이커』에서 나타나는 전통적 부조리함이란 무얼까. 주인공(에 비교적 가까운)인 지구인 아서 덴트는 제대로 공지도 이뤄지지 않은 도로 공사 때문에 집이 철거될 위기에 처한다. 하지만 알고 보니 집이 사라지는 건 사소한 문제였다. 제대로 공지도 이뤄지지 않은 우주 도로 공사 때문에 이번에는 지구가 통째로 철거된다. 물론 그 안에 살고 있던 지구인과 온갖 생명까지 포함해서.

그럼 어떤 면에서 과학적인 개연성을 완전히 포기했다는 걸까. 지구가 사라지기 직전에 외계인 친구인 포드의 도움으로 간신히 탈출한 아서는 '황금 심장호'라는 우주선에게 구조된다. 이럴 확률은 불가능에 가까울 만큼 낮은데, 아서와 포드는 바로 그 사실 때문에 황금 심장호와 만난다. 황금 심장호는 '무한 불가능 확률 항법'을 이용해 우주를 여행한다. 이를테면 우주 항해도에 나와 있지 않은 별을 찾아가는 일은 '불가능'하기 때문에 황금 심장호는 거기에 도착할 수 있다. 넓디넓은 우주 공간에서 또 한 명의 지구인 생존자 '트릴리언'이 타고 있던 황금 심장호가 아서와 만날 수 있었던 것도 두 사람이 만날 확률이 불가능에 가깝게 낮았기 때문이다.

이처럼 부조리극과 인과 관계의 포기는 『히치하이커』 시리즈를 지탱하는 두 개의 기둥이다. 하지만 고작 엉뚱하고 납득하기 힘든 사건들만 가지고 부조리하다고 하기에는 모자라지 않은가? 그래서 더글러스 애덤스는 비관적이고 허무한 '시선'을 덤으로 얹는다. '삶과 우주와 모든 것에 대한 해답은 42'라는 유명한 우스갯소리를 들어 본 적 있는가? 그 출처가 바로 이 작품이다. '42'는 우주적 슈퍼컴퓨터가 내놓은 해답이다. 그렇다면 답이 42인 '삶과 우주와 모든 것에 대한 질문'은 무얼까? 42라는 답이 나온 시점에서 그 질문을 아는 사람은 아무도 없었다. 초지성적인 우주의 존재들은 그 질문을 알아내기 위해 행성 크기의 슈퍼컴퓨터를 또 하나 만들지만, 그 컴퓨터는 결과물이 나오기 5분 전에 제대로 공지도 되지 않은 우주 도로 공사 때문에 파괴되고 만다. 우주의 정신과 의사와 철학자들은 그 소식을 듣고 자신들의 밥벌이 수단이 사라지지 않았다며 안도의 한숨을 쉰다. 우주의 창조자와 하나님은 변명만 한 줄 늘어놓고 은둔했거나 치매에 걸려 버린 늙은이에 불과하다. '우주의 최후'가 벌어지는 시간/공간에는 그 광경을 즐길 수 있는 식당이 있고, 그 식당에 들어간 손님은 첨단 기술과 시간 여행 덕에 우주의 소멸에 휘말리지 않고 '원하는 만큼 최후를 반복해서' 구경할 수 있다. 이 모든 사건과 소동 어디에도 뚜렷한 목적이나 이정표는 없다. 그나마 제정신을 조금 차려 보려는 등장인물들이 마지막에 공통적으로 손에 쥐는 것은 술과 음식이다. 더글러스 애덤스는 『히치하이커』를 통해서 인생이란 지구에서만 무의미한 게 아니라 우주 전체에서, 원래부터 그렇다고 강변하려는 듯하다.

『히치하이커』는 라디오 드라마용 각본의 형태로 탄생한 SF 시리즈이다. 더글러스 애덤스는 이 시리즈를 다섯 권의 소설로 엮어 내고 세상을 떠났다. 그는 영원한 잠에 들기에 앞서 "다음 권을 좀 더

밝게 쓰고 싶다."라고 말했다고 한다. 그 소원은 결국 이뤄지지 않았다. 그의 말대로 『히치하이커』 시리즈는 마지막으로 향해 갈수록 역설적인 소동들이 빚어내는 생동감을 잃어 간다. 시리즈의 마지막 권인 『대체로 무해함(Mostly Harmless)』은 우울하고, 조금 더 평범하고, 개연성과 목적이라는 이름의 불필요한 요소가 더욱 많다. 비교적 주인공에 가까운 아서 덴트는 자력으로 하늘을 날 수도 있고 특정 조건만 피한다면 논리적으로 죽을 수 없는 일종의 불사 상태에 도달하지만 결국은 나름의 최후에 도달한다. 그 최후는 다른 사건들에 비해 더 슬프지도 않고, 별다른 감흥을 주지도 못한다. 『히치하이커』가 온갖 인과와 개연성을 장난감처럼 망가뜨리는 작품이기 때문에 최후 또한 유별난 무게감을 지니지 않는 것이다.

우주선에 무임승차하는 히치하이커들에게 '안내서'란 수건 한 장만큼의 도움도 주질 못한다. 따라서 아래에 적는 '『은하수를 여행하는 히치하이커를 위한 안내서』를 제대로 즐기는 데 도움이 될지도 모르는 몇 가지'는 실제로 아무런 도움이 안 될 수도 있지만, 그럼에도 반드시 언급은 해야겠다.

1) 시간 여행 때문에 생기는 모순, 평행 우주(parallel worlds)의 정체, 양자 역학(quantum mechanics)과 파동 함수(wave function)의 붕괴(collapse), 로봇과 인공 지능, 엘비스 프레슬리(Elvis Presley)와 다이어 스트레이츠 (Dire Straits)를 알고 책을 읽는다면 한 번 웃을 것을 두 번 웃을 수도 있다.

2) 이 시리즈에서 작가의 수다와 말장난은 부록이 아니라 본체다.

3) 이 시리즈 전체를 관통하는 기조는 현대 과학의 그것과 직접적으로 연결되어 있다. 알베르트 아인슈타인(Albert Einstein)은 양자 역학의 확

률 함수에 맞서서 자못 비장하게 "신은 주사위를 굴리지 않는다."라고 했다가 결국은 항복한 바 있다. 양자 역학의 세계관이 필연적으로 비관적 허무주의에 도달해야만 하는지는 의문이지만, 적어도 더글러스 애덤스는 시리즈 안에서 그렇게 방향을 잡고 있다.

그리고 마지막으로 한 가지 더. 『히치하이커』 시리즈는 방대한 전체 분량과 자유로운 이야기 진행에 어울리게 온갖 하위 장르의 요소를 모두 포함하고 있다. 진공 속에서도 뜨겁게 불타오르는 태양과 같은 사랑 이야기, 행성의 창조와 우주의 끝과 우주 최대의 전쟁을 아우르는 스페이스 오페라, 시공간을 넘나드는 출생의 비밀과 엄마를 두 명 둔 자식이 등장하는 가정 드라마, 주인공이 최후를 맞이하는 장소를 찾아내야 하는 스릴러에 이르기까지. 이 점을 염두에 두고 『히치하이커』 시리즈를 읽기 시작한다면 독자는 자신의 예상과 전혀 다른 식으로 돌아가는 우주 속에 있게 될 것이다. 그것이야말로 더글러스 애덤스가 『히치하이커』의 우주를 창조하면서 등장인물의 입이나 내러티브가 아니라 작품의 양상 전체를 통해 보여 주려고 한 그 무엇이다.

김창규 SF 작가/번역가

2005년 과학기술창작문예 중편부문에 당선. 《판타스틱》, 《네이버 오늘의 문학》, 《크로스로드》 등에 단편을 게재했고, 단편집 『독재자』, 『목격담, UFO는 어디서 오는가』 등에 참여했다. 현재 SF 판타지 도서관에서 SF 창작 강의를 하고 있다. 번역서로는 『뉴로맨서』, 『은하수를 여행하는 히치하이커를 위한 과학』, 『이상한 존』, 『므두셀라의 아이들』, 『영원의 끝』 등이 있다.

『은하수를 여행하는 히치하이커를 위한 안내서』

은하수를 무전여행하려면
이 정도 과학쯤은!

김상욱
부산 대학교 물리 교육과 교수

"브라우니, 물어!"

이게 무슨 말인지 모르면 주위 사람들과의 대화에서 장애가 생길지도 모른다. 이것은 KBS「개그콘서트」의 인기 코너였던 '정여사'에 나오는 유행어다.「개그콘서트」는 이제 단순한 오락 프로그램 이상의 것이 되었다. 항상 느끼지만 유머의 힘은 강하다. 안철수 교수가 "저는 학창 시절에 공부를 못했습니다."라고 말했을 때 별 반응 없던 사람들이 "성적표에서 '수'를 찾아보기 힘들었는데, 겨우 하나 찾았더니 제 이름 '철수'에 있는 '수'였다."라는 말에는 박장대소를 하며 좋아했다. 다음날 뉴스에 대서특필되었음은 물론이다. 유머는 전하려는 메시지를 스마트 폭탄처럼 머릿속 정확한 위치에 내리꽂는다.

스마트 폭탄을 만드는 데 첨단 과학 기술이 필요하듯이 유머를 만드는 것도 뛰어난 감각과 각고의 노력을 요한다. 더글러스 애덤스는 대박 SF『은하수를 여행하는 히치하이커를 위한 안내서』(이하『히치하이커』)에서 유머와 SF가 어떻게 하면 가장 효율적으로 결합될 수 있는지 천재적인 모범 답안을 보여 준다. 사실 외국과 비교할 때 국내에서 『히치하이커』는 그리 널리 알려져 있지 않다고 볼 수 있다. SF 시장 자체가 작은 것도 이유겠지만, 『히치하이커』식 유머가 우리 정서에 딱 맞는 것은 아니기 때문이다. 굳이 말하자면 영국식 유머라 할 수 있는데, 많은 사람들이 좀 썰렁하거나 엉뚱하다고 느끼는 듯하다. 아무튼 이 책은 30여 개의 언어로 번역되었으며, 텔레비전, 영화, 라디오, 게임 등으로 여러 번 재탄생되었다. 내가 아는 수많은 일류 물리학자들이 이 책의 팬이며, 영국 케임브리지 대학교의 장하준 교수가 추천하기도 했다. 이 책에 대해서는 앞선 서평에서 자세히 설명되었을 테니 이 정도만 이야기하겠다.

『히치하이커』도 SF다 보니 많은 과학적 사실을 깔고 있다. 대중 과학 작가라면 이런 대박 소설에 담긴 과학적 내용을 한 번 헤집어 보고 싶다는 생각을 자연스럽게 떠올리기 마련이다. 「스타워즈(Star Wars)」, 『해리 포터(Harry Potter)』, 『셜록 홈즈(Sherlock Holmes)』 시리즈에 담긴 과학을 다루는 책들도 이미 있지 않은가? 마이클 핸런(Michael Hanlon)의 『은하수를 여행하는 히치하이커를 위한 과학(The Science of the Hitchhiker's Guide to the Galaxy)』(이하 『히치하이커의 과학』)은 이 같은 동기에서 시작된 책이다. 『히치하이커의 과학』이 다른 도서와 비교하여 특별한 것은 과학 해설서이면서도 원 저작이 가진 유머러스한 분위기를 유지한다는 점이다. 예를 들면 이런 식이다.

UFO 신봉자들은 '목격담 중 95퍼센트만이' 조작이거나, 달을 잘못 본 것이거나 다른 자연 현상이라고 당당하게 말한다. 하지만 나머지 5퍼센트 역시 모조리 조작이거나 착각이었다.

『히치하이커의 과학』은 단순히 『히치하이커』의 보조 자료 정도로만 만들어진 것은 아니다. 막상 내용을 들여다보면 그 주제의 방대함에 놀라게 된다. 사실 소설을 읽지 않은 사람도 이 책을 통해 현대 과학의 최전선을 전체적으로 한 번 짚어 볼 수 있을 정도다. 하지만 이건 서평자에게 나쁜 소식이었다. 주제가 광범위하다는 것은 그만큼 고려해야 할 내용이 많다는 뜻이니까. 외계인의 존재부터 인공 지능, 신의 존재, 우주의 탄생과 종말, 타임머신을 거쳐 평행 우주에 이르기까지 하나하나가 독립적인 주제로 다루어도 손색이 없을 정도가 아닌가? 아무튼 넋두리는 이 정도 하고, 이제 이 책이 다루는 다양한 주제들에 대한 이야기를 해 보자.

『히치하이커』에는 수많은 외계인이 등장한다. 따라서 외계인이 존재하느냐는 질문을 피할 재간은 없다. 외계인과 관련하여 1938년 노벨 물리학상을 받은 물리학자 엔리코 페르미(Enrico Fermi)는 다음과 같은 질문을 했다고 한다. "우주에 수없이 많은 별이 있으므로 어딘가에 지적인 생명체가 있을 확률은 크다. 그렇다면 그들은 다 어디 갔단 말인가?" UFO 신봉자들은 외계인이 우리 주위를 얼쩡거리고 있다고 주장할지도 모르겠다. 하지만 『히치하이커의 과학』은 이런 생각에 일고의 가치도 없음을 재미있는 사례를 통해 보여 준다.

외계인의 존재 문제에 대해 과학적으로 명확한 답을 얻을 수는 없지만, 우리 문명만 보더라도 지적 생명체가 존재하기 위해 필요한 조건이 매우 까다롭다는 것만은 알 수 있다. 설사 우리 정도의 문명을 건설하더라도 우주를 마음대로 여행하기란 불가능하다. 아마 외계 생명체가 있어도 대부분 아직 원시적 수준에 머물러 있거나, 지나치게 문명이 발전하여 우리가 대화할 상황이 아닐 거다. 우리가 화성에서 지렁이 정도의 지능을 갖는 생명체를 발견했을 때, 무슨 대화를 할 수 있겠는가? 양자 역학을 가르쳐 주기는커녕 파헤쳤던 흙이나 다시 덮어 주는 수밖에 없다. 당분간 외계 생명체와 관련하여 우리가 할 수 있는 일은 화성 같은 곳에 가서 미생물이라도 찾아보거나, 외계로 우리의 존재를 알리는 것뿐이다. 어차피 그 신호를 받고 우리를 만나러 올 정도의 외계인이라면 신호를 보낼 필요도 없을지 모르겠지만 말이다.

어쨌든 『히치하이커』에서 지구를 방문한 지적 외계인이 한다는 짓이 지구를 순식간에 없애 버리는 것이다. 아마존 열대림을 눈 하나 깜짝 안 하고 파괴하는 인간과 하나도 다를 바 없다. 다만 작은 문제가 하나 있었는데, 지구가 중요한 임무를 지닌 컴퓨터였다는 사실이다. 지구가 왜 컴퓨터인지 알고 싶으면 소설을 보시라. 지금 우리 주위에는 여러 가지 형태의 인공 지능 로봇이 존재한다. 무인 청소기까지는 아니라도, 사람이 왔을 때 문이 열리는 단순한 자동문도 지능형 로봇이라 할 수 있다. 로봇의 능력이 빠르게 향상되리라는 것은 과학 기술의 역사로부터 쉽게 예측할 수 있다. 영화 「터미네이터 (The Terminator)」가 보여 주는 위험천만한 고비만 잘 넘긴다면, 인간을 뛰어넘는 로봇을 만들 수 있을지도 모른다.

진화론의 입장에서 생각해 보건대 로봇이 우리를 뛰어넘는 순간 우리에게 주어진 선택은 그리 많지 않다. 로봇에게 우리 자리를 넘겨주고 우리는 무대에서 사라지던가, 우리 자신이 직접 로봇이 되는 수밖에 없다. 이런 명백한 진화론적 귀결을 무시한 『히치하이커』에서는 우주 최고의 컴퓨터에게 궁극의 질문 "우리는 왜 존재하는가?"에 답하라는 임무가 주어진다. 이 정도 질문에 답할 수 있는 컴퓨터라면 더 이상 질문에 답이나 하고 있을 존재가 아니어야 말이 된다. 아무튼 궁극의 컴퓨터가 이에 대해 내놓은 답이 궁금하신가? 궁금하면 500원! 사실 이 대목이 더글러스 애덤스식 유머의 백미인데, 이걸 보고도 웃음이 나오지 않는 사람은 책을 더 보지 않는 편이 좋다.(기우겠지만 "500원."은 『히치하이커』에 나오는 궁극의 컴퓨터가 내놓은 답이 아니다.)

궁극의 질문에 답할 수 있는 컴퓨터가 아직 없기 때문인지, 인간은 '신'이라는 존재에게 이 문제를 떠넘기고 살아왔다. 신에 대해서는 다양한 입장이 존재한다. 하지만, 적어도 인류학은 진정한 무신론 사회란 거의 없었다는 사실을 보여 준다. 신이 인간을 사랑하는지는 모르겠지만, 적어도 인간은 신을 좋아한다는 말이다. 무신론자인 내가 보기에 신이 존재하느냐는 문제와 UFO가 존재하느냐는 문제는 비슷한 질문으로 보인다. 이것은 미묘한 문제이니까 신에 대해서는 『히치하이커의 과학』의 일부를 인용하고 넘어가려 한다.

> 과학적 이성주의 대 종교의 역사란 결국 '신'이라 이름 붙인 찬장에서 물건을 하나씩 꺼내어 찬찬히 살펴본 다음 있어야 할 자리로 옮겨 놓는 작업의 기록이다……. 오늘날 신의 찬장은 화석, 방사성 탄소 연대 측정, 화성의 운석 덕분에 거의 텅 비어 있다.

아직도 물리학에 신이 할 일이 남아 있다면 우주의 탄생과 종말에 대한 부분일 것이다. 물론 반드시 신께서 하실 필요는 없지만 말이다. 현대 우주론(modern cosmology)은 우주가 빅뱅이라는 폭발에서 탄생했다고 이야기한다. 빅뱅 이전에 대해 물으면 싫어한다. 그래

『은하수를 여행하는 히치하이커를 위한 과학』

도 빅뱅 이후의 역사에 대해서는 많은 것이 알려져 있다. 문제는 빅뱅으로 팽창하기 시작한 우주가 결국 어떻게 될지에 대해서는 아직 일치된 결론이 없다는 사실이다. 이것은 SF 작가들에게 희소식이 아닐 수 없다. 『히치하이커의 과학』은 우주의 종말에 대한 여러 가지 시나리오를 소개한다. 하지만 100년 뒤 지구의 미래조차 알지 못하는 지금의 과학을 생각해 보면 이것이야말로 진짜 유머가 아닌가 하는 생각도 든다.

우주의 시작과 끝을 말할 때, 우리가 암묵적으로 가정하는 당연한 사실은 시간이 한 방향으로만 흐른다는 것이다. 시간을 거슬러 갈 수만 있다면 '우주의 끝'이라는 게 대체 무슨 의미가 있겠는가? 상대성 이론은 과거로 돌아갈 수 없다는 가정에서 출발한다. 이것은 인과율과 관련이 있다. 하지만 이런 규칙을 다 지켜 가며 소설을 쓸 수는 없는 노릇이다. SF에서 타임머신은 냉장고만큼이나 흔한 기계다. 하지만 『히치하이커의 과학』은 과학적으로 가능할지도 모를 타임머신의 예를 보여 준다. 웜홀(wormhole)을 이용한다고 나도 어렴풋이 듣기만 했던 내용인데, 자세히 알 수 있어 좋았다. 정통 과학 학술지에 실린 타임머신의 아이디어를 알고 싶은 사람에게 이 부분의 일독을 권하는 바이다.

타임머신과 우주론이 주로 상대성 이론과 관련된 주제라면, 순간 이동과 평행 우주는 양자 역학을 바탕으로 한다. 2012년 노벨 물리학상의 업적 가운데 하나는 순간 이동을 실험으로 구현한 것이었다. 순간 이동 장치 없이 『히치하이커』 같은 소설을 쓸 수는 없다. 우주는 너무 광활하기 때문이다. 이동하는 데 툭 하면 몇 십만 년씩 걸린다면 이야기를 진행하기 너무 힘들 것이다. 어딜 다녀올 때마다 친구들이 다 늙어 죽고 없을 테니 말이다. 현대 과학이 말하는 순간 이동은 물질이 직접 이동하는 것이 아니다. 물질을 이루는 원자들에 대한 정보만 이동하여 도착 장소에서 원자들을 조합하여 원래 물질을 만드는 것이다. 마치 팩스를 보내는 것과 비슷하다. 팩스란 문서 자체가 아니라 스캔된 문서의 정보를 보내어 수신자의 기계에서 문서를 복제해 내는 것이니 말이다. 이런 것이 실제로 가능하냐고 묻는다면 양자 역학을 공부해야 한다고 말할 수밖에 없다.

아직도 다루지 않은 주제가 많지만 양자 역학 이야기가 나왔을 때 이 글을 끝내는 것이 좋겠다. 양자 역학이 어렵다는 것은 널리 알려진 사실이니 말이다. 아무튼 『히치하이커』를 재미있게 읽은 독자라면 『히치하이커의 과학』을 읽으며 즐거운 향수에 젖을 수 있을 것이고, 소설을 안 읽은 사람도 첨단 과학을 재미있게 배울 기회가 될 것이다. 다만, 책을 읽기 전에 수건을 하나 준비해야 한다. 책을 읽는 중에 우리 지구가 갑자기 없어질지도 모르니까.

김상욱 부산 대학교 물리 교육과 교수

KAIST에서 물리학을 전공하고 동 대학원에서 석사, 박사 학위를 받았다. 포항 공과 대학교, KAIST, 독일 막스 플랑크 연구소에서 연구원 생활을 하고, 서울 대학교 연구 조교수를 거쳐 2004년부터 부산 대학교 물리 교육과 교수로 재직하고 있다. 2009년 일본 학술 진흥회 초청 동경 대학교 방문 교수, 2010년 오스트리아 인스부르크 양자 정보 및 양자 광학 연구소 방문 교수를 역임한 바 있으며, 주로 양자 과학과 관련한 다양한 주제를 연구하고 있다. 『영화는 좋은데 과학은 싫다고?』라는 대중 과학 서적을 출간하고, 《국제신문》, 《국민일보》, 《무비위크》, 《과학동아》 등에 과학 칼럼을 연재하고, 아태이론물리연구소 과학 문화 위원을 맡는 등 과학을 대중에 알리는 일에도 관심이 많다.

김창규
『은하수를 여행하는
히치하이커를 위한 안내서』

이명현
사회자

김상욱
『은하수를 여행하는
히치하이커를 위한 과학』

이명현 각자 자신이 소설 속에서 재미있다고 느낀 부분을 이야기하면서 그걸 설명하는 구성으로 가 보면 어떨까 합니다.

김창규 저는 이야기를 만드는 사람이고, 특히나 SF에서는 개연성이나 합리성을 마치 강박처럼 자기 점검하면서 써야 합니다. 그런 태도에 항상 얽매여 있다 보니 이 비상식적인 소설을 읽으면서 가장 마음에 들었던 부분이 불가능 확률 항법 장치였습니다. 불가능 확률 항법 장치란 '도착이 불가능하기 때문에 그곳에 갈 수 있게' 해 주는 장치죠.

김상욱 그 이야기를 하려면 결정론/비결정론 문제까지 거슬러 올라가야 합니다. 물리학의 할아버지가 갈릴레오 갈릴레이(Galileo Galilei)라면 아버지는 아이작 뉴턴(Isaac Newton)이라고 할 수 있죠. 뉴턴 역학의 우주는 초기 조건이 주어지면 운동 법칙에 의해 미래가 결정되는 우주입니다. 이것을 결정론적 우주관이라고 합니다. 여

『은하수를 여행하는 히치하이커』 대 『은하수를 여행하는 히치하이커를 위한 과학』

러분이 어느 순간 우주 안 모든 물체의 위치와 속도를 알면, 계산을 해서 미래를 알 수 있어요. 거꾸로 이야기하면 여러분의 현재 위치와 운동은 우주가 생길 때부터 결정되어 있었던 겁니다. 이 자리에 자신의 의지로 왔다고 믿으시겠지만 사실은 빅뱅 때부터 정해진 것이지요. 그렇다면 자유 의지가 정말 존재하냐는 물음이 나올 수가 있는데, 19세기 사람들은 '자유 의지는 의식이니까 의식과 운동은 별개다.'라고 생각을 해서 넘어갔습니다.

그런데 19세기 열역학이 발전하는 과정에서 의문이 하나 발생합니다. 어려운 말로 하면 엔트로피 문제인데 쉽게 이야기하면 왜 시간이 흐르는지 잘 몰랐어요. 공을 위로 던져서 떨어지는 현상을 카메라로 찍어서 거꾸로 돌리면 별로 이상해 보이지 않지만, 사람의 죽음이나 물에다 떨어뜨린 잉크가 퍼지는 일을 찍어서 거꾸로 돌리면 굉장히 이상하거든요. 자연에 무언가 돌이킬 수 없는 현상이 존재하는데 이것을 뉴턴 역학으로 설명할 방법을 몰랐습니다. 그것을 설명하는 과정에서 탄생한 물리학이 통계 역학입니다. 이때 도입된 개념이 확률이에요.

제가 종이를 반으로 접으면 종이에 자국이 남잖아요? 누구도 이 자국을 완전히 없앨 수가 없습니다. 종이의 깨끗한 면을 이룰 수 있는 원자의 배치는 단 한 가지밖에 없지만 망가질 수 있는 경우의 수는 굉장히 많습니다. 따라서 원래로 다시 돌아오기 위해서는 그 수많은 배치 가운데 하나로 돌아와야 하는데 이게 확률적으로 너무나 힘들거든요. 제가 지금 통계 역학 1년짜리 강의 내용을 한 번에 하고 있는 겁니다. 이렇게 도입된 확률이 20세기에 양자 역학과 만납니다. 양자 역학에서는 본질적으로 확률을 피할 수가 없다는 결론에 도달합니다. 뉴턴의 결정론이 다 깨지게 되는 거죠. 양자 역학에 따르면 모든 사건을 다 확률적으로 생각해야 합니다. 불가능한 사건이란 없고, 단지 확률이 작아서 일어나지 않을 뿐입니다. 양자 역학에 의하면 제가 벽을 향해 뛰어들었을 때 유령처럼 벽을 통과해 버릴 확률이 있습니다. 벽을 부수며 뚫고 지나는 거 말고요. 고전 역학에서는 이게 일어나선 안 되기 때문에 안 일어나지만, 양자 역학에서는 확률이 0이 아닙니다. 단지 너무 작을 뿐이죠. 심지어 제가 갑자기 고래로 바뀔 수도 있어요. 고전 역학에서는 불가능한데 양자 역학에서는 그럴 확률이 있거든요. 불가능 확률 엔진이 바로 그런 낮은 확률을 일어나게 하는 기관입니다.

김창규 이야기를 만드는 사람 입장에서 또 인상이 깊은 것을 말하자면, 평행 우주 이야기가 책 처음부터 마지막까지 등장합니다. 보통 평행 우주 이야기를 소설에 넣으려면 생각을 많이 해야 합니다. 잘못 쓰면 독자에게 혼란만 주기가 더 쉬운데, 이 소설에서는 적극적으로 도입하고 있는데다가 전통적인 영미권 SF의 주 무기인 '인과가 정해져 있는 세계관'과 '유일무이한 세계관'을 엎어 버렸어요. 그래서 과학 이론을 배웠거나 평행 우주가 어떤 것인지 상상이라도 해 본 사람이 아니라면 전체적인 시점을 이해할 수가 없거든요. 그 정도로 평행 우주 이야기를 소설 줄거리에 많이 집어넣었다는 것에서 강렬한 인상을 받았습니다.

김상욱 사실 이것에 과학자로서 답변하려면 "아직 검증되지 않은 이론입니다." 하고 끝내면 됩니다. 평행 우주는 아직 과학적으로 검증

『은하수를 여행하는 히치하이커』 대 『은하수를 여행하는 히치하이커를 위한 과학』

이 되지 않았고 실험적 증거도 전혀 없습니다. SF에 가까운 주제이고, 설사 있다고 할지라도 평행 우주 사이의 의사소통은 전혀 허용되지 않는다는 사실을 먼저 말씀드립니다.

여기서는 양자 역학 이야기만 조금 하고 돌아가면 될 것 같아요. 양자 역학에서 나온 중요한 것 중 하나가 확률이라고 앞서 말씀드렸죠. 그것과 관련해서 양자 역학에 있는 괴상한 원리 중 하나가 중첩(superposition)입니다. 이야기가 길어지니 딱 필요한 만큼만 이야기하자면, 입자(particle)가 어느 한순간에 여러 상태를 가질 수 있다는 겁니다. 저는 두 의자에 동시에는 앉을 수가 없어요. 이것은 입자의 숙명입니다. 그런데 양자 역학은 제가 여기저기에 동시에 있는 그런 상태가 가능하다는 말을 합니다. 이것을 양자 중첩이라고 부릅니다. 물론 저를 예로 든 것은 지나친 과장입니다. 우리가 사는 세계에선 한 번도 본 적 없잖아요? 그런데 머리카락을 10만 분의 1로 자른 그 정도 크기에서는 지금 말씀드린 일이 부지기수로 일어나고 있어요. 그럼 자연스럽게 이런 의문이 생기겠죠. '전자는 중첩하는데 왜 인간은 중첩 못 하는가?' 이게 양자 역학의 가장 중요한 질문입니다. 양자 역학은 이렇게 설명합니다. 작은 세계, 미시 세계가 있고요. 우리가 사는 거시 세계가 있습니다. 우주를 둘로 나눕니다. 이것이 양자 역학의 코펜하겐 해석(copenhagen interpretation)입니다. 미시 세계처럼 행동하던 것이 우리가 어떤 짓을 하면 어느 순간 우리 같은 거시 세계로 바뀐다는 거예요. 전자도 퍼져서 중첩 상태에 있다가 내가 어디 있는지를 보면 어느 한 장소에 딱 있게 돼요. 안 보면 다시 퍼지고요. 이게 너무 불편하잖아요? 코펜하겐 해석대로 우주를 둘로 나누면 경계가 어디냐는 질문에 대답을 해야 하거든요. 원자 하나는 미시 세계이고 많이 모였을 때 거시 세계라면 원자가 얼마나 모여야 거시 세계냐는 경계가 필요한데 그것을 알 수가 없습니다. 우주를 둘로 나누지 않으려는 개념이 바로 평행 우주입니다. 미시 세계에서 중첩 상태에 있던 것이 우리의 어떤 조작을 통해서 한 개의 상태로 귀결되는 거시 세계로 환원되는 게 아니라 우주 자체는 계속 중첩을 유지하는데 단지 우리가 두 상태 가운데 하나에서만 살 수 있도록 우주가 찢어진다는 거예요. 평행 우주에서 우주 전체는 중첩 상태를 유지하면서 굴러가고, 단지 우리는 그중 한 우주에 살 따름입니다. 이렇게 하면 거시 세계이든 미시 세계든 구분 없이 수학적으로 단 하나의 방정식으로 설명되기 때문에 간단해지죠. 대신 굉장히 많은 우주가 존재해야 하니까 마음은 불편하지만.

이제 제가 재밌었던 부분을 이야기해도 될까요? 제가 인상 깊게 본 것은 책에서 다루는 핵심 주제 가운데 하나인 '숙고(Deep Thought)' 컴퓨터가 계산하는 '인생과 우주 그리고 세상 만물에 대한 해답'이었습니다. 지구도 그것 때문에 만들어진 거대 컴퓨터였으니까요. 『히치하이커를 위한 과학』에서도 컴퓨터 이야기로 시작을 합니다. 궁극의 컴퓨터가 무엇일까? 궁극의 컴퓨터를 만들어서 우리가 이런 질문을 할 수 있는 시기가 올까?

인간이 가질 수 있는 컴퓨터의 한계가 어디인지 물리학자들이 계산해 봤습니다. 물리학자들은 새로운 물건을 만들지는 않아요. 대신 뭐가 안 되는지는 이야기해 줍니다. 예를 들어서 여기 노트북 컴퓨터가 있다면 이것으로 대략 1기가플롭스(gigaflops) 정도의 계산을 할 수가 있습니다. 만약에 우리가 이 노트북이 가지고 있는 모든 자원을 다 사용해서 계산한다면, 1초 동안 얼마나 많은 계산을 할 수 있을까요? 노트북의 CPU를 써서 계산한다는 것이 아니라, 노트북을 이루는 모든 원자들을 자원으로 계산한다는 말입니다. 답이 있을 것 같지 않은 질문인데 답을 구할 수가 있습니다. 원자의 상태가 얼마나 빨리 바뀔 수 있는지를 제한하는 정리가 있거든요. 결국 물체의 전체 에너지를 어떤 상수로 나눈 것 이상으로는 빨리 움직일 수 없어요. 물체의 전체 에너지는 아인슈타인 상대성 이론에 의해 질량 곱하기 빛의 속도(mc^2)로 볼 수 있습니다. 이 값이 워낙 커서 에너지, 온도, 운동, 퍼텐셜 에너지 따위는 무시할 수 있어요. 이 에너지를 플랑크 상수로 나눈 만큼의 속도가 주어진 자원으로 계산할 수 있는 궁극의 한계입니다.

그 계산을 해 봤더니 노트북 컴퓨터로는 1초 동안 10^{50}번 계산할 수 있다고 합니다. 이것을 확장해 봅시다. 이제 여러분이 우주에 있는 모든 입자를 가지고 계산을 해요. 우주 자체를 컴퓨터로 만듭니다. 우주의 전체 에너지 나누기 플랑크 상수 하면 어떤 속도가 나올 거예요. 결과적으로 우주는 1초에 10^{105}번 계산할 수가 있습니다. 10^{100}을 구골(googol)이라고 합니다. 구글(Google)의 이름이 거기서 나온 거예요. 저는 이 이야기를 듣고서 좀 실망했어요. 이것밖에 안 되나? 우주가 만들어진 지 지금까지 137억 년이 되었는데 이 시간을 곱하면 우주가 지금까지 10^{122}번 정도의 계산을 수행한 겁니다. 이게 다예요. 그뿐만 아니라 우주는 원자의 상태라는 형태로 정보를 저장할 수 있습니다. 수소 원자가 대략 1제곱센티미터 안에 몇 개 들었는지 알 수 있거든요. 그것으로 환산해 보면 우주가 가질 수 있는 정보의 총량이 10^{90}비트(bit)밖에 안 됩니다. 우주가 광활하고 우리가 상상도 할 수 없는 일을 하고 있는 것 같지만, 10^{90}개의 비트를 가진 유한한 크기의 컴퓨터고요, 탄생 이래 지금까지 10^{122}번의 계산을 수행한 것이 전부입니다. 그게 우주의 모습입니다. 그렇다면 지구뿐만 아니라 우주 자체를 컴퓨터라고 보는 게 그렇게 황당한 이야기는 아닌 거지요.

이명현 소설 속에서는 '숙고' 컴퓨터를 통해서 '이 세상 모든 것에 대한 결론'을 42라고 내리지요. 저는 그 주제로 글을 쓴 적도 있습니다. 천문학자들 사이에서 허블 상수라는 문제가 있었어요. 우주가 팽창을 얼마나 빨리하느냐는 계수인데, 이게 우주의 나이와도 관련이 있고 중요한 계수거든요. 제가 대학원생 때만 하더라도 '허블 전쟁'이라고 불렸습니다. 50과 100이라는 값을 가지고 싸우는 두 파벌이 있었습니다. 100이라고 하면 우주의 나이가 100억 년이고 50은 200억 년입니다. 그 사이에서 불쌍한 사람은 대학원생입니다. 발표를 할 때 모든 절댓값에 이 값이 들어가거든요. 그래서 불쌍한 대학원생들은 75를 썼어요. 어느 쪽에도 치우치지 않는 '안전한' 값으로 대학원생 허블 상수라고 불렸습니다. 그게 2000년대 들어와서야 해결이 되었는데 옳은 값이 71, 72 정도였습니다. 대학원생 값이 얼추 맞았던 거죠. 절박한 사람일수록 맞게 되는 것 같기도 하고요.

　제가 왜 이 이야기를 하느냐면 50이라고 주장했던 교수 중에 42를 주장하는 논문을 쓰신 분이 계십니다. 어느 날 신의 계시를 받았는데 갑자기 신이 나타나서 42라고 했대요. 그래서 42가 허블 상수라는 이 논문이 천문학자들 사이에서 굉장히 논의가 많이 되었고요. 『히치하이커』가 허블 상수를 계시해 주고 있다는 이야기가 돌았던 적이 있습니다. 저는 계산할 때 늘 75를 쓰면서도 42에 대한 트라

우마가 있어서 우리가 뭔가 잘못하는 것 같고 그랬거든요. 그 장면이 개인적으로 인상에 남습니다.

김상욱 그 이야기는 자연스럽게 신 이야기와 결부될 것 같은데요. 『히치하이커』에서도 신에 대해 신랄하게 이야기합니다. 우주의 시작과 끝, 우주의 근원, 이런 질문을 하면 과학자들이 아직 답을 모르죠. 과학이 모를 때 필요한 게 신이랍니다. 『히치하이커를 위한 과학』에도 재미있는 예가 많이 나와요. 궁극의 질문에 대한 답은 무엇인가. 우주가 무엇이고 도대체 우주를 어떻게 이해해야 하는지 수많은 학설이 있지만, 최근에 유행하고 있는 정보 우주 이론을 가지고 이야기해 보죠. 사실 우주를 설명할 때 부딪히는 가장 어려운 문제는 물리학이 기반을 두는 철학 때문에 생깁니다. 과학자들에게는 우주를 어떤 간단한 한두 가지 법칙으로 설명할 수 있을 것이란 믿음이 있어요. '오컴의 면도날'이라고도 하는데 한 현상을 다섯 개의 법칙으로 설명할 수 있는 이론이 있고 두 개로 설명할 수 있는 이론이 있으면 두 개 쪽을 취해야 한다는 겁니다. 이걸 끝까지 밀어붙이면 결국 모든 것을 단 하나의 이론으로 설명할 수 있습니다. 그것을 물리학자들이 믿고 추진을 하는 중인데 그게 맞는지 틀리는지는 아무도 모르죠.

그런데 이런 경향에 대해서 물리학자 존 휠러(John Wheeler)가 한 이야기가 있습니다. "궁극의 법칙이 있다면 그 녀석은 반드시 우리가 알고 있는 어떤 선험적 법칙으로부터도 나올 수 없는 요소가 있어야 한다. 그런 것이 가능한가?"라는 거예요. 신이 가지는 딜레마랑 비슷해요. 빅뱅으로 우주가 시작되었는데 빅뱅 전에는 뭐가 있었는가? 항상 그것 때문에 신의 존재가 거론됩니다. 종교를 믿는 분들은 기뻐하실지 모르겠지만 여기서도 금방 모순이 나오죠. 그 신은 또 누가 만들었을까? 똑같아요. 궁극의 이론이 나오는 순간 그 이론은 누가 만들었는지를 이야기해야 하는데 이론이 홀로 서지 않는 한은 이 문제가 해결이 안 됩니다.

이 문제에 대해 위대한 수학자이자 물리학자이며 게임 이론의 아버지인 존 폰 노이만(John von Neumann)이 재미있는 해답을 제시합니다. 여기 공집합이 하나 있어요. 우리는 무에서 유를 만들기를 원합니다. 공집합 플러스 정신(mind)이 있으면 자연수의 집합이 나올 수 있을까요? 그는 나올 수 있다고 이야기하는데 잘 들어 보세요. 먼저 공집합이 있습니다. 공집합은 원소를 갖고 있지 않은 집합이에요. 여기 정신이 있어요. 그 정신이 공집합을 쳐다봅니다. 아무것도 없죠. 이제 정신은 공집합이 공집합을 포함함을 깨달아요. 아무 것도 없는 공집합이지만 적어도 한 개의 부분 집합을 가지고 있는 거죠. 이건 굉장히 중요한 도약입니다. 아무것도 없었는데 1을 만들어 낸 거니까요. 그 부분 집합인 공집합이 다시 자기 안에 자신과 같은 똑같이 비어 있는 공집합이 있다는 사실을 알아내는 순간 2가 만들어집니다. 무에서부터 자연수를 만들어 낼 수가 있어요. 일단 자연수가 나오면 끝입니다. 그다음에 유리수, 무리수가 만들어지니까요. 동의하시나요?

우주의 근원이나 우주의 본질을 어떤 대상으로 만들면 그 대상이 무엇인지 설명해야 해요. 물리학은 유물론이니까. 이걸 피해 가는 방법은, 이것을 하나의 문장으로 바꾸면 됩니다. 여러분 컴퓨터 프로그램을 보시면 안에서 게임 캐릭터들이 왔다갔다 움직이잖아요. 우리가 보면 한심하지만 캐릭터 입장에서는 그게 실재(reality)라고 믿어도 할 말이 없습니다. 자기들이 어떤 우주 안에 있고요. 눈앞에 놓인 아이템이 진짜라고 믿을 만한 근거가 충분히 있어요. 어떤 아이템을 먹으면 힘이 납니다. 아이템은 사라지고요. 그런데 우리가 볼 때는 그것이 실제 있는 게 아니라 '아이템이 있다.'라고 써 놓은 것이거든요. 문장인 겁니다.

그래서 지금 일부 과학자들은 우주의 근원이 물질이 아니라 정보가 아닐까 생각하고 있습니다. 즉 여기에 실제 볼펜이 있는 것이 아니라 여기 '볼펜이 있다'는 문장이 있다는 거예요. 우주가 입자들의 집합이 아니라 이런 상태를 기술하는 진술(statement)의 집합이라는 거죠. 그렇게 해 버리면 어려움을 피해 갈 수 있어요. 법칙은 문법이, 프로토콜이 됩니다. 우주가 지금까지 10^{122}번의 계산밖에 못했다는 걸 우리는 이미 압니다. 어떤 종류의 정보도 다 0과 1로 쓸 수가 있고요. 0과 1은 결국 0이라는 '비어 있는 것'과 1이라는 '자연수'로 쓸 수가 있어요. 여러분이 공집합으로부터 1을 만들어 낼 수 있으면 우주를 무에서부터 만들 수 있다는 겁니다. 궁극의 법칙이 있다면 정보 우주의 형태일 거란 이야기인데, 아직은 SF 같은 스토리입니다.

더 어려운 문제로 가 보죠. 우주에 대한 질문에서 가장 큰 문제점은 우주 안에 내가 포함되어 있다는 것입니다. 자신이 자기 자신을 기술할 때 논리학에서는 모순이 생길 수가 있어요. 우주가 왜 존재하는가 하는 질문을 우주 자신이 한다는 데 문제가 있다는 말이죠. 양자 역학에서 가장 중요한 것의 하나가 측정입니다. 내가 어떤 답을 얻기 원한다면 적절한 대상을 측정해야 합니다. 측정을 통해 대상에 대한 정보를 얻어 낼 수가 있으니까요. 그런데 재미있는 것은 아까도 이야기했지만 양자 역학에서는 미시 세계와 거시 세계 두 개가 분리되어 있어요. 측정은 거시 세계만 할 수 있죠. 미시 세계는 측정을 당할 뿐이고 측정되는 순간 거시 세계로 환원됩니다. 이것이 양자 역학의 표준 해석인 코펜하겐 해석이라는 건데, 이에 따르면 외부의 어떤 관측자 없이 자신이 그 자신을 측정할 수가 없어요. 측정이라는 개념 자체가 외부의, 나와 다른 존재를 기반으로 하고 있습니다. 따라서 우리가 우주 전체에 대해서 무슨 질문을 했을 때 (이 우주가 양자 역학의 지배를 받는다면) 우주 밖에서 우주를 측정하지 않는 한 우주를 측정한 결과를 얻어 낼 수가 없다는 거죠. 우주 내부에서는 무슨 짓을 해도 양자 역학적인 중첩 상태에 있습니다. 어느 하나의 정보로 귀결되지가 않아요.

문제는 이것만이 아닙니다. 제가 지금 여기 앉아 있는데요, 저기 앉아 있을 수도 있잖아요? 어쨌든 여기 아니면 저기 앉아 있으니까 이 상황을 기술하기 위해서는 1비트의 메모리가 필요해요. 내가 기술하는 물질이 가질 수 있는 상태만큼의 메모리가 있어야 이 상태를 기술할 수가 있어요. 이 상태가 네 가지로 제한되어 있고 내가 어디든 앉을 수 있다고 합시다. 네 개의 상태가 있지만 내가 메모리가 1비트밖에 없으면 이 상태를 기술할 수가 없어요. 우주 전체를 이해하는 데는 우주 전체만큼의 비트가 필요합니다. 우주 전체에 대해 묻는 '우주가 왜 존재하는가?'라는 질문을 우주 안의 유한한 자원을 가지고 설명을 하려고 해요. 원래는 안 되는 겁니다. 무언가 빠뜨릴 텐데 빠뜨려도 된다는 이론이 있지 않은 한은 완벽한 설명은 불가능해요. 결국은 우리가 유한한 자원으로 하면 어딘가 불확실하고 빠진 게 나오기 때문에 답이 불확실하고요. 계속 키워 갈 거예요. 자원

『은하수를 여행하는 히치하이커』 대 『은하수를 여행하는 히치하이커를 위한 과학』

을. 그래서 답을 얻는 순간은 그 컴퓨터가 우주 자신이 되는 순간일 겁니다.

이명현 이 책에서 굉장히 중요하게 나오는 소품이 있지 않습니까? 바로 수건입니다. 도대체 왜 나왔을까요? 김창규 작가님이 작가의 전지적 시점에서 답변해 주시지요.

김창규 작가가 쓴 소재의 모든 스펙트럼을 개인이 다 감지하긴 힘듭니다. 이 소설 같은 경우는 '뭔가 있어 보이는 게 별 게 아니다', '뭔가 없어 보이는 게 대단한 것이다.' 이 두 가지를 막 섞어 쓰거든요. 이 소설에서 수건은 반드시 챙겨야 할 물건, 모든 걸 다 버리고 우주를 무전 여행할 때 챙겨 할 물건이라고 하지만 정작 책에서 수건이 하는 역할은 거의 없어요. 그런 테크닉, 아이템의 하나로서 썼다고 봐야 할 듯합니다.

이명현 그러면 이제 마무리를 부탁드릴까요.

김창규 사실 『히치하이커』를 누군가에게 추천해야 한다고 하면 상당히 어려워요. "너랑 취향이 맞나 안 맞나 그냥 읽어 봐라." 이렇게밖에 말할 수가 없거든요. 다른 식으로 접근해 보죠. 개인적인 생각입니다만, 이 세상에서 예술가나 창작자라는 직업이, 혹은 그런 개념 자체가 없다고 하면 상식적인 사람과 광인이 있고 모든 사람이 그 사이 어딘가에 자리를 잡고 있을 거예요. 아주 치밀하게 쓴 추리 소설, 상식을 알고 있으면 이해할 수 있는 소설이 상식적인 사람과 가깝다면, 『히치하이커』는 광인 쪽에 가까울 겁니다. 과학 이론을 모르는 독자가 이 책을 읽었을 때 진입 장벽을 어떻게 낮출 것인지 생각해 볼까요. 별을 새로 조립하고 그 별을 조립하는 데 얼마만큼의 에너지가 들어가는지 모르는 독자가 있다고 하면, 보통 당황하지 않고 그 사실을 받아들이도록 익숙한 물건을 징검다리처럼 두어야 해요. 이 책 같은 경우는 그런 부분을 과감하게 생략했고, 그래서 진입 장벽이 좀 높긴 하지만 광인 쪽에 가까운, 그런 창작의 맛을 볼 수 있는 대표적인 소설이라고 생각을 합니다.

김상욱 이 책을 보면서 가장 놀라웠던 것은 과학을 가지고 이렇게 유머러스한 글을 쓸 수 있다는 사실이었죠. 저는 많은 사람이 과학을 알면 좋겠다는 생각을 하는데, 이 책은 유머로 과학을 알리고 있습니다. 물론 유머러스한 내용만 있는 게 아니라, 더 나아가서 우리 모두가 갖고 있는 궁극의 질문을 건드립니다. "우리는 왜 존재하는가?" 이런 질문에 대해 아직 과학이 만족스런 답을 주지 못합니다. 만족스럽지 않으니까 과학을 비난하는 사람들도 있고 종교에서 답을 구하는 사람도 있습니다. 이 책을 보면 "우리가 왜 존재하는가?"에 대해 42라는 답이 나옵니다. 이 답을 말하기 전에 컴퓨터가 던진 말 한마디를 기억하시나요? 바로 "마음에 들지 않겠지만"입니다. 역시나 답을 들은 사람들이 분노를 하죠. 750만 년 걸려서 계산을 했는데! 과학자들은 이 순간에도 밤잠 설쳐 가며 열심히 연구를 해서 왜 우리가 존재하는지, 우주의 신비가 무엇인지를 끊임없이 탐구하고 있습니다. 과학이 제시하는 답이 아직 여러분 마음에 들지는 않겠지만, 이런 노력을 하다 보면 언젠가는 우리가 우주를 이해할 수 있지 않을까요? 이런 책을 읽으면서 유머만을 즐기시지 말고요. 우주를 이해하려는 과학자들의 노력을 이해해 주시고 항상 사랑하는 마음으로 과학을 보아 주셨으면 합니다.

03

상상력과 논리가
만나는 지점

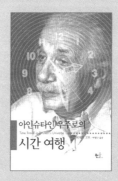

『시간 여행자의 아내』

『아인슈타인
우주로의 시간 여행』

시간 여행자의 아내

오드리 니페네거 | 변용란 옮김

살림 | 2009년 8월

아인슈타인 우주로의 시간 여행

리처드 고트 | 박명구 옮김

한승 | 2003년 8월

시간 여행, 사랑을 완성하는 궁극의 판타지

김민식
MBC 프로듀서

이 소설은 궁극의 판타지이다.

여섯 살 난 여자아이가 사람이 오지 않는 공터에서 혼자 놀고 있는데, 벌거벗은 30대 후반의 남자가 덤불 뒤에서 번쩍 하고 나타난다. 그녀는 적절한 가정 교육을 받은 여자아이답게 남자에게 누구냐고 외친다. 그가 "안녕, 지구인아." 하고 외계인 흉내를 내자, 영리한 소녀는 바로 구두를 집어던진다. 코피를 흘리며 나타난 벌거벗은 남자는 여자아이에게 자신은 하늘에서 내려온 천사라고 말한다. 그리고 자신의 말을 증명이라도 하듯 아이의 눈앞에서 마술처럼 사라져 버린다. 이것이 시간 여행자 헨리와 그 아내 클레어의 첫 만남이다.

시간 여행자 헨리는 훗날 자신의 아내가 될 어린 시절의 클레어를 찾아온다. 30대 후반의 헨리는 때때로 시간 여행을 통해 클레어를 찾아와 여섯 살 때는 놀이 친구가, 10대 시절에는 보디가드가 되어 주기도 하며 아내의 성장 과정을 내내 지켜 준다.

스무 살 처녀가 된 클레어는 아직 자신의 존재조차 모르는 스물여덟의 헨리를 찾아간다. 클레어의 어린 시절을 찾아온 헨리는 서른

여덟 살의 헨리, 즉 미래에서 날아온 헨리였으므로 현재의 헨리는 클레어를 낯선 사람으로 대한다. 클레어는 청년 헨리와의 첫 만남에서 자신은 당신의 아내가 될 사람이라고 말한다.

오래전부터 결정된 운명에 따라 둘은 사랑을 나누고, 결혼하고, 생을 같이 보낸다. 그리고 서른여섯 살이 된 시간 여행자 헨리는 다시 여섯 살의 클레어를 만나러 과거로 시간 여행을 간다. 이렇게 두 사람의 사랑은 꼬리를 물고 다시 시작된다.

예전에 어느 일본인 학자가 이런 주장을 한 적이 있단다. "생물학적으로 봤을 때, 인간은 일생에 세 번 결혼하는 게 이상적이다. 어린 20대 여성은 40대 중년 남자를 만나 정서적으로나 물질적으로 안정적인 지원을 받고, 30대에는 동년배의 남녀가 같이 살며 자녀를 양육하고, 40대에 들어서 성적인 욕구가 왕성해지는 여성은 역시 성적인 활동력이 가장 왕성한 시기인 20대 남성과 맺어져야 이상적인 관계를 맺을 수 있다."

처음에 이 주장을 듣고, '원조 교제나 연상녀/연하남 만남을 설명하기 위해 일본 학계도 참 애 쓰는구나.'라고 생각했다. 하지만 한편으로 어린 여자와 나이 든 남자, 나이 든 여자와 어린 남자가 서로 끌리는 현상에 대해 나름 논리적이라 느꼈다. 하지만, 일부일처제가 대부분인 현실에서는 불가능한 이야기 아닌가?

현실에서 실현 불가능한 문제를 상상력의 도움을 얻어 단숨에 해결하는 것이 소설의 역할이다. 『시간 여행자의 아내(The Time Traveler's Wife)』는 과거와 미래를 오가며 사랑을 나누는 헨리와 클레어를 통해 궁극의 로맨스를 펼쳐 낸다.

시간 여행을 통해 생겨나는 서로의 나이 차이는 소설 속에서 욕구 해결을 위한 장치보다는 두 사람을 정서적으로 더욱 끈끈하게 맺어 주는 역할을 한다. 오드리 니페네거(Audrey Niffenegger)의 이 소설이 완전한 사랑을 꿈꾸는 이들에게 궁극의 판타지로 다가오는 이유가 바로 이것이다. 불안한 사춘기를 보내는 10대의 클레어에게 정신적으로 성숙한 30대 후반의 헨리는 최고의 연인이다. 헨리는 발정난 10대 소년처럼 육체적인 관계에 연연하지도 않고, 좋은 말동무만 해 줄 뿐이다. 모든 10대 소녀들이 가진 미래에 대한 불안은 다음과 같다. '어떤 남자와 결혼할까?' '내가 행복한 결혼에 성공할까?' '예쁜 아기를 가질 수 있을까?' 등등. 클레어는 이런 고민을 할 이유가 없었다. 가끔 천사처럼 나타나는 멋진 아저씨가 미래의 남편이란다. 자신이 얼마나 행복한 결혼 생활을 하고 있는지, 얼마나 사랑 받게 되는지 확인한 10대의 클레어는 데이트 상대가 없다고 안절부절 못할 이유가 없다.

헨리의 입장에서도 시간 여행은 최고의 결혼 상대를 찾는 이상적수단이다. 그는 자신의 아내의 어린 시절로 찾아가, 사춘기 시절의방황과 괴로움을 견디도록 도와주고, 성인이 된 아내가 자신을 찾아오도록 사랑에 빠뜨린다. 이건 모든 남자의 로망이 아닌가! 아내의어린 시절로 날아가 그녀가 엉뚱한 녀석에게 눈길을 주지 않도록 아내의 시선과 사랑을 단단히 묶어 둘 수만 있다면! 우리의 사랑은 미래에 대한 불안, 과거에 대한 후회로 늘 불안하다. 사랑을 지키는 데시간 여행만큼 확실한 방법은 없는 것 같다.

드라마를 볼 때마다 느끼는 점이다. 드라마 속의 사랑을 완성시키는 방법은 시간 여행이다. 여기서 시간 여행은 물리적인 시간 여행이아니라, 결혼 상태와 관계의 역행이다. 최근 유행하는 연속극의 줄거리를 딱 한 문장으로 표현하면? 바람난 남편에게 버림받은 이혼녀가 젊은 재벌 2세를 만나 사랑과 일에 성공한다. 시장은 정직하다. 이런 드라마가 많다는 것은 이런 사랑을 꿈꾸는 시청자가 많다는 뜻이다. 이미 30대에 들어서고, 아이도 남편도 있는 주부들이 꿈꾸는 궁극의 로맨스는 시간을 되돌려 연애 시절로 돌아가는 일이다. 다시 싱글로 돌아간다면, 다시 젊은 남자를 만나 사랑할 수 있다면. 까칠한 재벌 2세를 자신의 성숙한 인간적 매력으로 감싸 안아 줄 수 있다면! 시간을 되돌리고 싶은 주부들의 소망이 연속극으로 표현되는 것 아닐까?

드라마 속에서는 다들 시간을 초월한 사랑을 꿈꾸지만, 정작 시간 여행을 소재로 다룬 드라마는 좋아하지 않는다. 왜? 아직은 시간 여행을 본격적으로 다룬 드라마가 없었다. 현실에서는 시간 여행 드라마는 커녕, 시간 여행이 소재인 시트콤도 성공하기 어렵다. SF 마니아라고 자부하는 나는 오랜 세월 시간 여행을 다룬 작품을 연출하고 싶었다. 그래서 시간 여행을 소재로 판타지 시트콤을 만들었다. 제목은 「조선에서 왔소이다」. 그때 주위의 모든 연출자와 작가가 내 무모한 도전을 말렸다. 한국에서 아직 시간 여행은 대중적인 소재가 아니라고, SF는 시기상조라고들 했다.

결과부터 말하자면, 나는 작가들의 우려대로 처참하게 실패했다. 조선 시대 양반과 그 종놈이 300년의 시간을 뛰어넘어 현재로 오는 이야기였는데, 시청률 저조, 광고 판매 부진, 제작비 초과라는 연출가의 3대 죄악을 범하고 조기 종영되고 말았다. 물론 이제껏 시간 여행을 다룬 작품이 성공한 적이 없다고 앞으로도 성공하지 말라는 법은 없다. 2012년에는 「인현왕후의 남자」, 「신의」, 「옥탑방 왕세자」

등의 '타임 슬립' 드라마가 쏟아져 나왔고, 특히 2013년 방송된 「나인: 아홉 번의 시간 여행」의 경우, 해외에도 판권이 수출되는 등 열렬한 지지를 받았다. 소재 고갈로 비슷한 이야기만 반복하고 있는 한국 드라마가 SF에서 빌려 온 새로운 상상력으로 더욱 진화하기 바란다.

시간 여행은 과연 소설이나 드라마 속에서만 가능하고 기술적이나 물리적으로는 불가능한가? 『시간 여행자의 아내』는 이 딜레마를 어떻게 해결했을까? 니페네거는 꽤 영리하게 시간 여행의 문제를 피해 간다. 시간 여행자 헨리가 자신의 문제를 해결하기 위해 찾아가는 사람은 물리학자가 아니라 유전학자다. 만약 헨리가 물리학자를 찾아가 시간 여행의 비밀을 풀려고 했다면 여러 가지 딜레마에 봉착했을 것이다. 소설은 유전학자 켄드릭 박사의 입을 빌려 헨리의 시간 여행이 유전학적 질병이라고 설명한다. 어쩌면 진화의 결과, 새롭게 나타난 현상일지 모른다는 것이다. "사람에게는 시간 유전자가 있습니다. 태양의 움직임에 따라 생체 주기 리듬을 관장하는 역할을 하지요. 그 유전자에 이상이 생기면 시간 장애가 발생하지요." 우리의 작가님은 주인공을 도와주는 과학자를 물리학자 대신 유전학자로 설정함으로써 물리학자와의 설전을 피하고 싶었던 모양이다.

시간 여행은 불가능하다고 말하는 사람에게 내가 항상 하는 말이 있다. "지금 기술로는 당연히 불가능하지. 하지만 지금 불가능하다고 미래에도 안 된다는 보장은 없어."

난 요즘 해외 파견 근무 중인 아내와 매일 저녁 영상 통화를 한다. 아이들과 나는 전면 카메라와 후방 카메라로 시점을 교차해 서로의 공간을 넘나들며 이야기를 나눈다. 아이들의 얼굴과 아이들이 보고 있는 풍경을 보다 보면, 시공을 초월한 대화를 나누는 것 같은 착각

『시간 여행자의 아내』

이 든다. 수십 년 전에는 생각도 못했던 일이 이제는 우리의 일상이 되었다.

내가 만약 스무 살 청년인 나를 만나, 이런 이야기를 한다면 그는 나를 믿어 줄까? 손안의 작은 기계로 전 세계 사람들과 얼굴을 보며 대화를 나누고, 수십 년 전 영화도 찾아내어 볼 수 있다는 이야기를? 스무 살의 나를 찾아간다면 꼭 하고 싶은 말이 있다. "AFKN에서 하는 클래식 영화를 비디오로 녹화하느라 밤샐 필요 없다. 나중에 다 내려 받아 보면 된다. 아니, 무엇보다 그 많은 비디오는 이사 다닐 때 마누라에게 구박 받는 짐이 된다. 심지어 20년 뒤에는 비디오 플레이어가 없어져 보고 싶어도 못 본단다."

나는 직업이 드라마 PD라 시간 여행을 현실적으로 가능하게 하는 방법은 모르겠다. 그러나 시간 여행을 가상 체험하는 방법은 두 가지 알고 있다. 바로 사랑하고, 결혼하고, 아이를 낳는 일이다. 아내를 처음 만났을 때 그녀는 스물네 살이었다. 난 아내의 스무 살 때, 혹은 열일곱 살 때 모습이 늘 궁금했다. 날 만나기 전 어린 시절의 아내는 어땠을까? 그런 궁금증은 딸을 얻은 이후 사라졌다. 아빠로서 아내를 닮은 딸들과 사랑에 빠지는 건, 아내의 어린 시절로 시간 여행을 떠나 어린 시절의 아내와 사랑에 빠지는 것과 같다.

시간 여행을 경험하는 또 다른 방법은 책을 두 번 읽는 것이다. 서평을 쓰기 위해 3년 전에 읽은 책을 다시 꺼내 들었다. 예전에는 이야기의 결말이 궁금해서 밤잠 설쳐 가며 읽은 책인데, 두 번째는 마치 미래에서 온 시간 여행자처럼 더 느긋하게 사건의 흐름을 즐길 수 있었다. 물론 소설 속 주인공에게 위기가 닥칠 때마다, '안 돼! 그렇게 하면 안 돼!' 하고 외치긴 하지만, 내가 아무리 주인공에게 일러 줘도 책의 내용은 바뀌지 않는다. 시간 여행자가 아무리 노력해도 정해진 과거는 바꿀 수 없듯 말이다.

시간 여행은 아직 불가능해도, 시간을 초월한 사랑은 가능하다. 또한 독서를 통해 시공을 초월한 여행을 즐기는 것도 가능하다. 마지막으로 책 첫머리에 나오는 문장 하나를 인용하며 이 글을 마치려 한다.

"도서관에 들어서면 나는 성탄절 아침에 아름다운 책으로 가득 찬 선물 상자를 받은 것 같은 기분이 든다."

아직 읽지 못한 책을 소개 받을 때도 나는 선물 상자를 받아 든 기분이다. 나는 지금 여러분께 『시간 여행자의 아내』라는 선물을 드리고 있다. 그 상자를 열고 선물을 즐기는 것은 이제 여러분의 몫이다.

김민식 MBC 프로듀서

자칭 직업형 오타쿠, SF 마니아 겸 번역가, 시트콤 마니아 겸 연출가, 드라마 마니아 겸 프로듀서다. 현 MBC 드라마국 PD로 활동하고 있으며, 청춘 시트콤 「뉴논스톱」으로 백상예술대상 신인연출상을 수상하고, 미니 시리즈 「내조의 여왕」으로 백상예술대상 연출상을 공동 수상했다. 블로그 '공짜로 즐기는 세상(http://free2world.tistory.com)'을 운영하고 있다.

『시간 여행자의 아내』

상대성 이론에서
시간 여행은 가능한가?

박명구
경북 대학교 천문 대기 과학과 교수

우리는 살아가면서 매 순간 선택을 한다. 오늘은 어떤 옷을 입고 나가며 식당에서는 무엇을 먹고 저녁에는 어떤 사람을 만날 것인가를 선택한다. 때론 중요한 선택을 해야 할 때도 있다. 어떤 학교를 갈 것인지, 졸업 후에는 취직을 할 것인지 계속 공부를 할 것인지, 한다면 어떤 분야를 해야 할지, 과연 두 사람 중 누구와 결혼해야 할지 등의 선택은 우리의 일생을 좌우하기도 한다. 그리고 그 선택에 따른 결과를 오래도록 살아가게 되지만 때로는 「가지 않은 길(The Road Not taken)」에서 로버트 프로스트(Robert Frost)가 읊은 것처럼 그때로 다시 돌아가 남겨 둔 다른 길을 갔으면 어떻게 되었을까 하는 부질없는 상상을 하기도 한다. 반대로 아직 실현되지 않은 나의 미래 — 10년, 20년 후에는 어떻게 살고 있을까, 내 자식들은 어떤 모습일까, 나는 행복할 것인가 — 의 모습도 역시 궁금하긴 하다.

더 보편적인 내용이 궁금할 수도 있다. 600년 전 세종대왕이 어떻게 생기셨고 그때 사람들은 어떤 모습으로 살았는지, 박혁거세는 2,000년 전에 정말 알에서 나왔는지, 1억 년 전 공룡의 피부는 어땠고 온혈 동물인지 직접 가서 확인해 보고 돌아와서 역사책, 고고학 책, 고생물학책을 완전히 다시 쓰고 싶기도 하다. 그런 고상한 일 말고도 일주일 후 미래로 가서 로또 복권의 번호를 알아낸 다음 현재로 돌아와 상금을 챙겨 평생을 보란 듯이 살아보고 싶기도 하다.

이렇게 시간 여행은 상상력을 자극하는 흥미로운 이야기 거리를 제공할 수 있으므로 수많은 SF와 과학 영화의 주제가 되었다. 시간 여행과 관련해서 사람들이 가장 궁금해 하는 것은 정말 시간 여행이 과학적으로 가능한가에 대한 답일 것이다. 미국 프린스턴 대학교의 J. 리처드 고트(J. Richard Gott) 교수가 쓴 『아인슈타인 우주로의 시간 여행』은 아주 근원적이고 흥미로운 이 질문에 가장 과학적이면서 창의적으로 대답하는 책이다. 원제는 'Time Travel in Einstein's Universe'로 정확하게 번역하면 '아인슈타인 우주에서의 시간 여행'인데 아인슈타인의 우주란 바로 아인슈타인이 완성한 현대 물리학의 가장 중요한 대들보인 상대성 이론을 뜻하므로 '상대성 이론으로 살펴본 시간 여행'이란 뜻이 된다. 즉 이 책은 시간 여행을 철저하게 상대성 이론의 체계 속에서 연구하여 알게 된 과학적 내용을 전하고 있다.

고트 교수는 현재 물리학계에서 널리 인정을 받은 타임머신을 만드는 두 가지 방법 중 한 가지를 찾아내었고 프린스턴 대학교에서도 가장 인기 있는 강의를 하는 특별한 교수이다. 오후에만 나타나서 늘 따뜻한 콜라를 마시고 연구실에는 논문들이 자신만이 기억하는 순서로 산처럼 어지럽게 쌓여 있고 SF와 영화를 좋아하며 한 번 시작하면 다양한 주제에 걸쳐 끝이 없는 대화를 즐기는 특이한 과학자이다. 나의 대학원 은사이며 같이 연구를 하기도 한 그는 전형적인 천재의 모습을 가졌다. 늘 노는 것같이 보이지만 끊임없이 새롭고 특이한 연구거리를 찾아내곤 했다. 이 책은 자신의 주된 연구 분야인 천체 물리학에서 벗어난, 그래서 대부분의 학자들은 시도도 하지 못하는 시간 여행에 대한 자신의 과학적 여정을 이야기하고 있다. SF, 영화, 기하학, 상대성 이론, 양자 역학 등 다양한 분야에 걸친 저자의 자유로운 사고와 위트가 그의 놀랍고 때론 기이한 연구 결과와 함께 그대로 이 책에 녹아들어 있다. SF를 탐독하고 SF 영화에 심취한 독자라면 더더욱 흥미롭게 이 책의 이야기들을 따라갈 수 있을 것이다.

이 책은 일반 상대성 이론(theory of general relativity)이 나오기 20년 전인 1895년 출간된 허버트 조지 웰스(Herbert George Wells)의 고전 SF 『타임머신(The Time Machine)』의 한 구절로 시작한다. "사람들은…… 풍선을 타고 중력에 반하여 위로 갈 수 있다. 그렇다면 왜 궁극적으로 시간 차원 방향으로의 이동을 정지하거나 가속하고 심지어 되돌아서 반대 방향으로 여행할 수 있기를 희망해서는 안 되는 것일까?" 이 말은 시간을 공간 3차원에 이은 네 번째 차원으로 파악하는 웰스의 놀라운 직관력을 보여 준다. 마치 상대성 이론을 미리 알고 있는 듯한 이 표현은 시간 여행의 물리적 의미를 정확하게 집어내고 있다. 공간상에서 이동하듯 시간상에서 이동할 수는 없는가? 불가능하다면 왜 불가능하고, 가능하다면 어떻게 가능한가?

이어서 저자는 시간 여행이 가능할 경우 생길 여러 역설을 영화들을 통해 소개하고 있다. 젊은 나이에 파킨슨병을 앓고 있는 배우 마이클 J. 폭스(Michael J. Fox)가 전성기에 출연한 삼부작 영화 「백 투 더 퓨처(Back to the Future)」에서 과거로 시간 여행한 주인공은 부모의 연애에 우연히 끼어들어 일을 복잡하게 만든다. 자신의 어머니가

『아인슈타인 우주로의 시간 여행』

미래에서 왔기에 더 세련된, 또는 자신의 아들이기에 당연히, ('역오이디푸스 콤플렉스'라고 할 수 있다.) 자신을 좋아하게 된다. 만약 엄마가 아버지와 결혼을 하지 않게 되면 자신은 태어나지 못해 존재하지 않아야 하는 모순이 발생한 것이다. 물리적으로는 영화에서처럼 사진 속 자신의 모습이 갑자기 흐려지기는 어렵겠지만, 이는 과거로의 시간 여행에서 필연적으로 만나게 되는 할머니 역설을 재미있게 표현한 것이다. 만약 내가 과거로 돌아가서 할머니를 살해하면 어머니도 없을 것이고 결국 내가 존재하지 못하게 되는데 그러면 할머니를 살해할 수도 없다는 역설이다. 이 역설에 대한 첫 번째 가능한 답은 그런 일이 벌어지지 않는다는 것이다. 「백 투 더 퓨처」에서 주인공이 나타남으로써 결국에는 어머니와 아버지가 사랑에 빠지게 되는 것처럼, 할머니를 살해하려고 해도 절대로 하지 못한다는 것인데 이렇게 물리 현상은 타임머신이 있는 경우조차도 자체 모순이 생기지 않도록 진행되어야 한다는 가설을 '자체 모순 없음의 원리'라고 부른다.

또 다른 가능성은 요즘 잘못 사용되지만 널리 유행하는 평행 우주 이론이다. 과거가 바뀌는 순간 새로운 우주가 시작된다는 것이다. 이럴 경우 '할머니가 살해되지 않은 우주'와 '할머니가 살해된 우주'가 분기되어 할머니가 살아 있는 우주의 미래에서 온 시간 여행자는 할머니를 살해한 후 할머니가 존재하지 않는 우주에서 살게 됨으로써 모순은 해결된다. 두 가지 방법 중 어느 가설이 맞는가는 아직 해결되지 않았지만, 저자는 자체 모순 없음 원리의 의미와 이와 연관된 자유 의지를 영화를 활용하여 설명하고 있다. 또한 저자는 과학 연구에 영감을 준 SF와 영화를 몇 가지 더 소개하면서 시간 여행에 대한 질문이나 이해는 우주의 작동 원리에 대한 영감을 줄 수도 있다고 말한다.

이어서 2장에서 저자는 특수 상대성 이론의 기본 원리를 통해 미래로 시간 여행하는 방법을 설명한다. 미래로의 시간 여행이란 잘 생각해 보면 나의 시간은 천천히 흐르고 세상의 시간은 빨리 감을 의미한다. 그런데 진공에서 빛의 속도는 일정하다는 특수 상대성 이론의 기본 가설 — 현재는 실험으로 입증된 사실 — 은 필연적으로 시간과 길이는 관측자의 운동 상태에 따라 달라져야 하고 관찰자가 움직이는 속도가 빨라질수록 그의 시간은 천천히 흘러야 함을 의미한다. 따라서 자신의 시간을 상대적으로 천천히 가게 만드는 가장 간단한 방법은 빠른 속도로 여행하는 것이다. 제트기를 타거나 우주선을 타고 여행을 하면 정지한 친구보다 아주 약간 느리게 늙게 된다. 인간 중에서 이런 방법으로 미래로 가장 멀리 간 시간 여행자는 총 748일 동안 우주 궤도에 머물렀던 러시아 우주 비행사 세르게이 아브데예프(Sergei Avdeyev)이며 그 결과로 5분의 1초 더 젊은 상태라고 저자는 말한다. 어떻게 보면 우리 모두가 거의 비슷한 (시간에 대한) 속도로 미래로 여행하고 있지만 비행기 조종사나 우주 비행사같이 아주 빨리 움직이는 사람들은 우리보다 약간 더 천천히 미래로 가고 있는 셈이다. 더불어 저자는 『타임머신』에서처럼 멀리 가지 않고 제자리에 있으면서 미래로 시간 여행하는 방법도 소개하는데 상대성 이론 계산에 따르면 최고로 천천히 미래로 갈 경우 다른 사람보다 다섯 배 느리게 미래로 갈 수 있다고 알려 준다. 귀가 솔깃한 분들은 이 책에서 정지형 타임머신 만드는 방법을 참고하시기 바란다. 다만 한 가지 지적하고 싶은 점은, 이때도 내가 겪는 1년은 1년이지 5년이 아니란 점이다. 수명이 늘어나는 것이 아니라 바깥세상이 비디오의

『아인슈타인 우주로의 시간 여행』

빨리 감기 버튼을 눌렀을 때처럼 빠르게 흘러가는 것이다.

적어도 이론적으로는 단순한 미래로의 시간 여행에 비해, 과거로의 시간 여행은 이론적으로도 쉽지 않다. 어떤 물체든지 빛보다 빨리 달릴 수는 없기 때문에 과거로 돌아가는 여정, 전문 용어로 닫힌 시간형 곡선인 세계선이 대부분의 시공간에서 불가능하기 때문이다. 하지만 아인슈타인의 중력 이론인 일반 상대성 이론은 강한 중력으로 휘어진 시공간에 지름길이 생기면서 빛보다 빨리 이동하는 효과가 나타나는 일을 허용한다. 저자는 3장에서 일반 상대성 이론이 보여 주는 기이한 시공간의 세계를 설명한다. 특히 초기 우주에서 남은 고밀도의 물질이 긴 끈 형태로 존재할 때 이 끈이 만들어 내는 시공간의 특성에 대해 설명한다. 저자는 한 개의 길고 곧은 우주 끈의 정확한 수학적 해를 세계에서 처음으로 찾았는데, 이어서 두 개의 우주 끈이 거의 빛의 속도에 가깝게 움직이는 경우 빛보다 빨리 움직일 수 있는 지름길이 생겨서 자신의 과거로 돌아가는 경로가 생겨나게 됨을 발견하게 된다. 즉 과거로 시간 여행할 수 있는 타임머신을 찾은 것이다.

사실 타임머신은 우주 끈을 이용한 이 타임머신 이전에 이미 발견되었다. 저명한 천문학자 칼 세이건은 소설 『콘택트』에 외계인이 보내 준 신호에 숨겨진 설계도로 작성한 웜홀로 먼 우주까지 여행하는 이야기를 담았는데 그는 물체나 사람이 통과할 수 있는 웜홀이 물리학적으로 가능한지를 캘리포니아 공과 대학의 저명한 상대론학자인 킵 손(Kip Thorne)에게 물었고 킵 손과 그의 대학원생 마이크 모리스(Mike Morris)는 1988년 이론적으로 이런 웜홀이 존재할 수 있음을 보였다. 사과에 벌레가 파먹어 만들어져 생긴 통로를 말하는 웜홀이 만드는 지름길은 빛보다 빨리 이동할 수 있는 경로가 존재한다는 뜻이므로 모리스-손 웜홀을 이용하면 과거로 시간 여행하는 것이 가능해진다. 그래서 이 웜홀은 물리학계에서 공인된 최초의 타임머신이 되었다. 다만 이 웜홀은 입구가 막히는 것을 방지하기 위해 음의 에너지를 가진 특이 물질이 있어야 하는데 아직 우주에서 그런 물질이 발견된 적은 없다는 단점이 있었다. 우주 끈을 이용한 타임머신은 그런 특이 물질을 필요로 하지도 않고 물체의 크기에 상관없이 지나갈 수 있다는 장점이 있다. 그러나 우주 끈 또한 아직 발견된 적이 없고, 있다고 해도 관측 가능한 우주 전체에 고작 몇 개밖에 되지 않을 것으로 예상되므로 가까운 미래에 우리가 이 우주 끈 타임머신을 활용할 가능성은 별로 없어 보인다.

저자는 우주 끈과 웜홀에 대한 후속 연구에서 확인된 흥미로운 내용도 설명하고 있다. 물리학자 스티븐 호킹(Stephen Hawking)은 "왜 우리는 미래에서 온 여행자들에게 침략당하지 않는가?"라는 질문을 하곤 했는데(이 질문은 엔리코 페르미가 한 "우주인이 있다면 왜 보이지 않는가?"라는 지적과 유사하다.) 이에 대한 답은 바로 시간 여행은 타임머신이 만들어지고 난 순간 근처의 과거부터 시간 여행이 가능해지기 때문이다. 따라서 영화에서처럼 사랑하는 사람을 잃고 난 후 타임머신을 만들 경우 그 이전의 과거를 바꾸는 것은 불가능하다. 과거로 시간 여행을 하고자 하는 사람들은 미리 미리 타임머신을 만들어 두어야 하겠다.

4장은 저자가 시간 여행에 대한 연구를 우주 전체에 적용하여 스스로를 창조하는 우주에 대한 물리학적 해를 찾아낸 과정을 보여 주고 있다. 물론 이는 우주의 기원에 대한 수많은 가능성 중 하나로 제시된 것이지만 아직도 오리무중인 우주의 기원에 대한 질문을 할 필요가 없게 만드는 흥미로운 가설이다. 저자는 덧붙여 우리가 느끼는 시간의 방향성을 결정하는 시간 화살을 설명하면서 시간 화살이 스스로 창조하는 우주 모형에서는 자연스럽게 해결됨을 주장한다.

마지막 5장 '미래로부터의 보고서'는 시간 여행과는 좀 동떨어진 내용이다. 우리의 위치가 특별하지 않다는 코페르니쿠스 원리에 기초하여 저자가 예측한 인류 문명의 수명에 대한 이야기와 어쩌면 얼마 남아 있지 않은지도 모르는 인류의 생존 전망을 높이기 위해서는 우주 개발을 해야 한다는 저자의 신념을 보여 주고 있다.

정리하면 고트 교수는 『아인슈타인 우주로의 시간 여행』이라는 책을 통해 현대 물리학의 근간인 특수 및 일반 상대성 이론을 설명하고, 이를 토대로 미래로의 시간 여행은 가능하며 과거로의 시간 여행도 자신이 발견한 우주 끈을 이용해 할 수 있음을 보여 주고 있다. 이 과정에서 시간 여행은 상상 속 주제가 아니라 물리학의 첨단 연구 분야임을 보여 주고 어쩌면 실현될지도 모른다는 유쾌한 상상을 제시함으로써 물리학이 아주 재미있을 수 있음을 생생하게 보여 주고 있다.

박명구 경북 대학교 천문 대기 과학과 교수

서울 대학교 물리학과를 나와 미국 프린스턴 대학교에서 천체 물리학 박사 학위를 취득하였다. 미국 일리노이 대학교 연구원을 거쳐 경북 대학교 천문 대기 과학과 교수로 지금까지 재직 중이다. 블랙홀이 물질을 잡아들이는 과정이나 중력 렌즈 등을 주로 연구하며 저서로 『중력렌즈』가 있다.

김민식
『시간 여행자의 아내』

국형태
사회자

박명구
『아인슈타인 우주
로의 시간 여행』

국형태 서평의 서두에 쓰셨던 "『시간 여행자의 아내』는 궁극의 로맨스를 펼쳐 낸다."라는 말의 정확한 뜻이 좀 궁금합니다.

김민식 우리가 사랑할 때 제일 확실한 제약은 시간입니다. 시간은 되돌릴 수가 없습니다. 모든 사랑 이야기에서 항상 시간은 미래로만 흘러가지, 과거로 갈 수는 없잖아요? 내가 한 여인을 만나서 아무리 사랑해도 그 여인의 어린 시절로는 갈 수가 없는데 이 소설에서만큼은 그게 가능하거든요. 그런 점에서 저는 이 책이 우리가 상상만 할 수 있었던 그런 궁극의 사랑 이야기가 아닐까 싶습니다.

국형태 궁극의 판타지라는 말씀도 해 주셨는데, 대담에서는 좀 SF인 척이라도 해 주셔야……(웃음) 사실 사회자로서 두 책을 대비시켜 대담을 진행하기가 좀 난감한 면이 있어서요.

박명구 그 부분에 대해서 조금 말씀드리면 이 책은 제일 밑바닥에 SF

적인 요소를 깔고 있습니다. 이 책 내용과 비슷한 것들이 여러 개 있는데 예를 들면 「터미네이터」가 그렇습니다. 「터미네이터」에서 주인공 존 코너가 미래에서 기계하고 싸우잖아요. 코너가 어떻게 태어났나를 다시 잘 생각해 보면 미래의 코너가 엄마를 지켜 달라고 자기부하를 보낸 것이거든요. 그런데 이 부하가 정상적인 임무 외에 사랑을 함으로써 자기 아버지가 됩니다. 그렇게 보면 주인공 자신이 결국자기를 만든 거예요. 이 책은 헨리가 주인공 클레어를 좋아하게 하는데 왜 좋아하게 하느냐. 클레어가 미래에서 헨리의 부인이니까 그렇습니다. 어릴 때부터 계속 세뇌를 시키는 거예요. 그러니까 클레어는 '아, 나의 남자는 헨리밖에 없구나.'라는 생각을 하게 하는 거죠. 두 개를 보면 과정은 똑같아요. 줄거리는 똑같은데 여성 취향으로, 로맨스 소설로 바꾼 셈이죠.

국형태 『아인슈타인 우주로의 시간 여행』에서도 소설적인 요소에 대해서 굉장히 긍정적인 이야기를 많이 하잖아요? 웰스의 『타임머신』도 여러 번 언급하고 인용하고, SF를 통해서 과학자들이 영감을 갖기도 한다는 언급도 하고. 두 책이 서로 다른 영역에서 완전히 자기들 이야기만 하는 건 아닌 듯해요. 새삼 다시 느끼지만, 잘 쓰여진 SF하고 좋은 물리 이론은 통하는 데가 있는 것 같습니다.

박명구 그렇죠. 웜홀부터가 칼 세이건이 작가적인 상상력에서 그런게 과연 가능한가를 킵 손에게 물어서 나온 결과물이고요. 지금은 시간 여행을 우리가 이상하다고 생각하지만, 『타임머신』도 사실 상대성 이론이 나오기 전에 출간된 소설이거든요. 거기서 처음으로 시간도 하나의 차원이 아니냐. 차원으로 생각하면 왔다 갔다 할 수 있지 않느냐란 생각을 합니다. 예를 들어서, '지금 이 방에 있는 제가 여기서 없어지는 방법은 있을 수 없다.' 여러분은 이렇게 생각하지만 제게 만약 로프가 있어서 이쪽으로 이렇게 타고 올라가면 이 방에서 갑자기 제가 사라지게 되는 것이거든요. 시간상에서 이동하는 것도 똑같이 생각할 수 있습니다. 이상한 게 아니고 어디 멀리 갔다 온 거죠. 그 차원에서 움직이는 것을 우리가 추적을 못 했으니까 갑자기 사라졌다 나타났다가 이렇게 되는데, 시간도 네 번째 축이라고 생각하면 여러분이 집에 있는데 배우자가 갑자기 화가 나서 어디 나갔다가 다음날 돌아온 것이랑 사실은 크게 다를 게 없습니다. 물론 둘 다 벌 받는다는 공통점이 있겠지만.

김민식 박명구 교수님의 말씀을 들으면서 물리학자에게도 상상력이 아주 중요하다는 사실을 깨달았습니다. 사실 영화나 소설을 즐기는 건 상상력이 뛰어나야 가능하거든요.

이 이야기를 할까 말까 고민이 되는데 저는 어려서 초등학교 6학년 때 UFO를 본 적이 있습니다. 제가 이 이야기를 하면 보통 '아, 저분은 상태가 좀 안 좋으시구나.' 하는데 혼자 본 것도 아니고 어른들이랑 친구들이랑 같이 봤어요. 그래서 같이 본 친구들이랑 한동안 모여서 이야기를 했어요. 우리가 본 건 무엇이었을까? 둘 중 하나가 아닐까 했어요. 우주에서 날아온 UFO거나, 미래에서 날아온 타임머신이거나. 문제는 저 먼 우주 어딘가에 지적 생명체가 있다 하더라도 지구까지 날아오기가 쉽지 않고, 미래에서 과거로 오는 것도 물리적으로 거의 불가능에 가깝다는 것이죠. 그럼 제가 본 건 무엇이었

『시간 여행자의 아내』 대 『아인슈타인 우주로의 시간 여행』

을까요?

저는 가끔 제 자신이 UFO의 세례를 받았다고 이야기합니다. UFO를 보고 나니 인생이 참 재밌어졌어요. 책을 보면 다 재밌어요. 뱀파이어? 있을 것도 같아요. 해리 포터? 마법사가 왜 없겠습니까. UFO도 있는데. 어떤 영화나 소설을 보든지 저는 흠뻑 빠져서 봐요. 다 가능할 것 같거든요. 「아내의 유혹」이라는 드라마에서는 아내가 점 하나 찍고 새로 나타나 전혀 다른 사람인 척 자신의 전 남편을 유혹합니다. 그 남편은 여자를 보고 '아, 어디서 본 여자 같은데 누구지? 왜 이렇게 내 마음이 설렐까?' 막 이럽니다. 이런 대본을 드라마 감독이 보고 '이게 리얼리티가 있나?' 이렇게 생각하면 이 이야기는 드라마로 만들어지지 않겠죠. 드라마 프로듀서란, 무엇이든 가능할 수도 있다고 믿는 사람인 겁니다. 그래야 재미난 이야기가 만들어집니다.

저는 『아인슈타인 우주로의 시간 여행』 같은 물리책을 보고 정말로 반가웠어요. 시간 여행을 단순히 물리학 외의 영역이라고 치부하지 않고, 시간 여행이 물리적으로도 가능할 수 있다고 생각하면 훨씬 더 재미난 이야기들이 만들어질 수 있거든요.

박명구 저는 SF를 읽을 때 제 기준에 맞는 것은 재미있고 다른 것은 재미없고 그렇습니다. 영화도 마찬가지예요. 큰 가정은 넣어도 됩니다. 예를 들어서 「스타 트렉(Star Trek)」 같으면 '워프 해서 우주의 먼 곳을 갈 수 있다.' 그건 좋아요. 그런데 그걸 여러 번 써먹으면 안 돼요. 중요한 것은 한 번만 가정을 하고 —「터미네이터」 같으면 미래에서 과거로 올 수 있다. — 한 번만 써먹어야 합니다. 그러고는 논리적으로 나머지가 딱 이빨이 맞아야 하는 거죠.

그런데 그런 걸 써먹으면 그다음에는 플롯을 짤 때 머리가 아프거든요? 그러면 그걸 또 써먹는 거예요. 여러 번 써먹으면 이야기가 지저분해져요. 스토리가 허물어지는 거예요. 재미가 없어지는 거죠. 이 책은 그만큼 심하게는 안 하는데, 잘못 만든 SF 영화에는 그런 게 많아요. 명작 SF라고 불리는 것들을 보면 가정이 한 개 있지만 나머지는 아주 탄탄하거든요. 상당히 큰 가정이다 싶은 게 있으면 한 번 정도만 써먹고 나머지는 논리적 스토리로 채워 넣어야 하는데 그게 어려울 때 자꾸 써먹으면 이상한 스토리가 됩니다.

국형태 SF의 구성에 굉장히 예리한 눈을 갖고 계시네요. 김민식 프로듀서께서 창작하는 마음에 대해서 이야기하시며 실재하지는 않지만 우리가 상상할 수 있는 그것도 굉장히 중요하다고 하셨죠. 어찌 보면 물리학 이론도 마찬가지인 것 같습니다. 실험으로 하는 과학적 입증 단계라는 게 있잖아요? 그걸 통해서 입증되기 전까지는 과학 이론을 창작이라고 이야기할 수도 있죠. 잘못된 SF에서 지적하셨듯이 가정들을, 창작물을 너무 많이 집어넣게 되면 쓸모없는 이론이 되죠. 물리학 이론은 말이죠.

박명구 물리학에서도 똑같습니다. 그래프상에 자료가 이렇게 있는데 예를 들어 직선으로 이걸 맞추는데 잘 맞더라, 이러면 이제 좋은 이론이에요. 그런데 자료는 10개밖에 안 되는데 9차 곡선으로 맞춘다. 숫자 10개를 조정하면 무조건 맞출 수 있죠. 이건 좋은 게 아니죠. 예측도 못 하고 단순함도 없고.

『시간 여행자의 아내』 대 『아인슈타인 우주로의 시간 여행』

사실 잘 아시겠지만 최신 학술지에 나오는 물리학은 거의 소설 비슷한 이야기를 계속 쓰고 있습니다. 이미 확실하게 밝혀진 것은 과거에 다 했거든요. 실험으로 명확하게 보이는 것은 다 나와 있습니다. 그런 건 다 끝났고 이제 불확실한 영역, A라는 과학자는 분명히 이쪽일 것이다 해서 이론을 쓰고 B라는 사람은 이건 이쪽일 것이라고 믿음을 갖는 그런 영역만이 남아 있는 겁니다. 그게 조금 지나면 누구 믿음이 맞고 누가 틀렸고 하는 게 결판이 나면서 앞으로 진행되는 거지요. 일반인이 보기에는 과학자들은 왜 저렇게 치열하게 논쟁을 할까 싶지만, 그건 쉬운 것은 다 끝났기 때문에, 언제나 불확실한 마지막 부분을 서로 밝히려고 하기 때문에 그렇습니다. 그런 면에서는 과학자들도 드라마 프로듀서나 작가들처럼 상상력이 필요합니다. 상상력이 제일 필요하고 계산이나 수학을 잘하는 건 사실은 두 번째 영역입니다.

실제로 『아인슈타인 우주로의 시간 여행』의 저자 분을 제가 대학원 1학년 때 지도 교수로 만났는데, 휘어 있는 우주에서 중력 렌즈가 어떻게 되느냐를 계산할 때가 있었습니다. 사인 코사인 계산이 나오는 거예요. 저는 한국에서 훈련을 많이 받은 상태였으니까 계산을 빨리했죠. 그런데 교수님이 못 따라가시는 거예요. "좀 천천히 해라. 내가 해 볼게."하면서 적으시는데 공식들을 잘 기억을 못 하셔서 말이죠. 세계적인 학자인데 왜 사인 코사인 계산도 못 하시나 하고 생각했거든요. 그런데 지금 제가 그 꼴입니다. 수학 공식 다 잊어버리고 학생들이 빨리 계산하면 '야, 좀 천천히 해라.' 그러지요. 그런 기술적인 부분보다는 상상력, 논리적으로 이야기를 만들어 가는 게 훨씬 중요합니다.

국형태 말씀하신 대로 박명구 교수님께서는 『아인슈타인 우주로의 시간 여행』의 저자 리처드 고트의 제자셨으니까 궁금했던 부분을 좀 질문드리도록 하겠습니다. 늘 공부 안 하고 노는 듯 보이시는 분이라고 하는데 학생 지도는 잘하세요?

박명구 저는 그분에게서 박사 학위 연구를 지도 받지는 않았고 1학년 때 사사했는데 지도 방법이 특이합니다. 괴짜이면서도 천재인데, 두 가지 의미에서 천재였습니다. 과학적으로도 천재고, 또 하나는 우리가 보통 생각하는 천재의 특성을 모두 다 지녔습니다. 늘 콜라를 따뜻하게 해서 마시고, 절대로 2층에 올라가지 않고 지하실에도 안 가고 1층에서만 살고. 몇 가지 특성이 있습니다. 어슬렁어슬렁 돌아다니면서도 머릿속에서는 아무도 생각하지 못한 특이한 아이디어를 내는 그런 분입니다.

우리 교수들이 하고 싶은 궁극적인 모습이지요. 젊어서는 아주 엄밀한 작업으로 유명해졌다가 시간이 갈수록 점점 이상한 영역을 개척해서 연구비나 논문 같은 것을 초월해서 자유롭게 사는 영혼입니다. 경쟁적으로 열심히 연구하고 논문을 많이 쏟아 내는 분들에 비해서는 일반적으로 인정되지 않는 부분이 있지만, 그분만이 가능한 독특한 영역을 개척했습니다.

국형태 책 맨 뒤에서 느닷없이 예측에 관한 이야기를 하시더라고요. 굉장히 기발한 아이디어 같았는데요.

박명구 그 내용은 이 책에 들어갈 내용이 전혀 아닌데, 늘 우주를 개

『시간 여행자의 아내』 대 『아인슈타인 우주로의 시간 여행』

척할 필요가 있다고 말씀하시던 분이라서 집어넣으신 것 같습니다. 그 논문이 《네이처(Nature)》에 나왔죠. 근거로써 사용하는 게 우리 문명이 얼마만큼 지속할 것인가를 코페르니쿠스적 원리로 설명합니다. 쉽게 말해서 피라미드가 앞으로 몇 년 더 갈 것인지를 물었을 때 제일 간단한 대답은 지금까지 멀쩡했으니까, 멀쩡했던 기간 정도는 남아 있지 않겠느냐는 거죠. 그렇게 따지면 피라미드가 인류의 건축물 가운데서 오래갈 가능성이 가장 높습니다. 마찬가지로 지구의 인구가 계속 늘어났기 때문에 우리가 언제 태어났을 것인가를 보면 인간의 숫자가 최고로 늘었을 때 태어났을 확률이 가장 높죠. 그렇게 보면 우리 미래에 아주 긴 기간이 남아 있다고는 생각하기 어렵습니다. 인류의 미래가 꼭 보장된 건 아니라는 거죠. 그러니까 우주를 개척하고 우주로 나가야 한다는 이야기를 합니다. 이 분은 1960년대 우주 경쟁 시대에서 자랐기 때문에 우주 개척의 당위성을 이야기하는 데 자기 논리를 사용했다고 생각하시면 될 겁니다. 원래 우주인, 우주 비행사 이런 사람들을 좋아하고 존경하고 그랬거든요.

김민식 시간 여행 이야기들을 보며 한국 물리학의 미래가 이 책에 있을 수도 있다고 생각합니다. 인류가 우주선으로 달에 간 이유가 무엇일까요? 많은 사람들이 달나라 이야기를 즐기며 달에 무엇이 있을까 궁금해 하고 달에 가는 꿈을 꾼 덕이 아닐까 합니다. 마찬가지로 시간 여행에 대한 이야기를 즐기고 물리학적으로 논의를 하다 보면 시간 여행을 꿈꾸는 어린 친구들이 많아지겠지요. 로켓 공학자를 꿈꾼 아이들이 커서 우주 개발의 선구자가 되었다면, 미래의 물리학 선구자들은 타임머신을 꿈꾸는 사람들 중에 나올 수 있지 않을까요? 시간 여행을 단순히 통속적인 소재나 허황된 꿈으로 치부하지 않고 진지하게 접근하면 어린 학생들에게 물리학 공부에 동기 부여가 되지 않을까요?

어렸을 때 저는 꿈이 김 박사였습니다. 「태권V」에 나오는 김 박사. 멋있잖아요. 싸움을 잘하진 못해도 왠지 로봇 태권V는 만들 수 있을 것 같은 꿈이 있었습니다. 자라나는 어린 친구들도 그런 꿈 하나씩은 갖고 있어야 하지 않을까 생각합니다.

국형태 고트도 사실은 그런 이야기를 하는 것 같아요. 맨 마지막에 우주 개발 이야기를 하면서 자기 계산에 의하면 지구상에서 인류가 어찌 되었건 결국에는 멸종하게 되어 있는데 우주로 나가는 것을 더는 꿈꾸지 않고 지구 안에서만 살 생각을 하는 것은 바보스럽다, 그런 이야기를 하는 것 같아요. 지금 말씀하신 것처럼 안타까운 마음이겠죠. 이제 마무리할 때가 된 것 같은데, 마지막으로 한 말씀씩만 부탁드립니다.

김민식 먼저 두 책의 한 구절씩만 읽어 드릴게요. 『시간 여행자의 아내』 첫 번째 대목에 클레어가 헨리를 만나러 들어갈 때 나오는 문장인데요. "도서관에 들어서면 나는 성탄절 아침에 아름다운 책으로 가득한 상자를 선물로 받은 느낌이다." 전 이 말이 참 좋더라고요. 책을 이런 느낌으로 받아들일 수 있는 사람은 정말 행복한 삶을 산 사람이라는 생각이 들었고요.

『아인슈타인 우주로의 시간 여행』에서는 맨 마지막 구절이 참 좋았습니다. "인간들이여. 시간을 낭비하지 마라. 우리에게는 약간의 시간이 있을 뿐이다. 이것이 시간 여행자의 비밀이다."

　시간 여행의 모든 물리적 이론은 처세술과 맞닿아 있어요. 물리적으로 일단 과거로의 시간 여행이 훨씬 더 힘들거든요. 우리가 과거로 가는 것은 거의 불가능합니다. 이미 일어난 일을 가지고 내가 바꿀 수 있느냐 없느냐를 놓고 고민하는 것 자체가 의미가 없어요. 다만 현실에서 미래로 가는 것은 가능하죠. 우리도 지금 계속 미래로 가고 있고요. 하지만 저는 아주 빠른 속도로 이동해서, 가령 5년을 소비해서 100년 후의 미래로 간다면 바보가 될 것 같아요. 100년 뒤 사람들은 그동안의 첨단 문명의 발달을 충실히 따라잡고 있을 테니 말이죠. 역시 제일 좋은 건 그냥 현재를 충실히 사는 것 밖에 없는 것 같아요. 시간 여행이 가능할지 안 할지는 물리학자에게 맡겨 두고 나는 그냥 책과 함께 현실을 재미있게 살아야겠다는 결론을 얻었습니다.

박명구 우리는 영화, 스포츠 등에는 많은 시간을 보내면서 책은 잘 읽지 않습니다. 교수들도 마찬가지입니다. 우리도 지역마다 작은 도서관이 많이 만들어졌으면 좋겠어요. 그래서 사람들이 상상력과 과학이 잘 섞여 있는 이런 책들을 많이 읽었으면 합니다.

04

다른 차원,
다른 세계

『플랫랜드』

『숨겨진 우주』

플랫랜드

에드윈 A. 애보트 | 윤태일 옮김
늘봄 | 2009년 9월

숨겨진 우주

리사 랜들 | 김연중, 이민재 옮김
사이언스북스 | 2008년 3월

시간 차원을
초월한 SF

김창규
SF 작가/번역가

어떤 소설을 짧은 시간에 남에게 소개하기 위해서는 짧고 간결한 수식어를 붙여야 할 경우가 많다. 해당 장르를 종으로, 또는 횡으로 구분하고 그중 한 곳에 작품을 끼워 넣은 다음 최상을 암시하는 단어를 덧붙이면 그런 수식어를 쉽사리 얻을 수 있다. '최고의 풍자 소설', '시대를 대표하는 추리 소설' 등이 그 예이다. 이제 이 공식에 맞춰서 『플랫랜드(*Flatland*)』를 꾸며 본다면? 이론의 여지가 없이 답은 '고전 명작 SF'이다.

고전이라는 말은 조심스럽게 다루어야 하는 양날의 칼이다. 오래전에 세상에 나온 작품임에도 꾸준히 소개된다는 면에서 보면 칭찬이지만, 그 속에는 작품이 발표되었던 시기의 시대 배경이나 의식 개화의 정도를 감안해 달라는 변호도 들어있는 것이 보통이기 때문이다.

『플랫랜드』는 19세기의 교육자, 에드윈 A. 애보트(Edwin A. Abbott)가 1884년에 쓴 SF이다. 이렇게 발표 시기까지 밝히고 나면 앞서 이야기한 '고전'의 변호를 끄집어내려는 모양이라고 짐작하기 쉽지만 놀랍게도 『플랫랜드』는 그런 변호가 필요 없다. 일독하는 내내 발표

시기를 감안하겠다는 독자의 오만을 거의 허용하지 않는 작품이기 때문이다.

지금 이 서평을 쓰고 읽는 우리가 공간적으로 익숙한 세계는 3차원이다. 그래서 우리는 서로 직교하는 세 개의 축이 구현하는 입체적 공간 속에서 자유롭게 이동할 수 있다. 작품 속 표현을 빌자면, 우리는 길이, 너비, 높이를 측정할 수 있다. 반면에 『플랫랜드』는 2차원 평면 세계의 이야기이다. 화자를 포함한 플랫랜드 사람들은 두 개의 축이 이뤄 내는 공간에 묶여서 산다는 이야기다.

플랫랜드는 높이가 없는 세계다. 그렇다면 거주자들은 어떻게 생겼을까. 그들은 평면을 벗어날 수 없는 다각형이다. 다각형은 인접한 두 변이 이루는 각도, 꼭짓점과 변의 개수 등 기하학적인 성질에 따라 정의된다는 점을 떠올려 보자. 이 사실은 플랫랜드 사람들에게도 고스란히 적용된다. 애보트는 이 착상을 우직하고 꼼꼼하게 밀고 나아가서 다각형을 의인화한다. 예를 들어 보자. 다각형이란 위에서 내려다봐야 그 모양새를 한눈에 알 수 있다. 하지만 플랫랜드에는 위(와 아래)가 없다. 타인을 관찰하는 방법은 옆에서, 평면과 같은 눈높이에서 보는 것뿐이다. 감각기 또한 평면상에만 존재하니까. 각진 부분으로 상대에게 상처를 입힐 수도 있기 때문에 타인을 직접 만지는 것은 매우 무례한 행동이며 저급한 인식법이다. 따라서 플랫랜드 사람들에게는 미세한 원근으로 상대가 몇 각형인지 알아내는 고급 인식법이 있다. 기본적인 생활상조차도 기하학과 밀접하게 연관되어 있는 것이다.(사족을 달자면 우리 삶도 그렇다. 너무나 당연한 사실이라 깨닫기 어렵지만) 허구 속 세계가 어느 수준 이상으로 정교하고 아름다우면 허구에 대한 거부감이 자연스럽게 사라지게 마련인데, 플랫랜드는 수학적 구조를 세계 구성에 적극적으로 도입해서 그 목적을 깔끔하게 달성하고 있다.

플랫랜드는 철저한 계급 사회이고, 계급의 높낮이는 다름이 아니라 거주자들의 기하학적인 차이에 기인한다. 많은 선분으로 이뤄진 사람일수록 계급이 높고 존경을 받으며, 정다각형에 가까울수록 해당 계급에서 자질을 인정받는다. 순수한 정다각형에서 벗어난 이들은 생명을 위협하는 수술을 통해 몸의 구조를 교정하며 지위를 높이기도 한다. 플랫랜드가 우화임이 가장 도드라지게 드러나는 부분이다. 우화에 계급이 더해졌으니 이는 거의 필연적으로 풍자가 된다. 플랫랜드도 다르지 않다. 그럼 풍자로서의 질은 어떨까. 풍자를 두고 질을 논하는 것 자체가 질이 떨어지는 행위라고 한다면 할 말은 없지만, 그래도 무릅쓰고 이야기해 본다면 상당히 고급이라고 평하고 싶다. 이 작품의 풍자는 상위 계급의 졸렬함이나 추함을 강조하는 데에만 그치지 않는다. 독자가 사는 세상의 모습과 일대일로 대응시키는 쉬운 방법을 택하지도 않는다. 플랫랜드의 거주자들은 변이 많은 다각형일수록, 다시 말해서 원(圓)에 가까울수록 높은 계급에 속한다. 최상위 계급인 수백각형들은 성직자이다. 그럼 성직자는 체제 유지의 수단으로 무엇을 통제하는가. 바로 인식법이다.

플랫랜드의 구조적 특성 때문에 타인의 계급을 인식하는 일이 번거롭다는 점은 앞서 이야기한 바 있다. 그 힘든 구분법을 사용한다는 것 자체가 계급을 가르는 또 하나의 지표가 된다. 그런데 어느 날이 모든 번거로움을 단번에 타파할 길이 열린다. 다각형의 변을 다양한 색으로 칠하는 '채색'이 그 길이다. 이렇게 하면 고급 인식법을 배우지 않아도 순간적으로 상대가 몇 각형인지 알 수 있다. 신분이 낮은 이등변 삼각형들은 채색을 널리 퍼뜨리고 더 나아가 계급의 상하까지 없애려고 한다. 태생적인 차이가 계급을 구분지어 왔는데 우습게도 그 차이를 더욱 쉽게 알 수 있는 방법이 체제를 변혁하는 활로가 된 것이다. 유감스럽게도 이 '색 혁명'은 실패로 끝난다. 최고 성직자는 채색의 양면성을 부각시킨다. 색으로 계급을 속일 수 있으며, 그로 인해 모든 이들이 자신의 계급에서 누리던 이점을 잃을 수도 있다는 사실을 지적한 것이다. 얄밉게도 이 지적에는 일말의 사실이 들어 있다. 자유와 평등이 눈앞에 다가와 있다는 희망으로 흥분했던 이들은 눈앞의 손해에 눈이 멀어 공격의 방향을 반대로 돌린다. 『플랫랜드』에는 이처럼 다양한 지점에 유연하게 대응시킬 수 있는 열린 풍자가 들어 있다.

멋들어진 세계 조성을 이야기했으니 이제 SF로서의 또 다른 측면을 살펴보자. 잘 만든 SF의 제1요소는 경이감이다. 경이감은 의식의 확장과 한계 돌파에서 오는 고양감이다. 하지만 새로운 것을 보여 주고 상상이 한발 더 내딛을 수 있는 공간을 마련해 준다고 반드시 경이감이 따라오는 것은 아니다. 치밀한 장치를 통해 SF 속 세계를 억압해 주면 그 장치에 들어간 기교를 통해 경이감을 얻는 경우도 있다. 갑갑하고 모순된 플랫랜드의 모습은 바로 그런 식으로 경이감의 맛보기를 시연한다. 작가가 그다음 순서에 배치한 것은 수학자인 화자의 모험이다. 화자는 꿈을 통해서 더 낮은 차원의 세계를 경험한다. 그건 바로 평면 세계인 플랫랜드보다 한 층위 낮은 직선의 세계 라인랜드다. 플랫랜드에는 옆이 있었지만, 라인랜드에는 그조차 없다. 오로지 앞과 뒤뿐이다. 화자는 차원의 층위를 정확히 예측할 수 있는 유추(extrapolation)를 통해서 라인랜드의 왕에게 플랫랜드를 알리려 한다. 왕은 라인랜드를 완벽하게 파악하고 있지만 감각의 너머에 있는 플랫랜드는 이해하지 못한다. 절망하고 라인랜드의 왕과 헤어진 화자에게 3차원 세계인 스페이스랜드의 주민, 구(球)가 접촉해 온다. 주인공은 라인랜드의 왕과 똑같이 구의 설명을 이해하지 못한다. 구는 유추를 시도하고 실패하자 결국 화자를 입체의 세계로 들어 올려 준다. 세계의 한계가 '나'의 한계라고 할 때, 세계 인식이 죽으면 나 또한 죽는다. 그리고 새로운 '나'가 탄생한다. 주인공은 플랫랜드와 직결되어 있던 인식이 죽는 것을 경험하고 입체에 눈을 뜬다. 화자의 억압에 감정 이입을 하던 독자는 이제 화자가 느끼는 경이감까지 공유하게 된다. 구의 전능함에 놀라 신까지 언급하던 화자는 이내 그 전능함이 우주의 보편적 양상임을 알고 더 높은 차원을 갈망한다. 유추는 이제 설명이 아니라 경이로움으로 가는 계단이 되고, 화자는 7차원을 꿈꾼다. 꿈이란 두 가지 의미가 있고, 꿈을 이루었음에도 깨어나야 하는 불쾌한 경우도 있게 마련이다. 대오각성한 화자가 바로 그런 상황에 처한다. 화자는 플랫랜드로 돌아온다. 이제 남은 것은 동족에게 우주의 진짜 모습을 알리는 일이지만 플랫랜드의 최고 위원은 상위 차원이 있다는 사실을 어렴풋이 깨닫고 있다. 이 경우 체제를 유지하려는 최고 권위자의 선택은 무엇일까. 우리는 적지 않은 역사적 사실을 통해 답을 안다. 외면, 무시, 부정, 은폐, 소거. 폭력이 공공연히 자행되는 플랫랜드에서 주인공에게 남은 운명은 하나뿐이다.

이미 두 가지 방법으로 독자에게 경이감을 선사한 SF를 두고 더 많은 것을 내놓으라고 하면 지나친 욕심이다. 하지만 이쯤에서 억지로 흠을 내기 위해 자취를 돌아보면 이 작품이 너무 직선적인 구성

『플랫랜드』

을 선택했다는 점이 못내 아쉽다. 주인공이 불만족스러운 현실을 인지하고 새로운 눈을 떠 경이감이나 깨달음을 얻는 진행은 구도 소설이나 성장 소설의 전형이어서 SF의 장점인 경이감의 극대화를 다소 축소시킨다. 결말이 행복하고 불행하고를 떠나서 화자가 맞이한 운명은 고양감에 부풀었던 독자에게 얼음물을 끼얹는 부작용이 있다.

또 한 가지. 우리는 현실 세계에서 최상 계층이 어떻게 몰락하는지를 잘 알고 있다. 휠체어, 죽음, 망명이라는 단어들이 꽤 익숙하지 않은가? 존재의 한계 자체가 어떤 세계를 아름다울 정도로 잘 만들어 놓았다면 그 탄력을 더 밀고 나아가서 지배 구조의 와해와 변혁까지 어울리게 그릴 수 있을 것이다. 스페이스랜드의 주민이 도와주지 않는다면 플랫랜드의 주민들은 어떻게 세계의 참모습에 도달할 수 있을까. 유추를 통해서 구가 아는 세계보다 더한 곳까지 그려 보았던 수학자는 어떤 기발한 역할을 할 수 있을까. 정보 통제가 사라진다는 것만으로 기적이 일어날 리는 없으니 해방 이후의 모습까지 독특하게 보여 주었다면 그야말로 SF에 어울리는 결말이었을 것이다.

서두에서 『플랫랜드』는 고전이라는 이름의 변명이 필요 없는 작품이라고 했지만 약간 다른 변호는 필요하다. 이 작품은 고전 명작인 동시에 원형이다. SF의 기본 요소를 정직하게 따른다는 면에서 그렇고, 플랫랜드의 구조를 독자에게 설명하는 점층적인 방법이 아주 낯익다는 점에서도 그렇다. 일반 독자를 대상으로 차원 구분의 기초 개념을 설명하는 과학서들이 정확히 똑같은 방법을 사용하고 있기 때문이다. 이제 독자는 그 선후를 명확히 알 수 있을 것이다. 이 원형격 작품이 어떤 영향을 미쳤고 얼마나 가지를 쳤는지, SF계의 어떤 거장이 무슨 격찬을 했는지는 책 안에 구구절절 나와 있으니 독자가 작품을 감상한 후에 그 부분을 확인하며 공감하는 기쁨을 미리 망치지는 않겠다. 대신 완벽한 감상을 위해 도움 말씀을 드리자면 본문보다 앞서 나오는 '개정판에 대한 편집자의 서문'은 본문 감상 후에 읽기를 권한다. 서문에서는 이공계 지식에 익숙한 사람이라면 누구나 품을 법한 의문, 즉 관념적인 기하와 실체의 차이까지도 언급하고 있기 때문이다. 경이감이 듬뿍 들어 있는 음식을 맛본 후 작가가 얼마나 치밀했는지를 확인하기에 그보다 더 어울리는 후식은 없을 것이다.

김창규 SF 작가/번역가

2005년 과학기술창작문예 중편부문에 당선. 《판타스틱》, 《네이버 오늘의 문학》, 《크로스로드》 등에 단편을 게재했고, 단편집 『독재자』, 『목격담, UFO는 어디서 오는가』 등에 참여했다. 현재 SF 판타지 도서관에서 SF 창작 강의를 하고 있다. 번역서로는 『뉴로맨서』, 『은하수를 여행하는 히치하이커를 위한 과학』, 『이상한 존』, 『므두셀라의 아이들』, 『영원의 끝』 등이 있다.

새로운 차원의 세상을 찾아서

김연중
번역가

다른 크기의 세상, 다른 차원의 세상은 언제나 신비롭다. 누구나 그랬듯 어린 시절 나는 호기심이 많았다. 작은 렌즈를 들고 온종일 무언가 새로운 것을 찾아 헤매곤 했다. 검은 점이었던 개미는 울퉁불퉁한 갑옷을 온몸에 두른 장군의 모습이었고, 별 다를 바 없이 밝은 점이었던 토성은 사진에서처럼 아름다운 고리를 갖고 있었다. 나는 확대경으로도 보이지 않는 작은 세상은 어떤 모습일까, 또 너무 커서 눈에 들어오지 않는 커다란 세상은 어떤 모습일까 궁금했다. 그래서 가끔 이런 상상을 하곤 했다. 루이스 캐럴(Lewis Carrol)의 『이상한 나라의 앨리스(*Alice's Adventures in Wonderland*)』처럼 키가 커지는 물약이 있다면, 또 키가 작아지는 빵 조각이 있다면 하고 말이다.

그런데 이런 바람은 어린아이들만의 전유물이 아닌가 보다.

과학이 형이상학의 영역에서 실재의 영역으로 넘어오면서 과학자들은 측정을 통한 검증과 예측이라는 기준을 과학이라는 체계에 도입했다. 이에 따라 측정 기준을 적용 가능한 '한계 영역'이라는 울타리가 생겨났다. 알 수 있는 것에 대해서만 이야기해야 하는 엄격함 속에서 물리학자들은 유효 이론이라는 현실적인 타협안을 내놓았다. 그러나 호기심과 지적인 모험심으로 따지자면 둘째가라면 서러운 물리학자들은 현재의 한계 너머에 대해 궁금해 했다. 물리학자들은 현재의 이론을 완벽하게 만들어 줄 잃어버린 퍼즐 조각이 지금은 갈 수 없는 저 너머 어딘가에 있지 않을까 끊임없이 상상해 왔다.(연구해 왔다는 표현이 올바를 것이다.)

얼핏 지루해 보일 것만 같은 물리학자들의 상상력은, 우리가 생각하는 것과는 "차원"이 다르다. 어린 내가 생각한 새로운 세상이 현재의 모습이 그대로 복제된 또 다른 현재에 불과하다면, 물리학자들이 생각한 새로운 세상은 3차원이라는 공간 차원에 여섯 개의 공간 차원이 추가된 10차원 공간이라든가, 두 개의 차원이 곱해지면 우리가 아는 차원과 동등해지는 초공간(superspace) 차원이라든가, 서로 다른 입자들을 연결해 주는 내석인 공간처럼 우리에게 익숙한 공간과는 사뭇 다른 세상이다.

『숨겨진 우주(Warped Passages)』의 저자인 리사 랜들(Lisa Randall)과 그녀의 공동 연구자 라만 선드럼(Raman Sundrum) 또한 5차원 중력자라는 토끼를 따라 새로운 차원/공간의 특성에 종속된 계층성 문제(hierarchy problem)라는 이상한 나라로 뛰어들었다. 여분 차원(extra dimension)의 도도 새는 영영 제자리만 맴돌아야 하는 것일까? 4차원 막(brane)을 벗어나 5차원 세계를 여행하면 어떤 일들이 벌어질까? 대체 차원이란 무엇일까?

일반적으로 차원은 어떤 대상을 독립적으로 기술할 수 있는 숫자들의 개수를 의미한다. 공간 영역에서 차원은 점으로 구성된 0차원, 직선으로 이뤄진 1차원, 평면으로 구성된 2차원, 그리고 2차원에

높이가 추가된 3차원의 예에서 찾아볼 수 있다. 또, 차원은 어떤 사람의 개성을 묘사하기 위해 사용할 수도 있다. 나이를 나타내는 축 (1차원), 키를 나타내는 축(1차원), 1년 동안 읽는 책의 수(1차원) 등등. 이때의 차원들은 임의로 선택할 수 있거나(개인을 묘사하는 차원), 벽을 기어가는 개미처럼 외부 환경에 의해 특정한 숫자로 정해지기도 한다.(공간을 기술하는 차원) 하지만 '모든 것에 대한 이론'인 초끈 이론 (superstring theory)에서 차원은 오직 10차원만 가능하다. 그 외의 차원에서는 초끈 이론이 존재할 수 없다. 때문에 초끈 이론에는 우리가 살고 있는 4차원을 제외한 여섯 개의 여분 차원이 생기고 이를 적절한 방법으로 소거해야 한다.

가장 쉽게 생각할 수 있는 소거법은 여섯 개의 차원의 크기가 무척 작다고 생각하는 것이다. 길이가 무한한 원통을 아주 멀리서 보면 1차원의 선처럼 보이는 것처럼 말이다. 한편 여분 차원을 작게 만들 때는 그 결과가 우리가 보는 세상이 되도록 조심해야 한다. 즉, 남아 있는 4차원 공간은 왼손잡이 입자(left handed)와 오른손잡이 입자(right handed)를 구분하고 반전 대칭성(parity symmetry)을 깨는 약력(弱力, weak force)을 포함하는 표준 모형(standard model) 입자와 힘을 재현할 수 있어야 한다. 초끈 이론가들은 여분 차원이 칼라비-야우 다양체(calabi-yau manifold)라는 모양을 하고 있으면 이 문제가 해결될 수 있다는 것을 발견했다. 문제는 이런 칼라비-야우 다양체가 수없이 많다는 것이지만.

여분 차원을 일상의 차원에서 소거하는 또 다른 방법은 우리가 여분 차원을 느끼지 못한다고 가정하는 것이다. 마치 플랫랜드에 사는 스퀘어 씨가 3차원 개념인 높이를 느끼지 못하는 것처럼 우리는

『숨겨진 우주』

4차원의 막에 살고 있고 그 이상의 차원은 느끼지 못한다고 가정하는 것이다. 이 방식은 끈 이론 모형에서 영감을 얻었지만 모델 구축가(model builder)들이 적극적으로 적용하는 방식으로 막 세계 모델이라고도 부른다.

막 세계는 전체 차원 중에서 일부 차원(막)에 입자들이 구속되어 있어서 막 위에서만 입자들이 움직이는 세계를 말한다. 예를 들어 샤워 커튼 위를 흘러내리는 물방울이나 얇은 사과 껍질 위를 움직이고 있는 개미가 일상생활에서 보게 되는 막 세계다. 그런데 막은 실제로 무엇이고, 우리(표준 모형 입자)들은 왜 이 막을 벗어나지 못하는 것일까?

막은 끈 이론에서 실과 같은 모양의 열린 끈(open string)의 끝점이 머무를 수 있는 공간을 말한다. 하지만 끈 이론에서 이 막(D 막, D-brane)늘은 조지프 폴친스키(Joseph Polchinki)가 밝힌 것처럼 일정한 크기의 장력(tension)은 물론이고 전하(charge)를 가질 수 있으며 상호 작용(interaction)도 가능한 '막'과 같은 존재다. 즉 막은 단순히 공간의 의미를 넘어 끈 이론의 빈 곳을 채워 주는 물리적인 실체인 셈이다. 여기에 표준 모형 입자들을 만들 수 있는 열린 끈들은 막 위에서만 움직일 수 있다는 조건을 추가하면 4차원 입자들이 막 위에 속박되는 것이 가능하다. 물론 4차원 입자들이 여분 차원을 느끼지 못한다고 해서 여분 차원이 4차원에 영향을 전혀 미치지 않는 것은 아니다. 중력을 에너지 혹은 질량에서 공간 전체로 중력자(graviton) — 중력을 매개하는 입자 — 가 고르게 퍼져 나가는 현상으로 생각한다면 중력 법칙은 공간의 개수에 따라 다른 형태를 띠게 된다. 랜들이 보기로 든 것처럼 가느다란 관 내부로 물이 뿜어져 나오는 예를 보면, 수도관을 1차원으로 보면 물은 관의 길이 방향으로만 흐른다. 하지만 2차원으로 관을 보게 되면 물은 길이 방향뿐 아니라 수도관에 수직한 방향으로도 흐른다. 중력도 마찬가지다. 중력을 가까이 들여다보면 차원의 개수와 형태에 따라 다른 모양을 띠게 된다. 여분 차원 모델을 4차원에서 검증할 수 있는 것도 이 때문이다.

한 가지 명심할 것은 모델 구축가들에게 여분 차원은 수많은 도구 중 하나라는 사실이다. 비록 끈 이론에서 개념을 차용하고 있지만, 모델 구축가에게 막과 여분 차원이 차지하는 의미는 끈 이론가에게만큼 절대적이지 않다. 여분 차원의 숫자도 마찬가지다. 끈 이론가에게 10차원은 신성 불가침의 숫자지만, 모델 구축가에게 10차원은 단지 거추장스러운 숫자일 뿐이다.

이런 조건에서 왜 모델 구축가들은 막 세계와 여분 차원의 세상으로 뛰어들었을까? 막 세계의 여분 차원에서 세상은 어떻게 보일까?

랜들과 선드럼은 시간 차원이 조합된 4차원 막과 하나의 여분 차원을 가정한다. 4차원 막은 두 개일 수도(RS1) 한 개(RS2)일 수도 있다. 4차원 막은 에너지를 갖고 있어 시공간을 휘게(warp) 할 수 있지만, 자기 자신은 평평하다. 약전자기 대칭성 깨짐(electroweak symmetry breaking)과 관련된 힉스 입자(higgs boson)와 표준 모형 입자들은 이곳에 속박되어 있다. 공간 전체(벌크, bulk)를 자유롭게 오갈 수 있는 것은 중력자뿐이다.

랜들과 선드럼은 10^{16}배라는 중력자와 약력 게이지 보손(weak gauge boson)의 질량 차이(이를 계층성 문제라고 한다.)를 4차원 막이 만드는 비틀린 시공간(warped space) 효과로 자연스럽게 설명한다. 이

『숨겨진 우주』

것이 모델 구축가들이 여분 차원에 주목하는 이유 중 하나다.

서로 다른 부호를 갖는 두 개의 막이 다섯 번째 차원의 경계를 형성하는 RS1 모형에서, 다섯 번째 차원에 수직한 방향으로 공간을 얇게 잘랐을 때의 단면은 우리가 보는 3+1차원의 공간처럼 완전히 평평하게 보인다. 반면, 다섯 번째 공간은 두 개의 막이 가진 에너지 때문에 급격하게 뒤틀려(warped) 있다. 마치 평평한 원 조각들을 이어 붙여 속이 채워진 깔때기를 만든 것처럼 말이다.

그런데 비틀린 시공간의 곡률(curvature)은 중력자의 확률 함수 (probability function)로도 설명할 수 있다. 중력자의 확률 함수는 특정 위치에서 중력이 발견된 확률에 대한 함수로 중력의 세기, 즉 시공간의 곡률로 볼 수 있다. 역으로, 시공간 곡률은 중력자의 확률 함수로 해석이 가능하다. 앞서의 예를 보면 다섯 번째 차원에 수직한 방향은 공간이 평평하다. 따라서 중력의 확률 함수는 이 방향으로 같은 값을 갖는다. 반면 다섯 번째 차원 방향의 확률 함수는 중력 막에서 시작해 지수 함수(exponential function) 형태로 감소한다. 그 결과 표준 모형이 살고 있는 약력 막(TeV brane, weak energy brane)에서 중력(planck brane, gravity energy brane)은 무시할 수 있을 만큼의 확률 함수 값을 갖고, 따라서 표준 모형 입자들과 중력자의 상호 작용, 즉 중력 값은 굉장히 작은 값을 갖는다. 다시 말해 비틀린 기하 (warped geometry) 공간의 특성상 중력자의 확률 함수가 지수 함수 형태로 변하기 때문에 10^{16}배에 달하는 중력과 약력의 에너지 차이는(계층성 문제) 단순히 16이라는 값으로 바뀌게 된다. 복잡한 초끈 이론 없이 랜들과 선드럼은 하나의 여분 차원만으로 중력과 약력의 통일에 한발 다가선 것이다!

한편 표준 모형 막과 무한히 뻗어 있는 5차원 공간을 가정하는 RS2 모형 역시 비틀린 시공간을 갖는다. RS1에서처럼 중력자의 확률 함수는 중력 막 근처에서 적절한 값을 갖고 그 너머에서는 지수 함수 형태로 급격히 감소한다. 중력자의 확률 함수가 워낙 빠르게 감소하기 때문에 중력 막 너머에는 중력자가 거의 분포하지 않게 된다. 다시 말해 중력장이 중력 막 근처에 국소화돼 있기 때문에 중력 막 밖의 중력은 막 위에 거의 영향을 미치지 않아 막 위의 중력은 4차원 중력과 차이가 거의 없다.

실험적으로 보면 RS1의 경우 1테라 전자볼트(TeV)까지 에너지를 만들 수 있는 거대 강입자 충돌기(Large Hadron Collider, LHC)에서 KK 입자와 5차원 중력자의 관측이 가능하다. 반면 RS2 모형에서 질량이 없는 KK 입자는 중력 막 밖에 국소화되어 있어 막에 속박된 입자와 상호 작용하지 않는 데다 중력 역시 4차원 중력 이론과 크게 다르지 않아 실험으로 관측이 용이하지 않다. RS2 모델의 경우 직접적으로 계층성 문제를 다루지는 않지만, RS1처럼 두 번째 막을 도입하면 계층성 문제를 해결할 수 있다. 그보다 RS2의 의의는 여분 차원이 무척 크기가 작아야 한다는 기존의 가정을 부인한 데에 있다.

마지막으로 랜들은 국소적으로 국소화된 중력 이론(locally localized gravity)을 통해 우주의 개념을 확장한다. 이 모형에는 5차원의 비틀린 공간에 막이 하나 있지만 막은 굉장히 작은 음수 값의 진공 에너지(vacuum energy)를 갖고 있어서 완벽하게 평평(flat)하지 않다. 그 결과 이 모형에서 중력은 중력 막 위와 그 근처에서는 4차원 중력의 모습이지만, 중력 막에서 멀리 떨어진 곳에서는 5차원 중력의 형태를 띤다. 랜들은 이 모형을 통해 우리 우주가 검증할 수 있는 범위 내에서만 4차원이라고 말할 뿐 우주 전체가 4차원이라고 말하는 것은 아니라고 말한다.

이제 길었던 차원 여행을 끝마칠 시간이다. 꿈에서 깨면 이상한 나라를 떠나는 앨리스와 달리 여전히 우리는 이상한 나라에 살고 있다. 그러나 이곳이 5차원인지, 10차원인지, 그저 4차원인지 아무도 알지 못한다. 무한과 유한 사이에서 갈팡질팡하는 여분 차원의 도도 새는 LHC에 의해 사라져 버릴지도 모른다.

코페르니쿠스가 우주의 중심을 지구에서 태양으로 옮겨 놓았던 것처럼, 현대 물리학의 선구자들이 상대성 이론과 양자 역학의 신대륙을 발견한 것처럼, 오늘의 물리학은 우리가 살고 있는 4차원 우주가 우주의 전부가 아니며, 공간 역시 단순히 입자들이 움직이는 배경이 아니라고 말한다. 물리학자들은 여분의 차원이 존재하며 차원과 공간은 우주의 근본 원리가 담긴 논리의 결과이자 우주의 비밀을 풀기 위한 열쇠가 숨겨져 있는 탐구의 대상이라고 말한다.

이 모두는 아직 밝혀지지 않은 무한한 여분의 차원, 혹은 1밀리미터나 그보다 작은 크기의 우주 속에 숨겨져 있다. 숨겨진 우주는 평평할 수도, 혹은 급격하게 휘어져 있을 수도 있다. 또 우주 전체의 모습 역시 하나가 아닐 수 있다. 어쩌면 우리 우주는 수많은 우주 중 하나에 불과한 것인지도 모른다. 그 어느 것도 확실한 것은 없다. 우리가 할 수 있는 것은 진리의 동굴을 향해 용감하게 뛰어 드는 것, 새로운 실험을 통해 이론의 한계를 똑바로 바라보는 것뿐이다.

이제 최근 가동을 시작한 LHC와 우주 망원경들의 이야기에 귀기울여 보자. 힉스 보손과 초대칭성(supersymmetry), 대통일 이론(Grand Unified Theory, GUT), 그리고 여분의 차원. 물리학자들은 그동안 숨겨져 있던 세계를 보게 될 것이다. 어쩌면 이 세계는 우리 예측과 딱 맞아 떨어지는 모습을 하고 있을지 모른다. 또 어쩌면 우리가 믿어 왔던 진리가 산산이 흩어질지도 모른다. 그러나 중요한 것은 지금 인류의 지식이 새로운 차원을 맞이하고 있으며, 새로운 진리를 대하는 우리에게는 두려움이 없다는 것이다.

마지막으로 차원이라는 주제에 맞춰 책을 소개하다 보니 이 책의 많은 부분을 소개하지 못했다. 사실 『숨겨진 우주』는 상대성 이론, 양자 역학에서부터 초끈 이론에 이르기까지 현대 물리학의 거의 모든 개념을 일상생활의 비유로 쉽게 설명한 훌륭한 책이다. 다만 너무 방대한 내용을 설명하다 보니 주제가 흐려지는 점이 있기도 했다. 바꿔 말해 이는 그 많은 내용을 알아야만 저자의 의도를 알 수 있다는 뜻이다. 그리고 이것은 현대 물리학의 숙명이기도 하다. 그렇지만 이 책 한 권이면 현대 물리학의 거의 모든 것을 알 수 있는 셈이니 충분히 읽어 볼 가치가 있지 않을까?

김연중 번역가

KAIST에서 초끈 이론으로 박사 학위를 받고 반도체 연구소를 거쳐 SW 개발 팀장으로 있다. 생활 속에서 물리를 발견하는 즐거움에 관심이 있으며, 역서로는 『숨겨진 우주』, 『물리학의 최전선』이 있다.

『숨겨진 우주』

김창규
『플랫랜드』

이명현
사회자

김연중
『숨겨진 우주』

이명현 차원에 대한 이야기를 하기에 앞서 초끈 이론부터 짚고 넘어가면 좋을 것 같습니다. 초끈 이론이 무엇인가요? 가장 쉬운 언어로 설명을 부탁드립니다.

김연중 초끈 이론을 전공했다고 하면 "거기에서 말하는 초끈이 무엇인가요?"라는 질문을 가장 많이 받습니다. 대답은 항상 똑같습니다.

이명현 진짜 끈인가요?

김연중 끈은 끈일 뿐이라고 대답해 드릴 수밖에 없습니다. 예를 들어 핵자를 구성하는 쿼크(quark)라는 게 있는데 그게 뭐냐고 물으시면 "쿼크는 이러이러한 속성을 가진 입자입니다."라고 말씀드릴 수는 있지만 더 이상의 대답은 드릴 수 없을 것 같아요. 마찬가지로 끈도 10차원에 살고 끈의 형태를 갖고 있고, 떨림이 있고, 이런 식으로는 말씀드릴 수 있지만 "도대체 끈의 정체는 뭐냐?"라고 물으시면 "끈은 끈입니다."라고 대답해 드릴 수밖에요. 끈은 정말 말 그대로 끈이고요. 초끈의 '초'는 '초대칭'을 의미합니다. 초대칭은 많이 아시겠지만 전자로 대표되는 페르미온, 메존 같은 것으로 대변되는 보손. 세상 만물을 구성하는 이 둘 사이의 대칭을 말합니다.

사실 끈 이론은 처음부터 만물 이론이 되려던 이론은 아니었고 끈이라는 개념을 통해서 핵자를 설명하려고 한 이론이었습니다. 하지만 핵을 이루는 건 끈이 아니라 쿼크라는 게 밝혀졌지요. 끈 이론은 이렇게 폐기당할 위험에 처했는데요, 나중에 보니까 끈의 흔들림, 떨림 상태가 중력과 성질이 같더라는 겁니다. 그래서 끈 이론으로 다른 것을 설명하려는 시도도 열심히 하게 되었죠. 끈 이론을 상당히 복잡하게 생각하는 이유 중 하나가 끈 이론은 26차원, 초끈 이론은 10차원이라는 차원 때문에 굉장히 거부감을 느끼시는데 끈은 그냥 우리가 상상하는 그 끈과 같다고 생각하시면 됩니다. 대신 물리학적으로 완결성을 갖추기 위해서 수학적으로 계산하다 보니 초대칭은 10차원이어만 하고 보손일 경우에는 26차원이어야만 한다, 그런 조건이 붙는 것뿐이죠.

이명현 끈이니까 흔들리고 떨린다는 개념까지는 이해하겠는데 그런 것에 따라서 나타나는 현상 같은 것을 설명해 주시면 이해가 더 쉬울 것 같아요.

김연중 끈의 떨림이 입자에 해당할 수가 있습니다. 닫힌 끈이 떨리는 경우에는 떨림 상태가 중력이 될 수도 있고 열린 끈의 경우에는 쿼크가 될 수도 있습니다. 아니면 힘을 매개하는 입자가 될 수도 있고요. 끈이라고 하지만 어떻게 보면 입자라고도 할 수가 있죠. 많이 떨리는 게 에너지가 높은 거죠. 힘이 많이 드니까.

이명현 닫힌 끈하고 열린 끈이라. 그 둘은 왜 따로인가요? 성질이 다른가요? 떨리는 패턴이 다른가요?

닫힌 끈과 열린 끈

김연중 시작점과 끝점이 같으냐 다르냐의 차이로 보시면 될 것 같습니다. 우리가 보통 일상에서 접하는 끈의 형태가 두 가지 있죠. 고무 밴드와 실. 그렇게 생각하시면 됩니다. 닫힌 고무 밴드와 고무 밴드를 잘라서 만든 열린 고무줄로 보셔도 되겠네요. 닫힌 끈은 벌크라고 불리는 10차원 전체를 떠돌아다닐 수가 있습니다. 열린 끈은 초끈 이론 속에서는 항상 어디에 매여 있게 됩니다. 기둥 같은 곳에 고무줄을 묶어 놓는 것처럼 브레인이라고 하는 곳에 속박될 수밖에 없습니다. 브레인은 막이라고도 합니다.

　제 박사 학위 논문 주제 중 하나가 열린 끈과 닫힌 끈 사이의 관계성을 보는 건데요. 특정한 상황에서는 열린 끈이나 닫힌 끈이나 단지 관점의 차이일 뿐이라는 것이 그 주제입니다. 예를 들어 막이 두 개가 있고 이 둘 사이를 연결하는 원기둥이 있다고 생각해 보죠. 닫힌 끈이 이 원기둥을 보면 닫힌 끈이 똑바로 움직인 걸로 볼 수 있지만, 열린 끈 쪽에서 보자면 막의 이쪽 끝과 저쪽 끝이 직선으로 연결되어 있는 끈이 한 바퀴 빙 도는 형태로 이동한 걸로 볼 수 있습니다.

하지만 물리적으로는 똑같은 대상일 뿐이죠.

이명현 막이라는 것은 2차원 평면으로 생각해도 되나요?

김연중 직관적으로는 그게 도움이 되겠죠. 실제로는 차원이 더 높겠지만 2차원으로 그림을 그리는 게 막을 이해하는 데 도움이 됩니다. 끈은 저희가 단순히 1차원으로 생겼고 그게 10차원을 움직이는 것이라고 생각하시면 되는데 막은 그것과 조금 달라서요. 막이라는 게 끈이 10차원을 움직이다가 어딘가 달라붙을 수 있는 것이기 때문에 2차원에 한정된다고 볼 수 없습니다. 예를 들어 끈이 3차원 공간에서만 움직일 수 있다고 하면 막은 2차원 평면이나 1차원 곡선 혹은 0차원의 점도 될 수 있습니다. 1차원 직선 같은 경우에서 보면 점에 해당하게 되겠죠. 막은 공간을 구분해 주는 요소이기 때문에 꼭 2차원일 필요는 없습니다.

이명현 그러면 이렇게 초끈, 열린 끈과 닫힌 끈 이야기를 하면서 막 이야기도 나오고 그러는데 그것들이 다 우리가 늘 이야기하는 4차원 시공간 속에서 해결하지 못하고 왜 10차원이라는 차원을 도입해야만 하는지 알 수 있을까요?

김연중 초끈 이론이 왜 10차원과 26차원에서 존재하느냐? 그 이유는 물리적으로 이론을 완벽하게 기술하기 위해서 계산하다 보니 10과 26이란 숫자가 나왔던 것이고 그럴 수밖에 없었습니다. 그게 아니면 이론이 성립하지 못하거나 끈 자체가 존재하지 못합니다.

이명현 그러면 초끈을 이용해서 완벽하게 기술된 이론으로 이제 세상의 모든 것을 설명할 수 있는 건가요?

김연중 사실, 밝혀진 바로는 설명할 수 있는 게 별로 없습니다.(웃음) 초끈 이론이 주목을 받고 있는 이유는 자연계에 존재하는 네 가지 힘인 중력, 전자기력, 약력, 강력을 하나로 묶어서 기술할 수 있는 유일한 이론이기 때문이지만, 우리가 사는 세상을 초끈 이론만 가지고 기술하기에는 어려운 점이 많습니다.

가장 큰 이유 중 하나는 초끈 이론이 10차원이고 우리가 사는 세상이 4차원이라는 점이죠. 여분의 6차원을 어떻게 처리할 것인가가 가장 어려운 문제인데요. 차원을 줄이는 방법이 너무나 많다 보니까 애초에 모든 것을 설명하는 단 하나의 이론을 꿈꾸며 시작한 초끈 이론에 너무 많은 결과가 나와서 현실 세계를 설명하는 데 무리가 있다고 보이게 되었습니다.

끈 이론에 위기가 여러 차례 있었는데 이게 두 번째 위기입니다. 저도 그 위기를 못 넘기고 말았지만……. 초끈 이론을 공부하면 보통은 다들 부푼 꿈을 안고 시작합니다. 내가 만들어 낸 단 하나의 방정식으로 이 모든 것을 설명하리라. 그런데 여분 차원을 없애는 과정에서 너무나 많은 방법이 존재하는 거죠. 누가 맞는다고 확신을 할 수도 없는 상태입니다. 그래서 끈 이론을 버려야 하나 말아야 하나 이야기가 많았고요.

이명현 코에다 붙이면 코걸이, 귀에다 붙이면 귀걸이란 말씀이신 거죠. 어쨌든 우리가 4차원으로 인식하게끔 차원을 없애야 한다는 이 야기로 보이는데, 그중에 가장 전형적인 방식을 설명해 주실 수 있을 까요?

김연중 가장 쉬운 건 동그랗게 마는 겁니다. 펼쳐진 종이를 점으로 보일 때까지 구겨 버리면 차원이 하나 없어지잖아요? 마찬가지로 6개의 차원을 동글동글 정말 작게 말면 우리 눈에 보이지 않게 잘 말 수 있겠다는 생각인데요. 중요한 점은 그냥 말기만 하면 되는 게 아니라 이렇게 만들어진 4차원이 우리가 사는 세계를 기술하는 이론이 돼야 한다는 점입니다. 우리가 사는 세상은 참 얄밉게도 오른손잡이를 차별하는 세상입니다. 좀 이상하게 들릴지도 모르겠네요. 우리가 사는 세상에서는 왼손잡이가 차별을 받는데.

하지만 굉장히 작은 세상으로 가게 되면 오른손잡이가 차별을 받게 됩니다. 오른손잡이 입자는 약력이란 것을 느끼질 못해요. 왼손잡이 입자만 약력을 느낍니다. 우리가 사는 작은 4차원의 세상은 왼쪽과 오른쪽을 구별하는 세상입니다. 동그랗게 말아 버리면 그런 세상을 만들 수가 없어요. 그래서 4차원에서 왼쪽과 오른쪽을 기술할 수 있고 여러 가지 힘을 기술할 수 있는 대칭성을 가진 이론을 만들기 위해서는 굉장히 특별한 방법으로 6개의 차원을 소거해야 하는데 그 방법이 칼라비-야우 다양체라는 방법입니다. 그 방법을 도입하면 6개의 차원을 줄일 수가 있죠.

2차원 평면 세계 이야기

이명현 그러면 이쯤에서 김창규 작가님의 상상력에 한 번 여쭈어 보도록 하겠습니다. 우리가 모르는 차원이 그렇게 말려 있다고 하면 작가들은 어떤 생각을 할까요?

김창규 SF를 쓴다고 생각하면 차원이 숨어 있다는 건 보통 '다른 세계가 숨어 있다'로 연결하기가 쉽죠. 저희하고 똑같은 모습은 아니겠지만 안 보이는 숨겨진 세계에 나름의 지적 활동이나 정보 교환을 할 수 있는 존재들이 산다. 이렇게 가정하고 그 사람들 이야기를 그리려고 할 테고 그것보다 더 하드한 방향으로 나간다면 그게 우리 차원으로 내려왔을 때 저희는 일상적인 현상이라고 생각했던 것 중 몇몇이 사실 저쪽에서는 전혀 의미가 다른 활동이었다. 이런 식으로 이야기를 가져갈 수 있겠죠.

이명현 실제로 그렇게 소설화된 적이 있나요?

김창규 『왕의 카펫(*Wang's Carpets*)』(1995년)이라는 SF가 있는데요. 원생동물을 하나 발견하는데 이게 우리가 사는 세상에서 볼 때는 원생동물이지만 실제로는 저급한 원생동물이 아니라 다른 차원에 사는 엄청나게 고등한 생물을 우리 차원에서 본 단면에 불과하다는 이야기를 합니다. 인간보다 훨씬 더 넓은 곳을 볼 수 있고 아마도 우리와는 의사소통이 불가능할, 그런 생물인데 단면이 원생동물일 뿐이었다는 이야기가 있습니다.

『플랫랜드』 대 『숨겨진 우주』

이명현 다른 차원의 존재와 단면 이야기가 나오니까 이제 플랫랜드로 이야기가 넘어가도 될 것 같네요. 『플랫랜드』에 대한 간단한 소개를 좀 부탁드립니다.

김창규 이 책의 성격을 한마디로 말하자면 스퀘어 자신이 경험한 여러 차원의 세계에 대해 회상하는 『걸리버 여행기(*The Gulliver's Travels*)』류 우화, 풍자 소설입니다. 풍자를 드러내 놓고 전면에 내세운 게 아니라 2차원 세계라는 조형 안에 상당히 잘 녹여내서 숨겨 놨다는 점이 미덕으로, 집중해서 읽어야만 진가를 알아보도록 한 상당히 잘 쓴 소설입니다.

　평면에 존재하는 2차원 세계 속 사람들을 다각형으로 표현해요. 다각형의 변수가 많으면 많을수록, 즉 정8각형보다는 정10각형이 더 사회적인 지위가 높은 사람입니다. 변이 무한히 많은 원은 최상위 성직자와 집권층을 담당하고 있고요. 정다각형에서 벗어난 형태들은 일종의 돌연변이나 혹은 장애인 취급을 받아요. 그래서 결혼했을 때 정다각형이 아닌 자손이 나오는 게 문제가 되고 태어날 때부터 어떤 계급에 속할지 정해지는 세상이고요. 최상위에 속한 원들은 아예 직접적으로 "형태로 사람을 규정해야지 그 사람이 가지고 있는 의지라던가 정신으로 규정하면 안 된다."라며 세상을 아예 못 박아 버리려는 대사까지 합니다.

　타고난 형태가 존재를 규정하다 보니 어떻게 해서든 정다각형에 가깝게, 요즘 식으로 하면 성형 수술을 받아서 지위를 올리려고 하는 부류가 있고요. 또 하나는 2차원 평면 위라면 사람의 시야도 평면에만 있기 때문에 이 사람이 팔각형이라는 것을 옆에서 보면 잘 알 수가 없잖아요. 그래서 변에 모서리가 만나는 수에 따라 달라지는 원근을 정밀하게 판단해서 신분을 가리는 방법을 귀족일수록 교육받아서 잘 구분하는 식으로 되어 있고요. 그렇게 딱딱한 세계입니다. 영국 빅토리아 사회의 모습을 신랄하게 풍자한 것이죠.

이명현 자식을 낳아서 각이 늘어날수록 집안의 신분이 상승하는데 한쪽이 튀어나온 도형이 나오면 그걸 비관해서 죽기도 하는 내용을 보았습니다. 성형 이야기 말고도 사기 결혼도 나왔죠? 원근을 잘 판단해야 정다각형을 만날 수 있는데 자세나 거리를 바꿔서 사기를 치는.

김창규 중간에는 잠깐 혁명이 일어나기도 했어요. 각 변에 색깔을 칠해 놓으면 굳이 귀족들만 교육을 받는 원근 관찰법을 배우지 않아도 색깔만 가지고 쉽게 알 수 있지 않나. 그렇다면 계급 자체를 가르는 유일한 차이라고 할 수 있는 원근 관찰법을 없애 버리고 이 기회에 더불어 계급도 없애 버리자는 혁명이 일어날 뻔했으나, 색을 속여 버리면 어쩔 거냐는 의문을 상류층에서 던져서 혁명이 와해됩니다.

우리 세계도 다차원의 단면이 아닐까?

김창규 이 소설이 갖는 또 하나의 의미는, 3차원 세계에 살고 있다는 사실을 몰랐을 당시 사람들에게 다각형들이 사는 세계의 모습은 어떻겠느냐는 형식을 통해서 2차원 세계가 3차원 세계의 단면으로 존재할 수 있으며 그 추론을 우리 세계에도 적용해 볼 수 있다는 사실을 더는 쉽게 할 수 없을 정도로 쉽게 설명했다는 점입니다.

주인공인 스퀘어는 그래도 자신이 플랫랜드에서 꽤 폭넓게 사물을 보고 나름 한쪽으로 치우친 생각을 하지 않는다고 생각하는 사람인데 어느 날 꿈인지 생시인지 알 수 없는 환각 상태에서 3차원 세계의 사람, 입체인 사람과 접촉합니다. 아까 말씀드렸다시피 2차원이 평면이고 3차원이 입체라고 하면 이 사람들이 볼 수 있는 것은 잘린 단면밖에 없기 때문에 자신이 열린 마음을 가졌다고 생각했던 스퀘어도 결국은 이 사람이 입체라는 사실을 이성적으로는 끝끝내 못 받아들여요. 하지만 여기선 환각이라는 편리한 장치를 가져와 실제로 스퀘어를 들어 올려서 3차원 세계가 어떤지 보여 주지요.

그다음에 연이어서 라인랜드라고 하는 자기보다 낮은 단계, 직선밖에 존재하지 않는 세계도 주인공이 겪어 보게 됩니다. 자기보다 넓은 세계와 자기보다 좁은 세계, 현실적으로 접할 수 있는 모든 세계를 다 보고 두루두루 여행을 마쳤다고 생각하는 순간 스퀘어가 깨닫는 것은, 3차원으로 자기를 들어내서 깨달음을 주었던 멘토 역시 3차원밖에 상상을 못 하고 자기 세계에 갇혀 있는 사람이었다는 사실입니다. 소설 거의 끝 부분에서 3차원보다 더 상위 차원이 나오는데 아마 당연하다고 생각되지만 5, 6, 7차원 세계가 어떤지는 작가가 설명을 못 합니다. 비유로도 못 만들어 내고요. 하지만 독자는 읽으면서 5, 6, 7, 상위 차원의 존재를 느끼고 일종의 득도랄까요? 깨달음을 얻게 되죠.

두 책의 관점을 비교해 보면 『숨겨진 우주』와 초끈 이론에서 말하는 여분 차원은 실제로 존재하는 차원이 수학적으로 돌돌 말려서 우리가 살고 있는 4차원에서는 인지하기 어려울 정도로 작다는 것인데,『플랫랜드』의 2차원 평면 세계에서 사는 주인공 스퀘어에게는 여분의 1차원이란 '없는' 차원입니다. 중간에 3차원을 경험하긴 하지만 그는 입체라는 것을 머리로는, 이성적으로는 끝끝내 못 받아들여요. 하지만 3차원에 사는 독자는 이해할 수 있지요.『플랫랜드』는 문학적으로 작중의 2차원 세계를 통해서 독자가 '우리 세상에도 인지할 수는 없지만 더 상위 차원이 존재하지 않을까?'라고 생각해 보게끔 쓴 책입니다. 차원을 바라보는 관점에서『숨겨진 우주』와 조금 차이가 있지요.

이명현 김연중 박사님께서『숨겨진 우주』가 가지는 의미를 말씀해 주시면서 마무리를 하면 어떨까 합니다.

김연중 사실 이 책은 초끈 이론에 대한 책이 아닙니다. 차원을 축소하는 방법도 별로 안 나옵니다. 이 책이 중요한 이유는 여분 차원이 반드시 작을 필요는 없고 무한할 수도 있다는 이야기를 하고 있기 때문입니다. 우리가 여분 차원이라고 하면 초끈 이론에서 흔히 생각하는 것처럼 10^{-33} 센티미터라는 플랑크 스케일, 굉장히 작은 것만 생각하고 있는데 리사 랜들은 그 길이가 무한할 수도 있다고 이야기하고 있습니다.

리사 랜들은 여분 차원을 설명하기 위해 초끈 이론에서 개념을 빌려 온 것뿐입니다. 랜들이 이 책을 쓰면서 4차원 이상의 5차원이라는 개념을 도입하게 되고 또 거기에 살고 있는 막이라는 개념을 도입합니다. 하지만 그 막이라는 여분의 차원과 개념이 초끈에서 이미 존재하는 것이기 때문에 가져다 쓴 것뿐입니다.

우리는 보통 차원을 굉장히 고정된 것으로 여기기 쉽습니다. 우리가 3차원에서 살고 있기에 공간은 무조건 3차원이라고 생각하고 있는데요, 물리학에서 보면 차원이란 게 항상 고정된 것이 아니고, 우리가 움직일 수 있는 공간에만 국한되지도 않습니다. 랜들이 최종적으로 이야기하려던 것은 우리가 일상적으로 생각하는 차원의 개념을 확장하는 작업을 물리학자들이 지금 하고 있다는 이야기입니다. 여분 차원이라서 반드시 작을 필요도 없고, 차원이라고 해서 반드시 뭔가가 움직이는 그런 공간에 국한되는 것도 아니고, 차원이 뭔가 움직이는 배경을 벗어나 물리적인 현상을 설명해 줄 수 있는 중요한 핵심이 될 수 있다는 거죠. 왜 중력은 약한가? 우리가 알고 있는 나머지 세 가지 힘보다 왜 약한가? 계층성 문제라고 불리는 이것을 차원이 해결할 수 있다는 겁니다. 그런 뜻에서 랜들이 아마 이 책을 쓰지 않았나 싶습니다.

05

평행 우주로의
초대장

『형사 실프와

평행 우주의 인생들』

『평행 우주』

형사 실프와 평행 우주의 인생들
율리 체 | 이재금, 이준서 옮김
민음사 | 2010년 12월

평행 우주
미치오 가쿠 | 박병철 옮김
김영사 | 2006년 3월

SF가 아닌 착잡한 정화(淨化), 두꺼운 혼돈에서 어둠을 길어 올리다

이관수
동국 대학교 다르마 칼리지 초빙 교수

『형사 실프와 평행 우주의 인생들(*Schilf*)』(이하 『실프』)은 독특한 소설이다. SF는 아닌데, SF일 수밖에 없다. 추리 소설이거나 범죄 소설이라고 여길 빌미도 넘쳐 나지만, 추리물이나 범죄물은 아니다.

어찌 보면 주요 등장인물과 소설의 정체가 무척이나 결이 잘 맞는다. 초반의 주인공인 제바스티안이나 후반의 이야기를 이끄는 실프처럼 이 소설도 여럿의 중첩으로 볼 때 풍부해진다. 이 셋은 매 순간 거의 오롯한 하나이면서도, 항상 여분의 그림자들이 배어 있고, 그래서 자기 자신이 된다.

이 책을 읽은 내 경험 또한 그러하다. 처음 서점에서 집어 들었을 때, 제목부터 유소년 대상의 소설인가 싶어 불만이었다. 몇 쪽 훑어보다가 참지 못하고 내려놓았다. 1년이 지나 쭉 읽을 때는 자학과 즐거움, 인내와 경탄이 함께하였다. 지금은 아무 대목이나 펼쳐 들고 잠시 빠져들다가 그새 시간이 많이 흘렀다는 것을 깨닫고 내려놓는다. 시시때때로, 별 생각 없이, 마치 지독한 담배처럼. 중독 이전의 혐오, 중독의 매료, 그리고 중독을 벗어나려는, 실패하는 몸부림이 공존한다. 마치 관측 이전의 파동 함수처럼 가능한 모든 것이 뒤섞여 있으면서도 그 어떤 것도 아닌 그런 상태.

어쩌면 이영도의 판타지 소설 『드래곤 라자』에서 콜로넬 계곡의 데스나이트들이 떠드는 소리보다 더 고약하기도 하다. 그 소리는 잘 들으면 한 문장에 불과하지만, 『실프』는 걸러내는 체에 따라 전혀 다른 이야기가 되어 버린다. 번역된 문장으로 읽었는데도 이런 상태를 만들어 낸 율리 체(Juli Zeh)에게 감탄/증오/애착의 착종을 제물로 바친다. 아마도 기름 범벅이라 보고 싶지도 않지만, 먹다 보면 쉴 없이 삼키게 되는 파스타 같은, 두껍다 못해 혼미한 묘사가 발휘한 힘일까? 하지만 솔로처도 닐스 보어(Niels Bohr)도 아닌 평범한 슬릿(slit)으로서는 모순된 그림자들을 나열하게 된다.

『실프』가 SF가 아닌 이유는 SF의 전통과 너무나 다르기 때문이다. 번역본 제목처럼 평행 우주를 내세우는 SF라면 이연걸 주연의 영화 「더 원(The One)」을 떠올리기 쉽다. 하지만 그 영화나 여러 C급 만화들은 SF의 변방에 속한다. 도대체 다른 우주의 자신을 살해하는 것이 무슨 의미가 있을 수 있나? 그 전에 다른 우주의 "자신"이 가당키나 한 관념인가? 도플갱어 전설과 로봇 합체물의 변태적 야합일 뿐이다. 또 "평행"이란 발음만 같은 얼마 전에 나온 영화 「평행 이론」은 당연히 제외다. 그 영화는 SF와 무관한 도시 전설에 기반했다.

SF 작가들은 1950년대 말부터 물리학적 색깔을 띤 평행 우주 이야기를 써 왔다. 물론 최근 물리학계의 평행 우주 연구와 무관했지만, 스스로 창조한 작중 세계에서 나름대로 상상한 평행 우주에서 벌어질 일들을 꽤나 열심히 탐구했다. 케이스 라우머(Keith Laumer)는 양자 역학과 무관하게 '엔트로피' 축을 따라 평행 시공간을 오가는 그럴듯한 느낌을 자아내는 모험담을 만들어 내었다.

휴 에버렛(Hugh Everett)의 다세계 해석(many worlds interpretation)이 좀 알려지면서 적당히 변용한 작품들도 당연히 등장하였다. 예컨대, 프레데릭 폴(Frederik Pohl)의 『양자 고양이들의 도래(*The Coming of the Quantum Cats*)』(1986년)를 보자. 한 평행 우주의 인간들이 다른 평행 우주의 지구를 침략하기 시작했다. 아주 유사한 평행 우주 사이에는 일종의 '공명'이 발생할 수도 있는 것을 이용한 것이다. 하지만 곧 더 발달한 다른 평행 우주의 지구인들이 개입하면서 침략이 중단된다. 그들은 평행 우주를 넘나들던 인간들을 모두 모아 망해 버린 또 다른 평행 우주의 지구에 격리 수용한다. 평행 우주 간의 넘나듦이 많아질수록 우주적 규모의 뒤엉킴이 늘어나 물리적으로도 혼돈이 발생하기 때문에 자신들을 보호하기 위해 평행 우주 간의 이동을 막은 것이다. 그렇게 귀양 보내진 주인공은 여러 명의 스티븐 호킹(건강한 호킹과 바텐더 호킹도 있었던 것 같다.) 사이의 토론을 어깨너머로 듣기도 하고, 연애도 하다가 불현듯 깨달음을 얻는 것으로 작품이 끝난다. 평행 우주의 수가 무한하다는데, 그렇다면 비슷한 평행 우주도 무한히 많을 것이므로, 넘나드는 인간들도 무한히 증가하게 될 수밖에 없다. 그렇다면 우주적 혼돈은 필연적으로 발생한다!

그레그 이건(Greg Egan)의 『쿼런틴(*Quarantine*)』(1992년)은 정체를 알 수 없는 검은 버블이 태양계를 우주의 다른 부분과 강제로 격리시킨 미래를 무대로 한다. 마치 윌리엄 깁슨(William Gibson)의 『뉴로맨서(*Neuromancer*)』(1984년)를 따라가는 사이버펑크 소설처럼 전개되는데, 결말이 우주적이다. 파동 함수 붕괴는 인류 사이에서 발생한 '질병'이고, 검은 버블은 그 '질병'의 확산을 막기 위해 외계 지성

『형사 실프와 평행 우주의 인생들』

체들이 설치한 검역 격리 장치였다. 이건은 지난 근 100년에 걸쳐 물리학자들과 철학자들을 괴롭혀 온 고뇌 ― 파동 함수의 붕괴 ― 를 국소적인 병리학 문제로 전락시켰다.

이처럼 폴과 이건의 소설들에서는 평행 우주나 파동 함수 붕괴 해석 문제가 플롯 전개를 마무리하는 데 결정적이며, 그것을 빼 버리면 이야기가 성립하지 않는다. 반면에 『실프』는 평행 우주 부분을 빼 버려도 작은 도시의 살인 사건으로서 이야기 자체는 성립한다. 세계의 물리적 근원과 무관한 인간들만의 이야기로도 나름 충분할 수 있는 그런 이야기이다.

그럼에도 『실프』는 SF이고, 그렇게 부를 수밖에 없다. 제바스티안과 오스카의 직업이 물리학자여서도, 물리학 용어가 종종 등장해서도 아니다. 평행 우주 이야기가 아니었으면 이리저리 겹쳐 미로인 동시에 만화경이 만들어지지 않았을 것이기 때문이고, 그 만화경의 틈새에서 과학 ― 더 좁혀 가면 물리학, 그리고 우주론 ― 을 하는 사람의 내면 저 깊은 곳의 어둠을 드러내기 때문이다.

그 어둠은 일단은 양자택일의 문제처럼 표현된다. 오스카의 말처럼 "단 하나의 우주", 우리가 그로부터 "도주 가능성이 없는 우주"를 추구할 것인가? 아니면 제바스티안처럼 밀교적 불안(믿으면서도 확신하지 못하고, 확신하기 위해 애쓰는)을 감수하며 인간의 자유 의지조차 물리적 기반으로 설명할 수 있기를 염원할 것인가? 관점에 따라서는 궁극적 초월자인 신이 내리는 계엄령을 감내할 것인지 아니면 염원이란 미명 아래 관찰이 불가능한 우주들의 존재를 믿는 일탈을 범할 것인지로 볼 수도 있다. 어느 것을 택하더라도 패배에 직면한다.

사실 이 딜레마는 사유의 역사 속에서 덜 비관적인 형태로 여러 번 되풀이되었다. 르네 데카르트(René Descartes)는 확신을 찾으려 최선을 다해, 아니 최악으로 쥐어 짜내, 불신의 근거를 헤집어 내었고, 리처드 파인만(Richard Feynman)은 자신의 실험이 잘못되었을 가능성을 집요하게 찾는 연구를 정직하고 훌륭하다고 연설하였다.

현실의 우주론 연구들이 그려 내는 대략적인 얼개는 평행 우주 또는 다중 우주의 가능성을 제거할 수 없고, 때로는 오히려 꽤나 매력적으로 보이게 한다. 하지만 원칙적으로 경험이 불가능한 평행 우주를 상식적이고 건전한 과학의 대상이라고 턱 올려놓기는 껄끄럽다. 지난 몇 백 년간의 우여곡절을 지나 이제는 과학의 기둥 노릇을 하는 반증 가능성, 우주 원리 등등을 쉽사리 떠내려 보내기에는 아까운 마음이 크다. 좀 더 옛스럽게 넓혀 말하면, 안다고 확신하면 더 넓은/높은/깊은 앎을 놓치고, 아는지 의심하면 손에 쥔 작은 깨달음이 사라진다.

오스카가 옳은지 제바스티안이 옳은지, 제바스티안이 아내를 사랑하는지 오스카를 사랑하는지, 다벨링은 간부(姦夫)인지 아닌지, 아내는 오스카를 질투하는지 아닌지, 실프는 과거의 파편인지 아닌지, 리타는 실프를 존경하는지 경원하는지, 리타의 실프는 과거의 실프인지 현재의 실프인지. 살아가면서 문득문득 치솟았다가 가라앉혀지는 '인지 아닌지'들이 과학의 딜레마와 얽혀 도저히 떼어 버릴 수 없을 지경이니, 범상한 SF보다는 '더 깊은' SF이고 더 '소설'이라고 할 수밖에. 한편 독일에서는 정말로 물리학·철학 토론이 텔레비전(!)과 신문에 보도되어 그것을 사람들이 보는지, 아니면 소설에서나 벌어지는 일인지도 궁금한 '인지 아닌지'이다. 우리나라나 일본, 미국에서는 새로운 발명·발견 보도나 다큐멘터리라면 모를까

『형사 실프와 평행 우주의 인생들』

물리학·철학 토론이 대중 매체를 탈 성 싶지는 않다.

『실프』는 SF가 아닌 것처럼, 전형적인 범죄 소설도 추리 소설도 아니다. 범죄 소설이라기에는 범죄 장면이 밋밋하다. 추리물이라기에는 추리의 긴장이 없다. 2인조 경찰물이라기에는 실프와 리타가 서로 겉돈다. 고독한 형사물이기에는 실프의 삶이 사건에 투입되기 직전부터 밝아지고 있었다. 은연중에 우리 문화 비평의 잣대가 돼 버린 영미 대중 문학이나 할리우드 영화에서는 이렇게 기대를 다각도로 배반하기도 쉽지 않다.

다벨링 피살과 범인 색출이 중심 이야기이기는 한데, 간단히만 언급되는 자칭 시간 여행자 살인 사건과 병원 내의 연쇄 살인 이야기가 무슨 일이 벌어지고 있는 것인지를 모호하게 한다. 리암의 납치가 다른 평행 우주에서 일어난 것일까? 거대 제약 회사 관계자들의 음모일까?

두 사건 덕분에 다벨링 피살이 둘 중 하나이거나 혹은 둘 다일 수도 있다는 가능성이 두껍게 소용돌이쳤다. 그러다가 다벨링을 살해한 진정한 범인(이라기보다는 상황)이 결정되면서, 사건은 허탈감마저 드는 언급으로 종결된다. 범죄 소설이나 추리 소설로서는 치명적인 약점인데, 전혀 그런 느낌이 들지 않는다. 두껍게 얽혀 보이는 사건들이 창백한 결과로 붕괴되는 결말은 마치 넘쳐 나게 풍부한 가능성이 관측 순간에 하나의 단순한 상태로 붕괴하는 것을 방불케 한다. 그래서 우연과 오해가 겹친 단순한 살인 사건이 아니라 누군가의 주시가 그렇게 단순하게 결착시켜 버린 사건인 것처럼 읽어 낼 수도 있다.

갈대 같은 실프가 내면의 진실을 집요하게 중시하고, 그래서 오스카가 자신을 직시하고 내뱉을 수밖에 없게 된, 사건의 마지막 장면은 결국 『실프』는 우주나 범죄가 아니라 인간에 대한 이야기라는 점, 그래서 역시 소설이라는 점을 최종적으로 확인시킨다.

때문에 『실프』는, 라우머의 모험담과 달리, 과학 이야기이다. 과학은 사람이 바라는 바와 무관한 자연 그 자체를 추구하지만 그런 과학은 사람이 하는 것이기에 결국 어느 순간 사람을 보고 있는 자신을 발견한다. 레너드 서스킨드(Leonard Susskind)가 "인간 원리"를 말하는 것처럼. 돌고 돌아 인간을, 관측자를, 지성의 존재를, 결과를, 태초의 시원에 대한 이야기에 되먹여 넣는 순간. 그런 순간이 마지막인지는 아무도 모르고, 그런 마지막 순간이 오지 않기를 바라지만, 인간에 대한 이야기는 과학 이야기 없이는 치명적으로 불완전하다.

사족 한마디. 번역자는 SF 작가이며 법률가 겸 정치인인 율리 체가 마치 평행 인생을 사는 것 같다 했지만, 이 동네에는 그런 사람이 꽤나 여럿 있다. 미국에는 인문계 전문직 출신 SF 작가도 꽤 여럿이다. 멀리 찾지 않아도 작고한 로저 젤라즈니(Roger Zelazny)나 아직 정정하다는 어슐러 르 귄(Ursula Le Guin) 할머니도 그런 셈이다. 한국에도 평행 인생을 사는 좋은 SF 작가들이 여럿 있다.

이관수 동국 대학교 다르마 칼리지 초빙 교수

서울 대학교 물리학과를 졸업하고, 같은 학교의 과학사 및 과학 철학 협동 과정에서 몬테카를로 시뮬레이션의 초기 역사로 학위를 받았다. 가톨릭 대학교를 거쳐 동국 대학교에서 고전 읽기와 교양 과학 강의를 맡고 있다. 수치와 기계를 만들고 다루는 사람들의 이야기를 좋아한다. 최근에는 20세기 초까지 미국의 기계 공학과 화학 공학의 전개를 살펴보고 있다. 옛날이야기와 SF라면 가리지 않고 좋아하는 취미 덕에 2009년부터 SF 교양 강좌를 진행 중이다.

『형사 실프와 평행 우주의 인생들』

공상의 우주와 과학의 우주

장상현
서울 대학교 기초 교육원 물리 담당 강의 교수

우리는 매 순간 선택을 하고, 시간이 지난 후 그때 다른 선택을 하지 않은 것을 후회한다. 오래전부터 인간은 과거에 행한 더 나은 선택을 통해 행복한 삶을 살아가는 다른 세상의 자신을 상상해 왔다. 다른 평행 우주, 또 다른 내가 존재한다는 얼핏 허황되어 보이는 상상은 20세기 들어서 양자 역학의 등장과 함께 생각지도 못했던 과학적 근거를 얻게 된다.

양자 역학에서는 만물이 파동 함수로 표시될 수 있는데 이 파동 함수는 한 지점에 존재하지 않고 전 공간에 퍼지는 특성이 있다. 예를 들면 나는 지금 서울의 특정한 주소에 서 있지만, 양자 역학에 따르면 부산이나 중국 또는 미국의 어느 마을에 존재할 아주 미세한 확률이 있다. 이러한 양자 역학의 해석은 한 사람(또는 물리학적인 용어로서 "입자")이 동시에 두 장소에서 발견될 수 없다는 명백한 사실과 모순되는 것으로 보인다. 이러한 모순을 해결하기 위해서 만들어진 양자 역학의 코펜하겐 해석에 의하면 관측이 이루어지는 순간 파동 함수는 붕괴하고 특정한 지점에서 입자가 관측되어 모순이 사라진다.

관측을 통해서 전 공간에 퍼져 있던 파동 함수가 한 점으로 붕괴한다는 이 해석은 관측자인 인간의 존재만으로 세상이 급격하게 바뀐다는 과감한 사고방식을 강요한다. 알베르트 아인슈타인 등 많은 양자 역학의 선구자들은 코펜하겐 해석을 받아들이지 않았으나, 이보다 나은 해석이 존재하지 않았기 때문에 현재까지도 코펜하겐 해석은 양자 역학의 대표적인 해석으로 받아들여지고 있다. 코펜하겐 해석의 가장 그럴듯한 대안은 1957년 미국의 물리학자 휴 에버렛에 의해서 나왔다. 에버렛은 관측(선택)을 하는 순간 파동 함수가 붕괴하지 않고 각각의 선택에 따라 새로운 세계로 갈라진다는 다세계 해석을 내놓았다.

예를 들어 내가 오늘 점심으로 짜장면을 먹을지 짬뽕을 먹을지 고민하다가 짜장면을 선택했다고 가정하자. 코펜하겐 해석에 따르면 점심에 짜장면을 먹는 나와 짬뽕을 먹는 나는 선택이 이루어지기 전까지 모두 존재하지만, 내가 둘 중 짜장면을 선택하는 순간 짬뽕을 먹는 나는 존재하지 않고 사라진다. 반면 다세계 해석에 의하면 내가 짜장면을 선택하는 순간, 짬뽕을 선택한 나는 사라지는 것이 아니고 짜장면을 먹고 있는 나와 다른 세계로 갈라져 나간다. 즉 어떤 세계에서 나는 짜장면을 먹고 있고 다른 세계에서 또 다른 나는 짬뽕을 먹고 있다.

다세계 해석을 따르게 되면 많은 SF나 영화에서 나오는 이야기처럼 무수한 평행 우주에 또 다른 '나'들이 존재한다. 내가 어떤 선택을 하는 순간 다른 선택을 한 내가 다른 평행 우주에서 존재하게 되는 것이다. 다세계 해석 덕분에 평행 우주는 단순한 공상 속의 산물이 아닌 과학적으로 타당한 근거를 갖게 된 것이다.

뉴욕 시립 대학교의 이론 물리학자인 미치오 카쿠(Michio Kaku)는 초끈 이론의 발전에 큰 영향을 미쳤으며 미국에서 방송, 대중 강연, 저술 등을 통한 과학 대중화 활동으로 유명하다. 2011년 일본 도호쿠 대지진과 해일, 그리고 후쿠시마 원전 사고 당시 미국의 여러 방송에서 지진 전문가나 원자력 전문가보다 이론 물리학자인 카쿠가 먼저 자문 위원으로 초대되었다는 사실은 그가 미국 대중에게 가장 가까운 과학자라는 것을 보여 준다. 대중문화의 언어를 이용하여 일반인이 접하기 어려운 우주론이나 초끈 이론을 소개하려는 노력을 꾸준히 계속해 온 카쿠에게, 대중적으로도 흥미를 끌 수 있고 과학적으로도 다양한 설명이 가능한 평행 우주라는 주제는 그냥 지나치기 어려웠으리라 생각된다. 카쿠는 과학을 소개하는 활동뿐 아니라 지구 온난화나 원자력의 위험 등 과학 발전에 따르는 인류에 대한 위험을 대중에게 알리며 해결책을 제시하는 활동도 꾸준히 해오고 있다.

2006년 발간된 카쿠의 책 『평행 우주(Parallel Worlds)』는 제목만 보면 단순히 평행 우주론을 소개하는 책이라고 생각하기 쉽겠지만, 내용을 보면 물리학을 전공한 학생들에게도 생소한 내용을 포함할 정도로 우주론과 초끈 이론 등 소립자 물리학(elementary particle physics)을 상당히 깊은 수준까지 소개하고 있다. 크게 세 부분으로 나누어진 이 책은 서두에서 어쩌면 모두가 한 번쯤은 들었을 의문인 '우주는 시작과 끝이 있는가, 아니면 영원한가?'에서 출발한다. 1부에서는 물리학자들과 천문학자들이 우주의 시작과 끝에 관한 문제를 어떻게 과학적으로 연구해 왔는가를 설명하면서 평행 우주와 함께 현대 우주론을 소개한다. 2부에서는 여러 가지 다중 우주론(multiverse model)과 저자의 주 연구 분야인 초끈 이론의 소개가 본격적으로 이어진다. 2부는 상당히 수준이 높은 내용이라서 물리학에 지식이 없는 독자들에게는 쉽게 읽히지 않을 것이다. 3부에서 카쿠는 우주의 종말과 평행 우주가 인류의 미래에 어떤 영향을 줄 수 있는가를 이야기하며 결론을 맺는다. 기본적인 뼈대는 평행 우주의 존재 가능성에 대한 방대한 양의 과학적인 기초를 설명하는 것이라서 SF 등에서 본 평행 우주를 상상한 독자는 실망할 수도 있다. 하지만 평행 우주가 과학적 근거 위에 존재할 수 있다는 사실과 함께 저자가 중간 중간 설명하는 시간 여행, 초광속 비행, 블랙홀, 웜홀, 상대성 이론, 양자론, 음의 에너지 등 관련된 흥미 있는 주제들은 충분히 과학 애호가들에게 흥미를 끌 수 있을 것이다.

앞서 다세계 해석의 평행 우주를 이야기했지만, 이 책에서 말하는 평행 우주는 한 가지가 아니고 서로 다른 세 종류가 있다. 첫 번째는 양자 역학의 다세계 해석에 등장하는 평행 우주, 즉 SF에서 많이 다뤄지고 있는, 나와 같은 또 다른 내가 무수히 존재하는 평행 우주이다. 두 번째는 급팽창 우주론(inflation cosmology)에서 등장하는, 영원한 우주의 바다에서 양자 역학적 요동(quantum fluctuation) 때문에 거품처럼 수없이 생성되는 서로 다른 우주들이다. 마지막으로 M 이론(M-theory) 등 여분 차원이 있는 물리학에서 이야기하는 우리 우주와 기하학적으로 평행한 브레인 우주(brane worlds)이다. 저자는 이렇게 기원이 다른 평행 우주를 특별히 구별하지 않고 이야기를 풀어 나간다. 물론 많은 사람이 책의 제목에서 짐작하는, 또 다른 내가 존재하는 평행 우주도 여러 관점에서 설명되고 있지만, 오히려 저자가 관심을 두고 있는 것은 두 번째와 세 번째(급팽창과 M 이론)에서 말하는 평행 우주들이다. 이러한 평행 우주들은 우리 우주와 핵력, 전자기력, 전하량, 입자의 질량, 우주의 임계 밀도 등 물리 법칙이 모두 다르다. 우주의 임계 밀도가 다르면 우주는 별이 생기기 전에 축소되거나 은하가 형성되기 전에 초기의 뜨거운 가스들이 옅게 확산되어 별이 생기지 못할 수도 있다. 핵력이 다르면 별의 수명이 달라지고 우리를 구성하는 무거운 원소가 생기지 못하고, 전자기력이 다르면 화학 법칙이 달라져서 DNA가 만들어지지 않을 수도 있다. 따라서 대부분의 평행 우주에는 인류와 같은 지적 생명체가 존재하지 않을 가능성이 높다. 인류가 존재하는 우리 우주는 그런 면에서 매우 특별한 존재이다. 왜 우리 우주만 특별한가에 대한 문제는 책 내용에서도 등장하는 많은 격렬한 논쟁을 일으켰으며 아직도 명확한 해답은 없다.

책의 상당 부분은 평행 우주의 존재 가능성에 대해 과학적인 설명을 하는 과정으로 되어 있으며 그 내용을 보면 급팽창 이론 등 현대 우주론의 역사와 소립자 물리학, 초끈 이론의 발전 역사 등이 상당 부분을 차지하고 있기 때문에 이 분야에 깊은 지식이 없는 독자에게는 상당히 어려울 수 있다. 그렇지만 독자들이 수학과 물리학의 전문 용어와 생소한 표현을 극복할 수 있다면 물리학자들이 연구하고 구상하는 우주가 SF의 상상력을 뛰어넘는 황당함으로 가득함에 놀라게 될 것이다. 물론 두꺼운 책이 모두 지루한 물리학 용어로 채워진 것은 아니다. 카쿠의 넓은 지식과 인간관계 덕분에 딱딱한 과학 이야기뿐 아니라 쉽게 접하기 어려운 과학자들의 뒷이야기와 물리학적 발견의 숨겨진 모습 등도 심심치 않게 등장한다. 이 분야에 관심이 있는 사람이라면 저자가 인용하는 수많은 학자의 일화에 뜻하지 않은 재미를 느낄 수 있을 것이다.

후반에 가까워지면 책은 우리 우주가 언젠가는 종말을 맞이하리라는 우울한 결론에 도달한다. 윌킨슨 마이크로파 이방성 탐색(Wilkinson Microwave Anisotropy Probe, WMAP) 인공위성과 다른 관측들을 통해서 우리 우주의 나이와 진화 과정이 점점 밝혀지고 있고, 이 과정을 통해 과학자들은 우리 우주가 끝없이 팽창하며 시간이 계속 흐르면 온도가 0에너지 상태까지 내려가서 모든 것이 얼어붙는 필연적인 종말을 맞게 될 것으로 예측하게 되었다. 만약 우리의 우주 밖에 다른 우주가 존재하지 않는다면 인류도 우주와 운명을 함께할 수밖에 없다. 카쿠는 책의 3부에서 평행 우주의 존재를 인류가 우주의 종말에서 살아남을 수 있는 희망으로 묘사하며, 단순한 상상 단계를 넘어 물리학자들이 예측하는 미래의 발전된 과학을 통해 다른 평행 우주로 탈출하는 11가지 방법을 설명하였다. 이 방법들이 모두 가능할지는 저자도 장담하지 못하지만, 최소한 과학적으로 불가능해 보이는 상상은 아니다. 물론 현재의 과학 수준으로는 11가지 방법 중에서 단 하나도 사용할 수 없다. 그렇지만 인류가 우주의 종말까지 멸망하지 않고 살아남는다면 수십억 년 이상의 시간이 인류에게 남아 있다. 그렇다면 인류는 그 시간 동안 평행 우주로 탈출이 가능할 정도로 과학을 발전시킬 수 있을 것인가? 저자는 이 질문에 상당히 희망적인 전망을 갖고 있는 듯하다.

카쿠는 사용하는 에너지의 양과 정보량을 기준으로 인류의 문명 단계를 3단계로 분류하고 우리가 현재 0단계에서 1단계로 진화하고 있다고 주장한다. 인간이 별의 에너지를 완전히 사용할 수 있으면 1

단계 문명에 도달한다. 아직 우리는 우리의 별(태양)의 에너지도 충분히 활용하지 못하는 단계이다. 3단계에 도달한 인류는 은하와 블랙홀의 에너지도 자유롭게 이용할 수 있어서 우리 우주에서 다른 우주로 가는 길을 뚫거나 심지어 새로운 우주를 만들 수 있을지도 모른다. 만약 인류가 종말을 맞기 전에 다른 평행 우주로 탈출하기 위해서는 3단계에 도달하여야 하고 그 이전에 우리는 전쟁과 공해 등 인간 사회 내부의 갈등을 극복하고 우선 문명의 0단계를 벗어나야 한다는 결론을 내린다. 지금 우리는 1세대 문명으로 진입할 가능성을 결정할 수 있는 아주 중요한 세대이고, 우리가 종교, 인종, 전쟁, 환경 등의 갈등을 극복하고 1세대 문명으로 나아가는 것이 전 인류의 미래를 결정하리라는 것이다.

결론은 약간 상투적인 도덕 강의처럼 보인다. 결국, 인류의 종말을 막기 위해 모두 열심히 살자는 이야기 아닌가.(물론 우주론과 소립자 물리학에 관심을 달라는 가벼운 호소도 빼놓지 않았다.) 저자가 이런 상투적인 결론을 내린 것은 사실 우리 우주 바깥에 많은 우주가 존재할 가능성을 이야기하면서도 카쿠의 진정한 관심사는 다른 우주보다는 우리 우주, 그리고 그 속에서 사는 인간이기 때문이다. 거대한 우주와 그보다 더 큰 평행 우주들을 생각하면서 인간이 하찮은 존재로 느껴질 수 있다. 그리고 수십억 년 혹은 수백억 년 후에나 올지 모르는 우주의 종말이 현재의 인류에게는 무관한 일로 보일 것이다. 많은 사람들은 이 모든 것이 다 허황한 상상에 불과하다고 생각하고 무시할지도 모른다. 카쿠는 사람들에게 짐작조차 힘든 우주적 크기와 시간을 좀 더 자신에게 가까운 일로 느끼게 하고 싶어 한다. 카쿠의 이 상투적인 결론에는 우리가 작은 공간, 짧은 시간을 살고 사라지는 존재가 아니라 우주의 시작부터 끝까지 이어져 있는 유기적인 우주의 일부라는 것을 우리 스스로가 느끼게 하여 더 나은 존재로 발전해 나가기를 바라는 소망이 담겨 있다.

장상현 서울 대학교 기초 교육원 물리 담당 강의 교수

서울 대학교 물리학과를 졸업하고 입자 물리 현상론 및 우주론으로 동 대학원에서 박사 학위를 받았다. 미국 플로리다 주립 대학교, 퍼듀 대학교, 일본 도호쿠 대학교 연구원, 연세 대학교와 건국 대학교 연구 교수를 거쳐 현재 서울 대학교 기초 교육원 물리 담당 강의 교수로 재직 중이다.

이관수
『형사 실프와
평행 우주의 인생들』

이강영
사회자

장상현
『평행 우주』

이강영 이 자리에서 이야기할 책은 하나는 과학책이고, 다른 한 책은 소설책입니다. 그래서 두 책이 불꽃 튀는 격돌이 아니라 어떤 식으로 같이 어울려서 이야기를 풀어 나갈지 기대가 됩니다. (내용을 모르면 이야기를 할 수가 없으니)먼저 소설의 줄거리를 간단히 부탁드립니다.

이관수 사실은 소설에서 평행 우주가 전혀 직접 등장하지를 않아요. 오로지 제바스티안이 평행 우주를 연구할 뿐인데 고전적인 다세계 우주론 같습니다. 그러니까 양자 역학에서 관측 이전에 물질 상태 여러 개가 중첩되어 있는데 관측하는 순간, 파동 함수 하나로 붕괴하는 문제를 설명하기 위해 도입한 우주론이죠. 사실 평행 우주라는 단어가 독일어 원제에는 없었습니다.

하지만 한국어판 제목도 무리는 아닌 것이, 문장이나 배경 분위기가 굉장히 묘합니다. 이류나 삼류 SF를 보면 평행 우주, 다른 우주에서 우리를 침략하는 이야기가 나오지 않습니까? 사실은 소설의 마지막까지도 마치 그렇게까지는 아니더라도 제바스티안이 여자랑 결

『형사 실프와 평행 우주의 인생들』 대 『평행 우주』

혼해서 아기를 낳고 어느 정도 오스카랑 거리를 두는 우주랑, 오스카와 물리를 통해서 완전히 영혼의 결합이 이루어지는 우주 두 개를 같이 사는 듯한 분위기를 계속 글을 통해서 풍기고 있어요. 아마 그것 때문에 이 책이 재미있고 문학적으로도 볼 만하지 않은가 하는 생각이 듭니다.

배경으로 다른 살인 사건도 나오는데요. 웬 이상한 사람이 — 이름도 언급되지 않습니다. — 사람들을 죽여 놓고서는 자기가 미래에서 온 시간 여행자인데 실험하느라고 죽인 거고 실제로는 안 죽었으니까 자기는 형사 처분의 대상이 아니라고 주장합니다. 소설 말미에 정신병원에 수감되지요. 그다음에 또 병원에서 이상하게 사람들이 죽어 나가요. 그래서 담당 의사인 디벨링이라는 사람이 주목을 받는데 그게 다국적 기업의 범죄인지 아니면 그야말로 미지의 존재가 저지른 살인인지 헷갈리는 식으로 배경이 깔려 있어요. 한 권의 소설을 보는 것이 아니라 여러 권의 소설을 동시에 읽다가 마지막에 가서 한 권으로 귀착되는 듯하게 써 놨습니다. 저도 사실 이런 소설은 거의 처음입니다. 평행 우주, 물리학적인 개념을 일부러 글로 흉내 낸 것이 아닌가 하는 생각이 들 정도입니다.

이강영 그러니까 평행 우주를 단순히 이야기에 나오는 소재로써만 사용한 게 아니라, 소설 자체가 평행 우주라는 개념 자체를 구현하고 있다는 말씀이신지요?

이관수 예, 그렇게 볼 수도 있습니다.

이강영 그러면 이제 본격적으로 평행 우주 이야기를 해야 할 텐데요. 장상현 박사님이 『평행 우주』란 책과 저자 미치오 카쿠에 대해서 소개를 해 주시죠.

장상현 미치오 카쿠는 일본계 미국인 교수입니다. 초끈 이론으로 유명한 학자예요. 부모님은 두 분 다 일본인이신데 제2차 세계 대전 때 일본인들을 격리 수용했던 캠프에서 만나서 카쿠를 얻었습니다. 카쿠는 대단히 대중적인 인물입니다. 미국에서 방송에 정말 많이 나와요. 심지어는 방송에 나와서 스케이트 타는 것도 봤어요.

이관수 사실 저는 이 책을 접하기 전까지 카쿠가 나서기 좋아하는 SF 작가인 줄 알았어요. 교과서 저자일 정도로 정통한 사람이라는 건 전혀 몰랐죠.

장상현 얼굴만 보면 좀 그렇게 보여요.(웃음) 제가 처음 카쿠를 알게 된 것은 이분이 쓴 초끈 이론 교재에서고요. 그 후에 친구가 박사 후 연구원을 뉴욕 주립 대학교로 가서 미치오 카쿠 밑에 있었어요. 그 친구가 이야기하더라고요. 카쿠 교수는 취미 생활이 굉장히 특이하다. 그 바쁜 사람이 자기 방송국을 두고서 라디오 방송을 한대요. 이유를 물으니, 인류의 지적 업적인 이 과학 교양, 즉 초끈 이론이나 입자 물리학(particle physics), 우주론을 많은 사람들이 이해했으면 좋겠다는 마음에 한다고 하더라고요.

저는 그때 플로리다 주립 대학교에서 박사 후 연구원을 하고 있었는데요. 거기 아주 급진적인 공화당 우파 교수가 한 분 계셨어요. 그

분은 카쿠 교수에게 다른 각도에서 굉장한 불만을 토로하더라고요. 카쿠 교수가 위성 발사 반대의 선봉에 섰다는 이유에서요. 그때가 1997년인데 토성 탐사 위성을 쐈어요. 연료로 플루토늄이 33킬로그램이나 실려 있었거든요.

이강영 일본인이었기에 반핵 운동을 한 것 아닐까요?

장상현 그럴 수도 있어요. 그런데 그것도 참 묘한 이야기예요. 그가 물리학자가 된 계기가 수소 폭탄의 아버지 에드워드 텔러(Edward Teller)였으니까요. 미국의 핵 무장에 앞장섰던 물리학자인데 이 사람 눈에 들었죠. 텔러는 로버트 오펜하이머(Robert Oppenheimer)를 고발한 걸로도 유명해요. 오펜하이머가 반핵으로 돌아서니까 오펜하이머를 고발하고 반대쪽에서 증언했던 사람인데, 이 사람이 카쿠의 멘토로 그를 거의 키우다시피 합니다. 그런데 대학생 때 텔러에게 반기를 든 거예요. 나는 핵무기가 싫다. 반핵 운동에 앞장을 섰어요. 반핵 운동, 평화 운동, 끈 이론. 그리고 대중을 위한 과학 서적 저술과 방송 활동. 이런 걸로 그를 묘사할 수가 있죠. 카쿠의 저서가 지금까지 일곱 권인데 『평행 우주』는 카쿠 교수가 관심을 가지고 있는 우주론을 평행 우주라는 주제에 맞춰서 많은 사람에게 소개하려는 그런 의도로 쓴 책 같습니다.

이강영 이 책의 원제가 'parallel worlds'거든요. 평행 우주 비슷한 말로 다중 우주라는 게 있죠. 'universe'가 아니라 'multiverse', 사람에 따라서는 또 'megaverse'. 이런 이상한 이름이 많거든요. 그런 개념을 다 비슷하게 평행 우주라는 말로 하지만, 사실은 조금씩 다 꽤 다른 걸 나타내고 있단 말씀이죠. 일단 그걸 좀 분류해 주세요.

장상현 다른 용어를 쓰고 있지만, 사실 대부분 같이 씁니다. 카쿠 교수도 megaverse, multiverse, many world, parallel world, parallel universe를 다 같은 말로 썼어요. 같은 용어로 쓰이지만 그 안에서 또 의미하는 바는 다른 우주를 의미할 때가 많이 있습니다. 지금 이 책에서 설명하는 평행 우주는 세 가지입니다. 하나가 아니에 요. 지금 여기 『형사 실프와 평행 우주의 인생들』의 배경인 평행 우 주가 하나 있고요. 다른 의미의 우주가 더 있습니다.

나와 똑같은 내가 살고 있는 우주, 똑같은 집이 있고 똑같은 세상 인, 이것을 평행 우주라고 보는 경우도 있지만, 그게 아니라 그냥 우 주가 하나 따로 있는 것을 의미할 수도 있습니다. 하지만 그 우주는 우리랑 안 만나요. 완전히 격리되어서 살고 있는 거예요. 우리가 그 러한 우주도 평행선이 서로 안 만난다는 뜻에서 평행 우주라고 합니 다. 그런 게 여러 개 있으면 다중 우주(multiverse). 그런 묶음을 보통 메가버스(megaverse) 이런 식으로 부릅니다.

이강영 이관수 박사님이 말씀하시길 소설의 평행 우주는 양자 역학 을 해석하는 과정에서 나타나는 평행 우주라고 하셨는데, 맞나요?

장상현 예, 그렇죠.

이강영 더 자세히 설명해 주시겠어요?

장상현 아까 말씀드렸지만 제가 세 가지 평행 우주가 이 책에 나온다고 했어요. 시간상으로 첫 번째는 이 『형사 실프와 평행 우주의 인생들』에서 나오는 것처럼 논쟁의 중심이 되는 양자 역학에서의 평행 우주입니다. 제가 이야기를 길게 할 수밖에 없겠네요. 양자 역학 이야기를 해야 하니까요.

이강영 그것을 좀 자세히 설명해 주세요.

장상현 양자 역학은 이렇습니다. 입자를 간단하게 그냥 공 같은 것이라고 생각해 봅시다. 당연히 공은 한 순간, 한 위치에서만 발견되죠. 양자 역학에서는 이런 공이 딱 한 군데 고정된 것이 아니라 공간 전체에 퍼져 있는 파동과 같다고 봅니다. 이것을 파동 함수라고 합니다. 덩치가 큰 놈들은 파동 함수가 퍼진 정도가 굉장히 작아서 우리가 퍼져 있는 걸 못 느껴요. 하지만 아주 작은 소립자인 전자 정도 크기가 되면, 파동 함수가 퍼진 정도가 보입니다. 그래서 이중 슬릿이라고 하는 기구가 있어요. 얇은 틈을 두 개 만들어 놓고 거기다 전자 하나를 쏘면 전자가 한 틈만 통과하는 게 아니고 파동으로 퍼져서 두 구멍을 다 통과해야 합니다. 그런데 문제는 전자는 위치를 측정하는 순간에는 항상 공 같은 특성을 보여야 해요. 파동이 아니라, 한 점으로 딱 나와야 하죠. 쏘아진 전자가 스크린까지 갈 때는 파동으로 퍼져 나가지만, 스크린에 맞는 순간은 한 점에 정확하게 맞아야 해요. 표적에 총알이 맞듯이 구멍이 딱 납니다. 그렇지만, 예를 들어 중간에 두 개의 아주 좁은 틈을 만들어 놓으면 얘는 구멍 두 개를 다 통과해요. 이걸 설명할 길이 없던 거예요.

그래서 생각해 낸 게 코펜하겐 해석입니다. 코펜하겐 해석은 모든 입자는 관측하지 않을 때는 가능한 모든 길을 가면서 퍼져 있을 수 있는 모든 공간에 존재한다고 주장해요. 제가 여기 있지만, 아주 작은 확률로 저는 부산에도 있고 남아프리카에도 아주 조금 있는 거예요.

하지만 저를 보는 순간 저는 여기 존재하게 됩니다. 코펜하겐 해석에서 이걸 어떻게 설명하는지 보세요. "파동 함수는 전 공간에 이렇게 넓게 퍼져 있지만, 측정하는 순간에 '모인다.'" 이를 물리 용어로 collapse라고 하고, 붕괴라고 번역합니다. 측정을 하면 퍼져 있던 파동 함수가 순간적으로 한 점에 모인다는 거예요. 아인슈타인은 이걸 절대 받아들일 수가 없었어요. "우주 공간에 '퍼진' 파동이 어떻게 측정하는 순간 다 사라지고 여기로 모여 버리느냐?" 그런 생각을 가진 사람은 아인슈타인 외에도 있었어요.

유명한 반론 중 하나가 바로 에르빈 슈뢰딩거(Erwin Schrödinger)의 '슈뢰딩거의 고양이'에요. 아마 들어 보셨을 텐데, 상자 안에 시간이 지나면 붕괴를 하는 핵 물질이 있고, 핵 물질이 붕괴하는 순간 스위치가 켜지면서 독약이 퍼지는 장치가 있어요. 입자의 붕괴는 순전히 양자 역학의 확률로만 결정이 됩니다. 그 상자 안에 고양이를 집어넣으면 고양이가 죽고 살고도 확률로만 결정돼요. 뚜껑을 열지 않으면 고양이는 '퍼진', 예를 들어 1시간이 지나면 55퍼센트가 생존해 있고 45퍼센트는 죽은 상태로 공존한다는 거예요. 말이 안 되죠?

『형사 실프와 평행 우주의 인생들』대 『평행 우주』

나는 뒷면이 나온 세상에 살고 있다

장상현 이런 문제를 다른 식으로 해결하려고 한 사람들이 몇 있었는데, 그 대표 격이 휴 에버렛입니다. 그는 수학적으로 모순이 없는 다른 해석이 가능하다고 주장했어요. 이게 첫 번째 평행 우주, 다세계 해석입니다. 어떤 선택이 일어나는 순간을 측정이라고 하는데 그러한 순간 선택 받지 못한 놈들이 붕괴해서 사라지는 게 아니고 다른 세계로 갈라져 나간다는 겁니다.

내가 낮에 갑자기 짜장면하고 짬뽕 중에 하나를 고르고 싶은데 처음에는 어느 쪽인지 결정을 못하다가 어느 순간 양자 역학적으로 내 마음이 한쪽으로 붕괴해요. 예를 들어, 짜장면이다. 코펜하겐 해석에서는 짜장면으로 붕괴되면 짬뽕을 먹은 나는 존재하지 않는 거예요. 그런데 다세계 해석에서는 갑자기 두 세계가 갈라져요. 한 사람은 손을 들어서 짬뽕을 시켰고 한 사람은 짜장면을 시키고. 둘 다 나인데 두 세계는 따로 사는 거예요. 매번 사람이 선택할 때마다 세계가 갈라지니까 이 소설에서 많이 이야기하는 나랑 똑같은 사람이 살고 있는 세상이 다른 곳에 존재한다는 이야기가 되죠. 다세계 해석에서는 선택이 일어날 때 파동 함수는 붕괴되지 않고 전부 다 다른 세상으로 퍼져 나가는 거예요. 또 다른 예로는 간단하게 동전을 던져요. 앞면이 나올 확률 반, 뒷면이 나올 확률 반이잖아요. 앞면이 나온 순간 "앞면이 나왔다. 뒷면이 나올 가능성은 사라졌다." 이게 코펜하겐 해석입니다. 앞면이 나오면 "나는 앞면이 나온 세상에 살고 있구나." 뒷면이 나오면 "난 뒷면이 나온 세상에 살고 있다. 하지만 또 다른 내가 반대 면이 나온 세상에서 살고 있다." 이게 바로 이 책에 나오는 평행 우주입니다.

이관수 그런데 여기서 앞면이 나온 세상과 뒷면이 나온 세상은 다시는 서로 만날 수가 없습니다.

이강영 듣고 보면 세상에 참 이상할 일은 아무것도 없죠.

이관수 그런 일이 일어나는 우주에 사는 거니까요.

장상현 제가 본 어떤 소설에서도 이 양자 역학만큼 황당한 생각을 한 소설은 없었던 것 같아요. 양자 역학은 인간이 지금까지 생각한 것들 중 가장 황당한 생각이 아닐까 합니다.

이관수 하고 싶어서 했던 상상도 아닌 것 같은데요.(웃음)

이강영 놀라운 것은 코펜하겐 해석도 만만치 않게 이상해 보이는데 그걸로 모든 실험 결과를 정확하게 계산해서 반도체도 만들죠.

장상현 스마트폰도 다 그걸로 나오는 거예요.

이강영 그렇게 잘 작동하는 이론이라는 게 더 놀라운 거죠. 이야기가 나온 김에, 책에 나온 나머지 두 평행 우주에 관해서도 설명 부탁드립니다.

『형사 실프와 평행 우주의 인생들』 대 『평행 우주』

또 다른 평행 우주(의 평행 우주들)

장상현 다른 평행 우주를 말씀드리자면, 먼저 급팽창 이론이 있습니다. 우주론에서 출발해요. 우주가 처음에 어떻게 생겼는가. 『평행 우주』에서 더 자세히 나오는데 한 점에서 시작했다고 생각해요. 처음에는 굉장히 압축되어서 뜨거웠다가 순식간에 커지고 식으면서 별이, 지구와 같은 행성이, 마지막으로 생명이 생긴다고 생각하죠. 그 과정을 우리가 빅뱅 우주론이라고 부릅니다. 빅뱅 우주론에는 분명한 시작이 있고 끝이 있어요. 이 아이디어는 아인슈타인 일반 상대성 이론을 우주론에 적용하면서 나왔습니다. 그런데 일반 상대성 이론을 바탕으로 빅뱅 우주론을 만들다 보니 설명할 수 없는 것들이 많이 생깁니다. 그것을 해결하기 위해서 앨런 구스(Alan Guth), 안드레이 린데(Andrei Linde)라는 물리학자가 우주가 어느 순간 갑자기 확 커졌다는 급팽창 이론을 내놓았습니다.

급팽창 이론을 받아들인다는 것은 어떻게 보면 일반 상대성 이론이 틀리지 않았다는 것을 굳건히 믿기 때문이에요. 일반 상대론이 틀렸다면 그것은 완전히 다른 이야기고요. 빅뱅 우주론에서 우주가 점과 같은 작은 상태에서 폭발하는 순간에 양자 역학이 들어와요. 양자 역학에 의하면 우주의 시작인 폭발은 확률적으로 일어납니다. 폭발이 언제 어디서 생기는지 알 수는 없어요. 급팽창 이론에서는 폭발이 한 군데에서 생기지 않고 여러 군데에서 생길 수가 있습니다. 그러면 여러 군데 생기는 폭발이 각각 서로 다 독립적인 우주라고 생각하는 거예요. 처음 구스의 이론에서 이렇게 폭발로 만들어진 우주들은 나중에 서로 겹쳐서 하나의 우주를 만들죠. 반면에 린데의 이론에서는 서로 만나지 않는 여러 개의, 마치 물속에 있는 공기방울 같은 고립된 우주들이 존재해요. 여기서 물은 영원불멸한 시작도 끝도 없는 우주가 되는 것이고. 그 안에 만들어져 부풀어 오르다 사라지는 공기방울들이 우리가 살고 있는 유한한 생명을 가진 우주가 되는 거예요. 각각의 공기방울이 다 다른 우주고 서로 만날 수 없다면 이들은 평행한 삶을 살고 있는 평행 우주가 된다는 거죠.

세 번째는 또 완전히 다른 이야기인데요. 다차원 이론이 있어요. 아까 말한 초끈 이론들도 다차원 이론이에요. 공간이 3차원인데 더 많은 차원이 있다는 거예요. 그런 차원이 어디 있냐고 할 것 같은데, 이 차원은 너무 작아서 우리 눈에 안 보인다고 생각해요. 20세기 말에 여분의 차원 이론이란 것이 나오는데 거기에 의하면 최대 0.1밀리미터에서 1밀리미터 크기까지 5차원, 4차원 공간이 존재할 수 있다고 주장을 했어요. 왜 그런 이야기를 했냐 하면, 그 크기에서는 전자기력이 너무 세서 중력의 측정이 안 되는데 중력의 측정을 통해서만 여분의 차원의 존재를 알 수 있거든요. 지금도 그런 모형의 변형이 많이 있습니다. 예를 들면 우리가 사는 공간이 3차원이지만 아주 작은 1밀리미터 이하의 차원이 하나 더 있다면 1밀리미터 이하에서 우리 공간은 4차원이 됩니다. 이 작은 차원이 여분의 차원이죠. 여분의 차원 방향은 우주 어디에서나 매우 작기 때문에 그 차원이 존재하는 것을 우리는 못 느낄 뿐입니다. 제가 들고 있는 이 책의 한 장을 우리 우주라고 생각해 보세요, 종이의 면은 넓어서 지면 방향으로는 공간의 존재를 느끼지만 얇은 두께 방향도 분명 존재하는데 지면 안에 사는 생명체는 그 방향의 존재를 몰라요. 그래서 자신들이 사는 공간을 2차원이라고 생각하죠. 하지만 종이를 두께가 보일 정도

『형사 실프와 평행 우주의 인생들』 대 『평행 우주』

로 확대하면, 종이는 3차원이라는 것을 알 수 있습니다. 책 안에 종이가 수백 장 있죠. 이 종이들이 두께 방향으로 서로 평행하잖아요? 이 종이 한 장 한 장을 서로 간섭하지 못하는 평행한 우주라고 할 수 있어요. 진짜 기하학적으로 평행한 우주들이죠. 우리 우주의 아주 작은 여분의 차원 방향으로 켜켜이 평행한 우주들이 존재할 수 있습니다. 그것이 세 번째 평행 우주에요.

이강영 이런 평행 우주론이 처음 생겨나게 된 동기가 있을까요?

장상현 사실 우리 말고 다른 세계가 존재할 것이라고 생각한 건 물리학자들이 이야기하기 전부터 이미 있었던 거죠. 좀 억지 같기는 하지만 장자의 꿈 같은 것도 그렇고요.

이관수 미국 사람들에게는 로버트 프로스트가 있죠. 「가지 않은 길」. 그 시가 강한 미련과 인상을 남겼던 게 자극이 되지 않았나 하는 이야기도 있습니다. 그것은 그야말로 심리적인 다른 우주고.
　초창기 SF 작품들이 과거에 이렇게 했으면 어떨까라는 심리적인 미련을 투사해서 다른 물리 세계가 있는 것처럼 이야기를 꾸몄던 건 대단히 자연스러운 욕망 같아요. 순전히 문학적 상상력을 통해서 나온 것이고. 에버렛의 해석은 수식을 해석하는 과정에서 나왔죠.

장상현 예. 순수한 수학적 해석이에요.

평행 우주로 탈출하자

이관수 그것이랑 비슷한 이야기가 꾸며졌다는 것 자체가, 참 이런 표현을 써서 죄송합니다만, 사람들의 머리는 다 거기서 거기구나 하는 생각을 하게 만듭니다.

이강영 만약 그렇다면 아니 땐 굴뚝에 연기 나겠냐는 속담처럼 평행 우주는 지금 우리 우주론에서 필연적으로 존재하는 것일까요? 아니면…….

장상현 그렇지는 않죠.

이강영 가능성 중의 하나인가요?

장상현 그냥 가능성 중의 하나죠. 지금 우리가 살고 있는 우주가 무한하냐 아니면 유한하냐의 논쟁에서 유한이 이기고 있지만, 만약 우리 우주가 유한하다고 하더라도 그게 논쟁의 끝은 아닙니다. 어디까지나 우리가 유한한 우주 안에 살기 때문에 관측할 수 있는 것이 그것뿐이거든요. 만약에 급팽창 이론에서처럼 우리 우주 바깥에 관측이 불가능한 무한한 우주가 존재한다면 당연히 거기에 우리 우주와 다른 평행 우주가 존재할 거라는 거죠. 현재까지는 믿음에 불과한 거예요. 존재할 수는 있어도 존재해야 할 필연적인 이유는 아직 못 찾고 있는 거죠.

이관수 이런 관점에서 생각할 수도 있지 않을까요. 믿음에 불과하다고 말씀하셨지만, 사실 사람이 상상해 낼 수 있는 오만 가지 가능성 중에 서로 모순이어서 아니면 수학적으로 말이 안 돼서 가능성 자체가 아예 없는 것들이 대부분이라 하더라도 장상현 박사님께서 믿음이라고 표현하셨던 여러 가지 종류의 평행 우주들은 따지고 보면 가능성이 0에 근접할 정도로 작긴 하겠지만 0은 아니다.

장상현 그렇죠. 양자 역학이 우리에게 가르쳐 주는 것이 그거에요. 모든 확률은 0은 아니다. 굉장히 작을 수는 있어도.

이강영 그런데 이런 우주는 원리적으로는 만날 수도 있는 건가요?

장상현 그렇죠. 바로 『평행 우주』의 후반부에 나오는 이야기인데요. 만약 우리 우주가 이 세상에 하나밖에 없다. 말 그대로 유니버스라면 우리는 이 우주가 언제 태어났는지 알고 있어요. 언제 끝날지는 모르지만 언젠가는 끝난다는 것은 압니다. 그럼 무슨 이야기냐면 우리 우주가 끝나면 우리 인류는 우주와 함께 죽을 수밖에 없는 거예요. 그게 뭐 100억 년 후가 될 수도, 1000억 년 후가 될 수도 있지만.
　카쿠의 생각은 우리가 평행 우주를 공부해야 하는 까닭은 평행 우주가 있으면 우리 우주가 끝나기 전에 평행 우주로 탈출할 수 있기 때문이라는 거예요. 평행 우주들 사이에는 터널이 만들어질 수 있습니다. 블랙홀이 이 터널로 들어가는 구멍일 가능성이 큽니다. 그런데 문제는 블랙홀 근처에선 모든 물체가 강한 중력으로 찌그러지기 때문에 우리가 무사히 평행 우주로 건너갈 수가 없어요. 그래서 우선 공사를 해서 통과할 수 있는 터널을 만들어야 해요. 카쿠는 이 책에서 그 방법을 단계별로 설명합니다. 인류의 문명 1단계는 지구와 같은 행성 에너지를 쓰는 것이고, 2단계에서는 태양과 같은 별 에너지를 씁니다. 3단계에 은하의 에너지를 쓸 수 있는 거예요. 이 단계에서는 다른 우주가 존재한다면 우주 사이에 구멍을 뚫어서 건너갈 수 있다는 거죠. 우주가 멸망하기 전에 터널을 만들어 다른 우주로 가자. 우주가 멸망하기 전에 3단계 문명에 도달하자.

잘 쓴 SF와 과학 이론의 공통점

이강영 그야말로 SF 같은 이야기네요.

이관수 한 가지 덧붙이자면 SF는 현실에서 하는 과학이 아니라 사람들이 과학에 대해서 느끼는 그 무엇을 그려야 한다고 생각합니다. 사실은 역전적인 사고, 뒤집힌 사고방식인데요. 엄밀한 과학 지식을 기준으로 SF를 재단하게 되면 90퍼센트가 아니라 99.99퍼센트의 SF를 버려야 해요. 그런데 사실은 그런 틀리거나 안 맞는 SF를 어릴 때 보거나 아니면 또 나이 들어서 보면서 진짜 과학으로 또 같이 즐기게 되는, 두 개를 동시에 따로따로 같이 즐기게 되는 때가 많거든요. 사람의 마음이 일으키는 반응이 중요한 것이지 교과서가 되어서는 안 된다. 전 그렇게 생각합니다.

장상현 제 생각에는 상상력에 과학적 제한을 둘 필요는 없다고 생각

『형사 실프와 평행 우주의 인생들』 대 『평행 우주』

해요. 상상의 세계는 그 하나로서 또 다른 평행 우주인 거예요. 우리가 사는 세상과 다른 평행 우주. 제가 물리나 이런 걸 다 알고 있어도 극장에서 「터미네이터」나 「백 투 더 퓨처」를 재미있게 봅니다. 제 지식이 이런 영화들을 감상하는 데 전혀 거리낌을 주질 않거든요. 그리고 세상에는 우리 과학 지식의 범위를 벗어난 것이 또 존재할 거예요. 단지 우리가 알지 못할 뿐이지.

2부

인물
대
인물

물리학계의 두 천재,
그들의 내면을 들여다보다

『파인만!』

『스트레인지 뷰티』

파인만!
리처드 필립 파인만 | 홍승우, 김희봉 옮김
사이언스북스 | 2008년 4월

스트레인지 뷰티
조지 존슨 | 고중숙 옮김
승산 | 2004년 2월

파인만이
위대한 물리학자가
될 수 있었던 이유는?

홍승우

성균관 대학교 물리학과 교수

『파인만!』은 1980년대 초에 출간된 『파인만 씨, 농담도 잘하시네!(*Surely You're Joking, Mr. Feynman*)』와 1980년대 후반에 나온 『남이야 뭐라 하건!(*what do you care what other people think?*)』 두 권을 합본한 책이다. 『파인만 씨, 농담도 잘하시네!』는 '호기심 많은' 파인만의 특이하고 재미난 무용담의 모음이라고 해도 과언이 아니다. 무용담이 대개 그러하듯이, 다소 일방적이고, 개인적인 기억에 의존하며, 어떤 이야기는 가볍다. 그렇지만 한편 어떤 이야기는 슬프고 마음을 울리거나 교훈적인 것도 있다. 그런 면에서 비록 제목은 "농담도 잘하시네요!"이지만, 실은 파인만은 농담을 하는 것이 아닌 경우가 많다. 이를 구분하기가 쉽지는 않지만.

『남이야 뭐라 하건!』은 좀 더 진지한 이야기들로 되어 있다. 파인만이라는 어린이가 '호기심 많은 인물로' 성장하는 과정에 가장 많은 영향을 미친 사람들 — 아버지 멜빌 파인만(Melville Feynman)과 그의 첫사랑 아알린 그린바움(Arline Greenbaum) — 에 대한 이야기가 많은 부분을 차지한다. 그 외 다른 에피소드도 실려 있지만, 파인만이 미국 항공 우주국(NASA)의 우주 왕복선 챌린저호 참사 사건을 조사한 경험담이 중요한 부분을 차지한다. 이 두 권의 책에 있는 이야기들을 연대순으로 적절히 엮어서 정리한 책이 『파인만!』이다.

어떻게 하면 한 어린이가 천재적인 과학자로 성장할 수 있을까? 아이를 천재적인 과학자로 키우는 교육 방법은 있을까? 이런 질문에 대한 답이 되지는 않겠지만, 파인만은 자신이 어떻게 과학자의 길로 들어서게 되었는지를 아버지와 함께했던 어린 시절의 기억을 더듬으며 풀어 간다. 파인만은 자신이 훌륭한 물리학자로 성장하게 된 것이 결정적으로 아버지의 가르침 덕이라고 구술한다. 그런 그의 회상에는 아버지에 대한 감사와 사랑과 존경의 마음이 묻어 있다.

파인만의 아버지는 어린 파인만에게 "이해란 무엇인가?"를 가르쳐 주려 하였다. 또한, 자연 현상을 보고 과학적으로 접근하여 문제를 해결하는 방법을 가르쳐 주었다. 흔히 학생들은 어떤 새로운 개념을 배울 때 그 개념을 담는 그릇이라 할 수 있는 '용어' 자체는 기억하지만, 거기에 담긴 내용물인 '개념'은 잘 이해하지 못하는 것을 볼 수 있다. 용어에 담긴 뜻과 개념을 제대로 이해하지 못했음에도, 자신은 그 용어를 들어 보았고 기억한다는 것만으로 이해한다고 착각한다는 것이다.

파인만의 아버지는 어린 파인만에게 새를 이용해서 '이해'에 대해 설명한다. 어떤 새의 이름을 여러 나라 언어로 암기한다고 해서 그 새의 속성을 아는 것이 아니다. 흔히 많은 학생은 새의 이름만 알고 있으면서 그 새에 대하여 알고 있다고 착각한다. 예를 들어, 미분과 적분, 전자기 유도, 산화 환원 반응, 미토콘드리아 등과 같은 과학 용어를 들어 보았고 기억한다고 해서 그 용어에 담긴 개념도 제대로 이해하는 것은 아니라는 것이다. 이 차이를 파인만의 아버지는 그가 어렸을 때부터 가르쳐 주었다.

또한, 자연 현상을 볼 때 먼저 과학적 호기심을 갖고 접근해야 하며, 그 다음 문제 자체를 제대로 분석하여 자신의 논리로 이해하며 답을 찾아가는 '과정'이 중요하다는 것을 파인만은 아버지로부터 배운다. 답이 옳은가 그른가보다는 이해하며 깨달아 가는 과정 자체가 중요하다는 것이다. 아버지는 어린 파인만에게 '과학 지식'을 전달하는 주입식 교육 대신 '과학적 문제 해결 방식'을 스스로 깨달아 가는 과정을 체험으로 가르쳤다. 물고기를 잡아 주는 대신 물고기 잡는 방법을 가르쳐 주는 것과 마찬가지이다. 과학적 지식의 전달보다는 과학적 사고방식을 배우게 한 것이 파인만이 과학자로 성장하는 밑거름이 되었다고 한다. 이런 '탐구 과정'이 어린 파인만에게는 마치 흥미로운 게임 같아서 평생 동안 그 게임을 즐겨 찾게 만드는 원동력이 되었다는 것이다.

파인만의 아버지는 어린 파인만이 먼저 과학적 호기심을 갖도록 했다. 새가 자신의 깃털을 쪼아 대는 것을 함께 보면서, 거기에는 이유가 있을 것이라는 지적 자극을 주며 궁금증을 자아낸다. 이런 호기심은 과학 탐구의 문을 열고 들어가는 첫걸음이다. 두 번째로, 새가 깃털을 쪼아 대는 이유를 몇 가지로 설정한다. 과학적 가설 설정의 단계이다. 가설 1) 흐트러진 깃털을 가지런하게 하기 위해서이다. 가설 2) 몸이 가려워서이다. 이런 두 가지 그럴듯한 가설을 설정해 놓고, 그 가설이 맞는지 틀리는지 각각의 경우를 탐구하게 하였다. 가설 1과 같이 흐트러진 깃털을 가지런히 하기 위해서라면 새가 날아다니다가 땅에 내려와서 주로 쪼아 댈 것이므로, 과연 그런지 관

『파인만!』

찰하자는 것이 파인만 아버지의 제안이다. 이것이 바로 과학적 탐구 방식이다. 가설을 세우고, 그 가설에 해당하는 상황을 설정하고, 실험과 관측 또는 관찰로 검증하여 "과학적 사실"을 차곡차곡 쌓아가는 것이 과학자의 탐구 자세이다.

가설 1이 아니라는 것이 확인되었다면 가설 2를 확인해야 하는데 새가 가려워하는 상황을 만들기는 어려운 일이다. 따라서 또 다른 가설을 세울 수 없다면 두 번째 가설이 맞다고 보고, 다음 과정으로 거기서 결과를 얻으려고 노력한다. 즉, 새가 가려워서 쪼는 것이라면 가려운 이유는 몸에 이가 있기 때문이 아니겠는가 하는 것이다. 이것은 확인되지 않은 결론이지만, 일반적으로 동물에게서 흔히 발생하는 일이므로 새의 경우에도 확대 적용하는 것이 틀리지 않을 수 있다는 논리 전개이다. 그다음으로 파인만의 아버지는 이의 다리에서 어떤 물질이 나오는데 이것을 먹고 사는 진드기가 붙어 있다는 상상력을 동원한 창의적 제안을 한다. 그리곤 진드기의 배설물을 먹고 사는 박테리아를 또 다른 예로 들면서 '먹이 사슬'의 개념을 도입하고 있다. 이런 창의적 제안을 하여 "음식물이 될 만한 것이 있는 곳에서는 어디서나 그것을 먹고 사는 '어떤' 생명체가 존재한다."는 설득력 있는 결론을 얻어 내고 있다. 이런 과학적 탐구 과정을 파인만의 아버지는 재미있는 게임을 하듯이 가르쳤다.

『파인만!』에서 또 빼놓을 수 없는 부분은 첫 아내인 아알린에 대한 이야기이다. 그는 경제적 어려움과 가족의 반대, 폐렴으로 위태로웠던 그녀의 건강에도 불구하고 청소년 시절부터 알고 사랑했던 아알린과 결혼했다. 비록 대부분 병원에서 보낸 짧은 결혼 기간이었지만, 그 짧은 결혼 생활이 얼마나 행복했는지에 대해 아련하게 구술하고 있다. 자연 과학 외에는 관심이 없었던 파인만이 아알린을 통해 소위 예술이라는 것에도 무엇인가 의미가 있다는 것을 배우고, 삶의 깊이를 깨닫는다. 그밖에 두 번째 부인과의 결혼과 이혼, 세 번째 부인과의 행복한 결혼 생활과 자녀들에 대한 이야기도 조금씩 담겨 있다. 자신은 위대한 물리학자이지만, 자녀들에게는 아무런 강요 없이 세상에서 사람들과 섞여 행복하게 각자의 길을 찾아가길 원하는 아버지로서의 모습도 보인다.

리처드 파인만은 미국이 자랑하는 토종 물리학자이며, 노벨상 수상자이다.(당시만 해도 미국인들은 유럽으로 유학 가서 선진 물리학을 배우던 시절이다.) 물리학에서의 파인만의 역할은 가히 독보적이라 할 수 있다. 오늘날 많은 이론 물리학자들이 사용하는 계산 방법은 그가 독자적으로 개발한 것이다. 그가 없었더라면 과연 이론 물리학의 계산 방식이 지금과 같이 시각적이고 효과적인 방법으로 발전할 수 있었을까? 아인슈타인의 상대성 이론은 당시 물리학의 상황이 잉태하고 있던 필연적 귀결이라고 볼 수 있지만, 파인만이 개발한 '파인만 도표(feynman diagram)'는 파인만의 '시각적 사고'가 낳은 천재적 발상이기에 그의 업적은 빛나고 위대하다.

파인만은 어렸을 때 아버지께서 보여 주신 대로 물리학을 가지고 놀며 게임처럼 즐겼다. 그도 역시 한 인간이기에 처음 대학 교수가 된 후에는 훌륭한 연구 업적을 내야 한다는 정신적 압박을 받으며 연구 실적에 대한 의무감을 느꼈던 적이 있었다. 그러다 보니, 연구 업적도 제대로 나오지 않게 되었고, 그로 인해 고민도 하였다. 그러나 그는 곧 그런 생각에서 벗어나서 예전의 자신으로 돌아가 물리학을 '즐김'으로써 다시 훌륭한 연구를 하게 된다. 자신이 하고 싶은

『파인만!』

것을 할 때에 누구나 자신의 역량을 충분히 발휘함은 말할 것도 없다. 그는 자신이 중요한 문제를 풀려고 노력했던 것이 아니라 단지 재미있고 흥미로운 문제를 게임하듯 풀었던 것인데, 그러다 보니 그 결과들이 중요한 문제를 풀게 해 주었다는 점을 강조한다. 파인만은 그런 인생을 거짓 없이, 그리고 거침없이 살았다. 또한 그는 자신이 그토록 재미있어 하던 물리학의 즐거움을 다른 사람들과 공유하길 원했다. 그는 자신이 이해하는 바를 이해시킬 수 없으면 그것은 자신이 그 문제를 완전히 이해하지 못했기 때문이라고 생각했다. 그 정도로 다른 사람들에게 설명할 수 있어야 한다는 것을 중요하게 여겼다. 그래서 그는 뛰어난 강사로 명성을 날리기도 하였다.

파인만은 살아있는 동안 매 순간을 자신의 온 열정을 다해 살았고 자신이 하는 모든 것을 호기심과 즐거움의 대상으로 삼았다. 일과 놀이의 구분이 없을 정도로 모든 것을 즐거운 깨달음의 대상으로 여겼고 그렇기 때문에 생물, 수학, 컴퓨터, 음악, 미술 등의 다른 분야에도 관심을 가졌다.

챌린저호 폭발 참사 후 파인만은 미국 정부의 사고 조사 위원회에 참여하게 된다. 그는 조사 위원으로 활동하면서, 과학과 현실 세상의 차이를 경험하였다. 자연은 거짓되게 행동하지 않으며 법칙대로 움직인다. 그러나 인간은 여러 가지 이유로 때로는 자연법칙을 무시하거나 따르지 않으려는 경우가 있다. 그러나 자연을 속일 수는 없는 법. 인간이 자연법칙을 따르지 않으면 사고가 날 수밖에 없는 것이다. 자연법칙을 따르지 않는 것은 곧 우리 자신을 속이는 일이고 그 결과는 비극이다. 자연 앞의 겸손함이란 자연법칙을 따르는 데 있다. 인재(人災)에 의한 사고가 잇달아 발생하는 우리나라에 많은 교훈을 주는 대목이다. 그럼에도 불구하고, 현실 세계에서는 자연법칙을 따르기보다, 정치 논리, 인간관계에 따른 문제 등을 겪으며 과학자 파인만이 어떻게 좌충우돌하는가 하는 이야기가 쓰여 있다.

인문학이나 사회학에서는 단 하나의 정답을 갖는 문제가 별로 없다. 그러나 자연 과학은 다르다. 자연법칙은 하나이고, 자연 과학적 진리는 하나이다. 다만, 과학적 진리가 하나일지라도 우리가 이해하고 설명하는 방법은 여러 가지일 수 있다. 또한 우리의 이해가 부족하여 답을 잘 모르는 경우는 많이 있다. 그런 경우에는 과학자들도 때로는 서로 다른 결론을 내릴 수 있다. 그러나 불완전한 지식이나 불충분한 정보를 갖고 서로 다른 결론이 얻어졌을 때, 과학자들은 격론을 벌이면서 잘못된 해답을 하나씩 걸러 내는 노력을 한다. 새로운 과학적 지식과 정보를 차곡차곡 쌓아 가면서 올바른 이론이나 모형은 살아남고 잘못된 이론은 사라지는 것이 과학의 발전 과정이다. 그런 과정에는 엄청난 노력과 땀이 필요하다. 치열한 경쟁도 있다. 어려운 실험과 난해한 이론을 통해서 결국 해답을 찾게 되는 인간의 노력이 자연의 신비를 밝힌다. 이런 과정이 과학의 탐구 과정이다. 사회 문제는 물론 이와 다른데, 사회 문제를 처리하는 방식으로 과학 기술적 문제를 다루게 되면, 챌린저호 참사와 같은 일이 발생할 수 있다는 것이 이 책으로부터 우리가 얻을 수 있는 교훈 중 하나이다.

이 책의 서문에는 파인만과 가까웠던 저명한 물리학자 프리먼 다이슨(Freeman Dyson)의 글이 있다. 다이슨은 파인만의 엄청난 연구 열정에 대해 이야기하고 있다. "파인만이 직접 들려준 이야기와 다른 사람들이 파인만에 대해 들려준 이야기를 읽다 보면, 그가 대부분의 시간을 사람들을 속이는 장난을 하고 재미난 모험을 즐기는

데에 쓰고, 아주 가끔씩만 강력하게 집중해서 과학에서 빛나는 발견을 했다는 인상을 받게 된다. 이런 인상이 완전히 틀린 것은 아니지만, 여기에는 그의 인물됨에서 중요한 점이 빠져 있다. 그의 인생에서 중심 주제는 길고 느리고 고된 연구다. 그는 여러 가지 과학 문제를 꾸준히 공격해서 풀릴 때까지 온 힘을 다해 나아갔다. 모험과 우스개는 진짜로 있었던 일이지만, 그것이 주요 주제는 아니었다." 이 글에서 알 수 있듯이 파인만은 엄청난 노력파였다. 실제로 파인만은 이 책에서 자신이 어려서부터 얼마나 '끈기' 있게 탐구했는가를 이야기한다. 실제로 그가 이룩한 양자 역학의 '경로 적분(path integral)' 방법은 대학에 다닐 때부터 갖고 있던 질문에 답하기 위해 끊임없이 생각하고 연구하여 결국 박사 학위 논문으로 발표한 성과로서 양자 역학 체계를 새롭게 구축하는 놀라운 업적이다.

다이슨의 말을 계속 들어 보자. "그의 과학의 본질은 보수적이었다. 그는 기존의 이론과 실험을 세심하고 고되게 음미해서 자신의 통찰에 도달했다. 일순간의 빛나는 발명으로 거기에 도달한 것이 아니다. 그는 혁명가가 아니었다. 그는 가능한 최소한의 것들만 조금씩 버리면서 기존 이론을 새로운 실험에 맞도록 확장했다. 그는 옛것의 토대 위에 벽돌을 하나씩 쌓아 자신의 이론을 구축했다. 그가 만든 것 중에서 서둘러 구축한 것은 하나도 없고, 이 모두는 세월의 시험을 견디고 서 있다. 그가 자주 말했듯이 혁명적인 아이디어가 새로이 제안되었을 때 그것이 얼마나 멋진가보다는 과연 올바른 것인가가 더 중요하다. 그가 무엇을 하든, 즉 물리학의 기초를 다시 만들든 새로운 실험 결과를 해석하든, 그는 끊임없이 세세한 것들을 바르게 하려고 고심했다. 그는 과학자의 일은 자연이 하는 말을 자세히 듣는 것이지 자연에게 이래라 저래라 하는 것이 아니라고 말했다. 이것은 파인만이 평생을 물리학에 바치고 몸소 깨달은 자연의 속성이다."

파인만의 과학에 대한 생각은 "과학의 가치"라는 그의 글에 잘 나타난다. 파인만 책의 대부분은 파인만이 구술한 것을 다른 사람이 쓴 것이지만, "과학의 가치"는 파인만이 직접 한 연설의 원고이다. 과학은 자연에 대한 인간의 이해이다. 인류 문명의 발전에 따라, 자연에 대한 이해는 불완전한 상태에서 점점 발전된 형태로 나아간다. 과거에는 과학적 지식이 매우 불완전했으나 그동안 많은 발전을 했듯이, 지금 우리가 알고 있는 자연법칙도 여전히 불완전한 것이고, 앞으로 계속 발전할 것이다. 따라서 절대적으로 확실한 과학 지식은 없으며 우리가 지금 알고 있는 지식도 불완전하고 불확실함을 인정함으로써 더 많은 발전을 할 수 있다는 것이다. 우리가 '모른다'고 대답할 때 열린 길을 찾을 수 있다. 무지(無知)함을 인식함으로써 위대한 발전이 이루어지고, 자유로운 사고로부터 새로운 발견이 이루어진다. 회의(懷疑)는 두려운 것이 아니라 오히려 환영해야 할 것이며, 누구나 자유로운 사고와 회의를 할 수 있는 교육 환경, 연구 환경, 사회 환경이 미래 후손들에게 물려주어야 할 귀중한 유산이라고 말한다. 과학의 가치는 암 치료 방법 개발이나 신기술 개발 등에만 있는 것이 아니고, 자연에 대한 이해, 깨달음, 그리고 깨달음에서 얻는 재미와 즐거움, 그런 깨달음을 가능케 하는 자유로운 사고, 그런 자유로운 사고를 가능케 하는 인간 사회에 있다고 파인만은 말한다.

『파인만!』

홍승우 성균관 대학교 물리학과 교수

성균관 대학교에서 물리학을 전공하고, 미국 텍사스 주립 대학교 오스틴 캠퍼스에서 박사 학위를 받았다. 독일 율리히 국립 연구소(Forschungszentrum Juelich)의 연구원, 캐나다 TRIUMF 국립 연구소의 객원 교수로 근무하였고, 현재 성균관 대학교 물리학과와 에너지 과학과 교수로 재직 중이다. 중앙일보와 동아일보 등 주요 일간지에 칼럼을 기고하였고 『C언어를 이용한 전산물리학』, 『Strangeness Nuclear Physics』(편저) 외 다수의 저서가 있다.

6장 물리학계의 두 천재, 그들의 내면을 들여다보다

조숙하고 기이한
천재의 빛과 그늘

고중숙

순천 대학교 사범 대학 화학 교육과 교수

이 책의 원제는 '기묘한 아름다움(Strange Beauty)'이며, 부제로 '머리 겔만과 20세기 물리학의 혁명(Murray Gell-Mann and the Revolution in Twentieth-Century Physics)'이란 문구를 내세웠다. 지금 돌이켜 생각해 봐도 이보다 선명한 표현은 다시 찾기 어려울 것으로 여겨진다. 보통 책의 내용을 가장 잘 집약하는 문구로 제목을 정한다는 점을 생각한다면 당연한 일이라고 볼 수도 있다. 그러나 20세기 물리학의 도도한 흐름 속에서 머리 겔만(Murray Gell-Mann)이라는 한 인간이 차지하고 있는 역사적 위치가 실제로 이에 걸맞지 않았다면 이 제목은 한낱 미사여구에 지나지 않을 것이다. 다시 말해서 겔만은 실로 20세기 물리학이 이룬 놀라운 혁명의 소용돌이 한가운데에서 살아왔으며, 이 책은 그 과정을 엄밀한 사실에 근거하여 정확하고 차분하면서도 감동적인 필치로 기술하고 있다.

1929년에 태어난 겔만이 대학을 졸업하고 본격적인 연구에 뛰어든 때는 겨우 열아홉 살밖에 되지 않은 1948년이었다. 그의 실질적인 연구 활동은 이때부터 시작해서 대략 1980년대 초까지 이어진다. 제2차 세계 대전 이후의 냉전 시대와 대체로 일치하는 이 기간은 여러 모로 20세기 중반의 핵심적인 부분이라고 말할 수 있다. 따라서 30여 년에 걸친 이 시기 자체만 보더라도 겔만의 활동 기간이 갖는 상징성의 한 면을 잘 이해할 수 있다. 나아가 그가 이룬 업적의 내용을 대략 살펴보면 이 점은 더욱 명확해진다. 현대 물리학의 정수라고 할 양자 역학은 1900년 막스 플랑크(Max Planck)에 의해 시작되어 1930년 무렵 일단의 매듭을 짓는다. 그러나 원자 이하의 세계를 탐구하는 소립자 물리학은 이때부터 오히려 혼란의 시작이었다. 자연계를 이루는 100여 종의 원자는 더 근본적인 소립자들로 이루어졌을 것으로 믿어졌다. 하지만 어찌된 일인지 원자의 종류보다 훨씬 더 많은 소립자들이 발견되었다. '근본 입자'의 수가 '합성 입자'들의 수보다 더 많다는 이 모순적인 현상은 이를테면 소립자 물리학에서의 "배보다 더 큰 배꼽"이었다.

이 역설적 상황을 타파하기 위하여 수많은 과학자들이 열띤 경쟁의 장에 뛰어들었다. 그리하여 알베르트 아인슈타인의 상대성 이론과 제1단계의 양자 역학이 대략 마무리된 시점에서 제2단계의 혁명이 시작되었고, 이 시대를 풍미한 주역 가운데 한 사람이 바로 겔만이다. 당시 겔만은 다른 많은 과학자처럼 한 가지 뚜렷한 신념을 품고 있었다. 세상이 겉으로는 혼란스럽지만 깊은 내면에는 단순하고도 정교한 질서가 자리 잡고 있으리라는 믿음이 바로 그것이었다. 나아가 그 질서는 분명 아름다울 것이다. 고대의 피타고라스(Pythagoras)로부터 근대의 아이작 뉴턴과 제임스 클러크 맥스웰(James Clerk Maxwell) 그리고 현대의 아인슈타인과 폴 디랙(Paul Dirac)에 이르기까지 자연의 근본에 자리 잡은 질서를 발견한 위대한 선구자들은 한결같이 뭐라 형언할 수 없는 아름다움을 느꼈다. 그런데 이 아름다움은 애석하게도 우리의 일상적 감각과 잘 융화되지 않는다. 그래서 우리 존재의 근거인 대자연은 생각보다 훨씬 경이로운 세계이며, 인간의 감각과 인식은 아직 너무나 불완전한 수준에 머물러 있음을 절감해야 했다.

이런 경이로움은 겔만의 시대에 더욱 심오한 경지로 접어든다. 그때까지 발견된 소립자들은 겉보기 성질에서 많은 차이를 보였다. 그래서 사람들은 도무지 갈피를 잡을 수 없었고 이름도 아예 "기묘한 입자들(strange particles)"이라고 지었다. 상황이 이렇다 보니 억측이 난무했고, 극단적으로는 모든 소립자가 동등하고 서로가 서로를 구성한다는 순환 논리적 해법까지도 제기되었다. 그러나 시간이 지나면서 몇몇 천재들의 노력으로 조금씩 서광이 비치기 시작했다. 그들은 현실 세계와 다른 추상적 공간을 상정하여 다양한 수학적 변환을 펼치면 소립자들이 한 가족처럼 모이고 분류될 수 있다는 점을 발견했다. 그 절정이 쿼크의 개념이며, 겔만은 그 존재를 처음 밝혔을 뿐 아니라 이름까지 지어 줌으로써 기나긴 혼돈에 마침표를 찍었다.

이렇게 발견된 쿼크의 구도도 매우 아름다웠다. 이른바 기묘한 입자들에 숨은 아름다움, 곧 "스트레인지 뷰티"가 신비의 너울에 가려졌던 아름다운 자태를 내비쳤던 것이다. 겔만과 독립적으로 쿼크의 개념을 발견한 게오르그 츠바이크(George Zweig)는 "사실이라 하기에는 너무나 훌륭한 구도"라고 말했다. 그러나 아무리 아름답다 하더라도 올바른 자연 과학적 이론이라면 실체가 뒤따라야 한다. 문학이나 예술에서는 순수한 공상의 세계라도 의미를 가질 수 있지만 과학 이론은 물리적 실체에 관한 것이므로 냉엄한 현실적 근거가 없으

『스트레인지 뷰티』

면 허깨비에 불과하다. 겔만은 이 점에서 아주 신중한 태도를 취했다. 그리하여 쿼크의 발견에 이르는 일련의 업적으로 노벨상을 받을 때까지도 "쿼크는 가상적이며 수학적인 개념일 뿐"이라는 모호한 입장에 섰다. 하지만 이후 실험 물리학자들의 줄기찬 노력이 이어졌고, 1994년 마침내 최후의 쿼크인 탑 쿼크(top quark)마저 발견됨으로써 20세기 물리학의 제2단계 혁명도 대단원의 막을 내렸다.

그러나 고대 이래의 과학사에서 잘 나타나듯 하나의 대단원은 한 시대의 종막이 아니라 다음 시대를 여는 서막으로서의 의미가 더 크다. 이는 쿼크 이후의 물리학에서도 마찬가지였다. 그런데 대개의 사람들이 이전 단계의 완성에만 만족하는 경향을 가짐에 비해 겔만은 자기 이후의 길을 마련하는 데에서도 큰 역할을 했다는 점이 인상적이다. 그때까지 겔만이 걸어온 길은 이른바 환원주의(reductionism)라는 말로 간추릴 수 있다. 복잡다단한 세상을 근본적이고도 단순한 구성체로 '분석(analysis)'하면서 파악하는, 곧 기본 단위로 돌아가는 과정을 밟으며 진행해 왔기 때문이다. 그런데 반대의 길도 매우 신비로운 과정이다. 겔만 스스로 말했듯 세상의 모든 것을 '물질→분자→원자→소립자→쿼크'로 해체해 가는 것은 차라리 쉬운 일이며 거꾸로 거슬러 올라가는 게 훨씬 복잡하다. 환원주의를 통해 얻어진 쿼크를 아무리 열심히 들여다봐도 그것들로부터 수많은 물질, 식물, 동물, 우주, 그리고 이 모두를 조망하는 인간의 의식에 이르기까지의 놀랍도록 다양한 세계가 어찌 펼쳐지는지에 대해서는 도무지 알 길이 없기 때문이다. 겔만은 '종합(synthesis)'이라고 부를 수 있는 이 과정을 연구하려면 수학, 물리, 화학, 생물 등은 물론 인문 과학의 여러 분야까지 아우를 수 있는 새로운 연구의 장이 필요하다는 점을 간파했다. 이렇게 태어난 분야가 바로 복잡성 과학(complexity study)이며, 겔만은 그 세계적 중심지로 떠오른 샌타페이 연구소를 설립하는 데에 산파와 같은 역할을 했다.

또한 겔만은 환원주의를 심화시키는 데에도 중요한 기여를 했다. 오늘날 상식적인 용어처럼 알려진 초끈 이론은 쿼크보다 더욱 궁극적인 단위를 찾는 분야이다. 그리고 이 이론의 선구자라 할 끈 이론(string theory)은 쿼크 이론보다 조금 늦은 시기에 출발했다. 하지만 쿼크 이론 및 뒤이어 개발된 양자 색역학(quantum chromodynamics)이 빛나는 성과를 거둠에 따라 끈 이론의 연구는 크게 위축되고 말았다. 그러나 오랜 역사를 이어 온 환원주의가 쿼크로 마무리된 것은 아니었다. 게다가 쿼크 이론을 중심으로 세워진 소립자 물리학의 '표준 모형'은 자연계의 네 가지 근본 힘 가운데 중력을 포함하지 못한다는 심각한 약점을 품고 있었다. 이런 상황에서 초기 단계이기는 하지만 중력까지 포괄할 수 있는 끈 이론은 새로운 주목을 받게 되었다. 다만 당시의 끈 이론은 너무 추상적이었고 그 귀결을 검증하는 것도 거의 불가능했기 때문에 실제적 지원에 나선 곳은 별로 없었다. 그러나 겔만은 끈 이론의 잠재력을 충분히 깨달았고, 이에 따라 그 분야의 몇 안 되는 연구자들을 스스로 일컬은 "멸종 위기 종을 위한 자연 보호 구역"에 끌어들였다. 이때 캘리포니아 공과 대학으로 처음 초빙된 존 슈바르츠(John Schwarz)는 초끈 이론의 초기 발달 과정에서 그 명맥을 이어 주는 데 결정적인 역할을 했다.

이상 살펴본 바와 같이 겔만은 연구 업적뿐만 아니라 인적 네트워크 측면에서도 20세기의 초기 혁명과 21세기까지 이어지는 새로운 분야를 연결하는 고리로서 중요한 의미를 가진다. 그러나 이 과정

『스트레인지 뷰티』

이 완전히 겔만에 의하여 주도되었다거나 그가 이를 명확히 의식적으로 밟아 왔다는 뜻은 전혀 아니다. 당시 과학 분야의 경쟁은 매우 치열했다. 어쩌면 과학자들로서는 행운의 시기라고도 부를 수 있는 이 시절에는 과학에 대한 전체 사회의 관심이 유례를 찾아볼 수 없을 정도로 고조되었다. 여기에는 미국과 소련 사이의 냉전 관계에 기인한 유별난 경쟁심도 한몫을 했다. 이런 때문인지 겔만의 주요 연구 결과에는 항상 다른 과학자들이 끼어들었다. 그가 처음 이름을 날린 기묘도(strangeness)에 대한 연구는 니시지마 카즈히코(西島和彦), 소립자의 분류에 관한 팔중도(Eightfold Way)이론은 유발 네만(Yuval Ne'eman), 그리고 가장 중요한 쿼크 이론에는 게오르그 츠바이크가 각각 독립적인 발견을 이루었다. 이런 결과는 흔히 볼 수 있는 현상은 아니지만, 당시의 열띤 연구 분위기와 함께 그 이면에 수많은 협력과 갈등이 복잡하게 얽혀 있었음을 능히 짐작케 해 준다.

그런데 이런 상황에서는 누구나 예상할 수 있듯 비교적 객관적인 분야에 종사하는 과학자들도 사람인지라 갖은 인간적 애환을 드라마처럼 펼쳐 낸다. 이는 특히 겔만과 같은 독특한 성격을 가진 사람의 주변에서는 더욱 뚜렷하다. 실제로 이 책에는 20세기 중반의 물리학계를 수놓았던 주요 인물이 거의 모두 등장한다. 따라서 이런 점에 비춰 보면 이 책은 "20세기 물리학자들의 고뇌와 좌절과 영광의 기록"이라고 말할 수 있다. 겔만은 과학 역사상 인간적 장점에 못지 않게 단점도 뚜렷이 부각된 드문 예에 속한다. 그러나 사실, 말하자면 뉴턴이나 아인슈타인도 생각보다 커다란 약점을 가진 평범한 사람이었다. 다만 이들의 경우 과학적 업적이 크게 드높여진 나머지 인간적 면모도 완벽에 가까운 듯 치장된 반면 단점은 날이 갈수록 희

석되었다. 겔만은 이들에 비해 한층 참을성이 모자랐고 이기적이었으며 지나치게 자존심이 강했다. 그래서 자기와 다른 생각을 주장하거나 수준에 미달되는 이야기를 늘어놓는 사람들에 대해서는 가혹할 정도로 매몰차게 대했다. 이 때문에 그러잖아도 치열한 경쟁의 장에서 그를 중심으로 얽힌 수많은 인간적 스토리는 다른 어느 인물보다 훨씬 선명한 단면을 드러내 보여 준다.

이 책을 쓴 전기 작가 조지 존슨(George Johnson)은 과학계와 언론계에 위명과 악명을 동시에 떨친 겔만이라는 위험인물의 일대기를 펴내기 위하여 치밀한 준비와 노력을 기울인다. 그는 이를 쓰기까지 몇 년에 걸친 계획을 세웠으며, 겔만에게 조심스럽게 접근하려고 먼 뉴욕으로부터 겔만이 사는 샌타페이로 이사를 오기까지 한다. 그리고 이 준비 기간 동안 겔만의 어린 시절부터 저술 당시에 이르기까지의 생활을 빠짐없이 추적한다. 책을 읽으면 곧 알겠지만, 그의 자료 조사는 아주 엄격해서 자신의 개인적 주장까지도 이런 자료들에 근거하여 메마르다 싶을 정도로 객관적으로 기술했다. 어쨌거나 과학자로서 생전에 다른 사람에 의하여 전기가 써진 예는 아주 드물다. 더구나 겔만처럼 까다롭고 변덕스런 인물의 경우는 더 말할 필요도 없을 것이다. 우리는 이와 같은 독특한 주인공과 그런 주인공을 가장 객관적 관점에서 끈질기게 물고 늘어진 뛰어난 전기 작가의 글을 통하여 20세기의 물리학 혁명은 물론 그동안 비경으로만 여겨져 왔던 과학계의 연구 실황을 간접적으로나마 실감나게 체험할 드문 기회를 얻게 되었다. 이 책은 소립자 물리학이라는 심오하고도 난해한 분야를 다룬다. 하지만 과학도가 아닌 전문 작가의 뛰어난 솜씨 덕분에 그 대체적인 내용을 누구나 어렵잖게 파악할 수 있다. 이처럼

『스트레인지 뷰티』

195

여러 면에서 이 책은 일반적인 과학 독자를 비롯하여 앞으로 진지한 과학자의 길을 가고자 하는 수많은 청소년에게도 큰 도움이 될 것으로 여겨진다. 이전은 물론 이후에도 보기 힘들 이와 같은 "생생한 인간적 과학 드라마"를 통하여 많은 사람들이 과학의 세계에 보다 친밀하게 다가설 수 있기를 기대한다.

고중숙 순천 대학교 사범 대학 화학 교육과 교수

서울 대학교 자연 과학 대학 화학과를 졸업했으며, 미국 애크런 대학교에서 박사 학위를 받았고 순천 대학교 사범 대학 화학 교육과에 재직 중이다. 레이저 분광학이라는 전공 분야가 수학과 물리와 화학이 교차되는 영역이어서 그 연계성을 바탕으로 교양 수학과 과학에 대한 여러 책들을 펴냈다. 저서에는 『과학의 성배를 찾아』, 『유레카 E=mc²』, 『세인연』, 『수학 바로 보기』, 『중학수학 바로 보기』, 『아인슈타인, 시간여행을 떠나다』, 『고중숙의 사이언스 크로키』 등이 있고, 역서에는 『미지수』, 『오일러상수 감마』, 『갈릴레오의 진실』, 『아인슈타인의 우주』, 『스트레인지 뷰티』, 『무 영 진공』 등이 있으며, 차츰 과학과 삶의 전반으로 저술의 영역을 넓히고 있다.

6장 물리학계의 두 천재, 그들의 내면을 들여다보다

홍승우
『파인만!』

김찬주
사회자

고중숙
『스트레인지 뷰티』

김찬주 먼저 파인만과 겔만 두 분의 업적이 어떤 것인지에 대해서 간단하게나마 알아야 두 분이 왜 위대한지 이해할 수 있을 것 같습니다. 두 분의 업적은 무엇인지 소개를 부탁드립니다.

홍승우 파인만의 노벨상 수상 업적은 재규격화(renormalization)라는 이론을 개발한 것입니다. 양자장론이라는 이론으로 질량이나 전하와 같이 관측 가능한 물리량을 계산할 때 무한대, 즉 틀린 답이 나오는 문제점이 있었어요. 그런 문제를 해결하는 재규격화라는 방법을 줄리언 슈윙거(Julian Schwinger), 도모나가 신이치로(朝永振一郎), 리처드 파인만 세 분이 서로 독립적으로 제시하여 노벨상을 공동 수상하게 됩니다. 파인만은 자신의 이론을 개발하는 과정에서 새로운 시각적인 계산 방법을 개발합니다. 소위 파인만 도표라고 부르는 도식적 계산 방식인데, 복잡한 계산을 간단히 할 수 있게 해 주므로 오늘날 많은 물리학자들이 파인만 도표 방식을 이용합니다. 한편, 파인만은 그 이전에 자신의 박사 학위 논문으로 소위 경로 적분이라는 방법을 개발하였습니다. 경로 적분이란, 기존의 양자 역학을 고전 역학에서부터 새롭게 설명하는 방식입니다. 양자 역학이라는 집을 자신의 학문 체계로 새롭게 지은 것입니다. 그 외에도 여러 중요한 업적이 있지만, 이것이 가장 대표적이라고 할 수 있습니다.

김찬주 제가 보기에는 겔만의 업적도 그에 못지않은 것 같은데요.

쿼크의 발견자

고중숙 겔만의 가장 큰 업적은 쿼크의 발견이죠.

고대 그리스의 데모크리토스(Democritos)로부터 시작해서 발전한 원자론이 맨 처음에는 전자, 중성자, 양성자 이 세 가지만으로 설명이 다 되었습니다. 그런데 더 파고드니 그다음부터 입자들이 굉장히 많이 발견되어서 결국 몇 백 가지가 넘게 나왔거든요. 이게 말이 안 되더라 이겁니다. 그때부터 겔만을 위시해 수많은 사람이 어떤 근본적인 단위가 있을 거라고 믿고 조사를 해서 나온 게 쿼크입니다. 쿼크하고 전자하고 섞어서 계산하면 그 몇 백 가지 입자들이 다 설명이 돼요. 기가 막힌 일이죠. 다만, 전자라든지 양성자는 전하가 -1이나 +1처럼 정수 전하였거든요. 쿼크는 그렇게 해서는 도저히 맞지 않아요. +1/3이라든지 -1/3 같은 식으로 전하가 되어야 이론 체계가 맞아 떨어집니다. 그래서 맨 처음에는 이거 참 희한한 놈들이라는 뜻에서 'quirk(별난)'라고 불렀는데 그걸로 이름을 삼기는 좀 곤란하죠. '이상한 놈', 이럴 수는 없잖아요. 발음을 먼저 정하고서 이름을 좋은 걸 찾다가 제임스 조이스(James Joyce)의 『피네간의 경야 (Finnegans Wake)』라는 책에서 "Three quarks for Muster Mark" 라는 구절을 보고 '아 바로 이거다.' 해서 'quark'라고 정했다는 이야기가 나옵니다. 쿼크의 개념을 도입한 것이 겔만의 가장 유명한 업적입니다.

쿼크를 겔만의 가장 큰 업적으로 꼽기는 하지만, 그는 쿼크 이전에 '스트레인지니스'라는 양자수와 팔중도라는 분류 체계도 개발했습니다. 노벨상을 받은 문구를 봐도 "소립자 물리학에 대한 그동안의 기여에 대해서 노벨상을 준다."라고 되어 있습니다. 겔만은 스물한 살부터 정식으로 연구를 한 셈인데 쿼크가 1964년에 나왔으니까 — 그때는 서른다섯 살이었죠. — 대략 15년의 업적을 총체적으로 평가 받아 노벨상을 탔다, 이렇게 말씀드릴 수가 있겠습니다.

쿼크는 직접적으로는 관찰할 수 없지만, 간접적으로는 관찰하고 있습니다. 쿼크들은 서로 멀리 떨어질수록 더욱더 서로를 강하게 잡아당기기 때문에 각각 따로 분리해서 관찰할 수는 없습니다. 그러나 쿼크가 생겼다가 만드는 다른 입자들을 관찰함으로써 쿼크의 존재를 간접적으로 관찰하고 있습니다.

김찬주 물리학을 잘 모르는 분들 중에는 그렇게 작은 단위까지 쪼개서 연구하는 일에 어떤 중요성이 있는지, 어떤 가능성이 숨겨져 있기에 그렇게까지 쪼개서 연구하는지 궁금해 할 것도 같습니다.

홍승우 개인적으로는 이렇게 말씀드리고 싶습니다. 물리학자들은 우주의, 또는 자연의 궁극적인 원리를 찾고자 합니다. 가장 맨 밑바닥에 있는 게 뭐냐는 것이지요. 맨 밑바닥에 있는 근본 원리를 찾고자 하는데, 근본 원리는 단 몇 개의 입자들로 설명되어야 할 것이라고 보는 것입니다. 그런 반면, 자연에는 너무 많은 입자들이 발견됩니다. 그러다 보니 그건 아닐 거다, 더 근본적인 다른 입자가 있을 것이라는 추측을 하게 됩니다. 평소 우리가 보는 세계는 다양한 원소들이 복잡하게 얽혀 있는 상황인데, 이런 복잡한 상태인 복잡계 현상에 대한 연구도 중요하지만, 작은 단위로 쪼개어 연구하면 문제가 단순화되어 더욱 근본적인 문제를 풀 수 있기 때문입니다.

아울러, 물리학자들은 우주가 아름다운 대칭성을 갖도록 만들어졌을 것으로 '희망'합니다. 실제로 그런지는 연구해 봐야 알게 될 일이지만 그랬으면 좋겠다는 게 많은 물리학자의 생각이었습니다. 그런 꿈같은 생각을 마음속에 갖고 그런 대칭성이 과연 있을까 하고 찾다 보면, 놀랍게도 그게 나옵니다. 왜 놀랍냐면 우리가 쓰는 수학도 자연을 표현하려고 사람들이 생각해서 만든 수단이거든요. 인간이 수리적 체계와 공간적 체계를 설명하려고 만든 것이 수학입니다. 자연을 표현하려고 인간이 만든 언어라고 할 수 있지요. 물리학자들은 그런 수학을 도구로 자연을 묘사하고 정량적인 분석을 하거든요. 이론 물리학자들은 이론과 계산을 통해 결국 궁극적으로 숫자를 제시하고, 실험 물리학자들도 실험을 통해 결국 궁극적으로 어떤 물리량을 숫자로 제시합니다. 양자 전기 역학(quantum electrodynamics)에 대한 이론과 실험 결과를 비교해서 보면 10억분의 1의 어마어마하게 작은 오차 범위 내에서 기가 막히게 맞습니다. 이렇게 정확하게 이론과 실험이 일치한다는 것은, 자연의 근본 법칙이 우리가 희망했던 대로 간단한 대칭성에 기인하며, 우리의 이성적인 생각과 논리로 설명 가능하면 좋겠다는 희망이 이루어졌다는 증거입니다. 자연은 아무렇게나 적당히 만들어져 있지 않다는 것이지요. 어느 누구도 자연이 이렇게 되어 있다고 미리 가르쳐 주지 않았습니다. 그런데 지난 몇 백 년 동안 과학자들이 밝히고 이해하다 보니까 자연은 놀랍게도 이런 몇 가지 기본적인 법칙과 대칭성에서부터 출발했구나 하는 것을 알게 되었습니다. 과연 그런 방향으로 물리학을 발전시키는 것이 맞는 방향인가 하는 것에 대한 고민도 많은 사람들이 했지만, 실험과 이론을 통해 계속 검증되면서 그런 방향으로 발전하고 있습니다. 그걸 밝히기 위한 목표로, 때론 어마어마한 돈을 쓰기도 합니다. 유럽 입자 물리학 연구소(CERN)가 스위스 제네바에 LHC를 건설하는 데는 약 10조 원이 들었습니다. 우리가 먹고사는 것과는 직접 관련이 없는데 인간은 이런 문제를 중요하다고 생각하며 10조 원의 돈을 씁니다. 그 결과는 자연에 대한 인류의 이해를 발전시키는 것이고, 그 과정에서 파생된 기술로 다양한 경제적인 파급 효과도 있습니다. 놀랍게도 이런 노력을 기울여, 자연을 탐구하다 보면 거기에 찾던 답이 있다는 것입니다. 그게 자연의 참 놀라운 점입니다.

김찬주 지금까지 두 분의 과학적 업적에 대해서 알아보았고요. 이제 두 사람의 관계를 언급하려다 보니까 성격도 나오게 되는데요. 파인만은 어떤 성격이었나요? 과학할 때만이 아니라 일반적으로 다른 걸 할 때라든지.

오직 과학만

홍승우 번역하면서 제일 어려웠던 점이 뭐였느냐면 파인만의 목소리였습니다. 『스트레인지 뷰티』는 전기 작가가 쓴 것이기 때문에 이야기 자체는 굉장히 재미있지만 겔만의 목소리는 안 담겨 있거든요. 물론 중간 중간에 겔만의 발언을 인용하고 있지만요. 『파인만!』은 랄프 레이튼(Ralph Leighton)이라는 사람과 파인만이 함께 드럼을 치면서 그에게 늘어놓았던 파인만 자신의 영웅담을 레이튼이 나중에 책으로 엮은 것이기 때문에, 마치 파인만이 직접 이야기하는 것처럼 들립니다. 그 실감 나는 파인만의 열정적인 목소리와 뜨거운 마음을 우리말로 번역할 수 없더군요. 그 느낌을 살려서 번역하는 것이 불가능했는데 그게 참 아쉬운 점이었습니다. 어려서는 매우 소심하고 내성적인 성격이었지만, 성장하면서 자신감을 갖게 되었고, 그의 과학적인 사고방식은 겉치레를 중시하지 않으며 솔직하게 살려는 태도를 갖게 했습니다. 그러다 보니 많은 경우 직선적이 되어 어른이 된 후에도 직설적인 말을 했던 것 같습니다. 책에서 파인만은 평생을 마치 게임하듯이, 장난치듯이 살았던 것처럼 이야기됩니다. 실제로 호기심과 장난기로 가득 찬 삶을 살았습니다.

그렇다고 해서 늘 그랬던 것은 아니고 진지한 면도 많이 있었고 인생과 과학에 대한 고민도 많이 했습니다. 어려서 아버지로부터 받은 영향이 굉장히 큰데, 겔만의 아버지와는 많이 다릅니다. 제가 보기에는 겔만하고 파인만 사이에는 큰 차이점과 공통점이 있는데요. 공통점은 둘 다 유태인 가정에서 태어났고 중산층이고 부모님께서 교육을 굉장히 중요시하셨다는 것입니다. 양쪽 다 과학을 중요시한 가정이죠. 차이점은 겔만은 타고난 천재인데, 파인만은 조금 달라 보입니다. 겔만은 타고난 천재라서 그냥 스스로 다 알아요. 그의 천재성은 과학뿐 아니라 모든 분야에서 나타납니다. 파인만은 한쪽에만 편향되어 있죠. 파인만의 경우에는 젊어서는 수학과 과학만 알았지요. 수학과 과학 외에 다른 건 모두 다 좀 무시했습니다. 예술은 의미 없는 것이라고 생각합니다. 문학? 글? 철자 좀 틀리면 어때? 맞춤법이란 사람들끼리의 약속일 뿐인데. 그런 식이었거든요. 오직 과학만 했어요. 그 배경에는 아버지의 영향이 상당히 크다는 게 파인만의 목소리로 설명이 됩니다. 그래서 파인만은 아버지에 의해 과학에 눈뜨게 된 훈련된 과학자의 면이 있고 겔만은 타고난 천재 과학자라는 면에서 좀 차이가 있다고 봅니다.

김찬주 겔만이 방금 천재라고 하셨는데 어떤 식으로 천재인가요?

고중숙 겔만은 두 살 때인가 첫 말문을 텄다고 해요. 처음으로 내뱉은 말도 "바빌론의 등불(the light of Babylon)"이었다고 합니다. "엄마", "아빠" 이렇게 단어를 말한 게 아니라 통째로 한 구절을 이야기했다고 하지요. 타고난 천재라는 말이 맞는 것 같아요. 어머니가 상당히 극성이기도 했고요. 겔만이 학교 다닐 때 너무 심심하고 배울 게 없다고 그러니까 어머니가 사립 학교를 죽 데리고 돌아다니지요. 겔만의 담임 선생님이 다른 학교 교장 선생님을 찾아가서 겔만을 좀 받아 달라고 이야기하는 장면에서는 겔만이 벽에 걸려 있는 곤충인지 새인지의 표본 이름을 몽땅, 그것도 라틴어 학명으로 줄줄이 외웁니다.

『파인만!』 대 『스트레인지 뷰티』

파인만이 점점 발전하는 천재였다면 겔만은 타고난 천재였다고 볼 수 있죠. 겔만은 관심의 폭이 굉장히 넓다는 게 또 특이합니다. 형하고 뉴욕 센트럴 파크를 돌아다니면서 새 이름과 꽃 이름을 다 파악을 하고요. 흥미롭게도 그게 나중에 물리학에서 업적을 발휘하는 데 굉장히 좋은 영향을 준 걸로 나옵니다. 수백 가지나 되는 입자가 발견이 되어서 그것을 분류하는 데 겔만이 어릴 적 수많은 대상을 보면서 패턴을 발견하곤 했던 경험과 능력이 큰 도움을 주지 않았겠나 그렇게 생각합니다.

덧붙이자면 파인만은 집중력이 아주 뛰어난 것 같아요. 파인만 책 서문에서 프리먼 다이슨은 파인만을 아인슈타인에 비유하며 파인만의 집중력을 칭찬합니다. 제가 우연찮게 아인슈타인에 관한 책을 몇 권 번역하다 보니까 많이 알게 되었는데 아인슈타인은 집중력이 매우 강합니다. 일반 상대성 이론을 마칠 무렵에는 완전히 탈진을 해서 옆에서 보살펴 주지 않으면 혼자 거동도 못 할 정도였다는 이야기가 나오거든요. 일반 독자들이 파인만의 책을 보면 파인만이 매일 그냥 농땡이를 부리다가 어느 날 갑자기 열심히 해서 업적을 이룬 것으로 생각할 수도 있지만 절대 그렇지가 않다는 겁니다. 문제의 꼬투리가 하나 잡히면 5년이 됐든 10년이 됐든 물고 늘어져서 기어코 얻어 내는 그런 대목이 책에 나오거든요. 그 점은 겔만도 마찬가지입니다. 겔만이 쿼크 이론을 만들어서 노벨상을 받을 때까지도 "쿼크가 입자입니까, 기호입니까?", 즉 "단순히 수학적 기호입니까, 아니면 수소나 산소나 이런 것처럼 실제적인 입자입니까?"라는 질문을 받았다고 하죠. 겔만은 끝까지 모르겠다고 했습니다. 나중에 실험으로 확증이 돼서야 비로소 확인해 주었죠. 그래서 저는 겔만은 펼치면서 이후에 집중을 해 나가는 스타일이지만 파인만은 하나를 물고 늘어져서 깊이 파고드는 천재였다고 생각을 합니다.

김찬주 결국 두 분 다 굉장한 천재인데 약간 다른 천재다 이런 말씀이시네요. 보통 천재 하면 우리 같은 보통 사람들은 천재는 모든 것을 알기 때문에 우리는 이해를 못 한다, 이런 식으로 생각하는데요. 이 이야기는 자연스럽게 교육하고 이어질 것 같습니다. 파인만이 교육에 대해서 어떻게 이야기한 게 있나요?

홍승우 다른 사람의 교육에 대해서는 별로 언급이 없는 것 같고, 자신이 아버지로부터 어떻게 교육을 받았는지는 많이 나옵니다. 파인만의 이야기를 제 언어로 표현한다면 이런 거지요. 과학이라는 것은, 과학 지식이 아니고, 과학 지식을 찾아내는 과정이라는 겁니다. 파인만이 그런 식으로 표현하지 않았지만, 그렇게 표현 가능하다고 생각합니다. 그가 예로 드는 어렸을 때 이야기인데, 아버지께서 자신을 데리고 다니면서 이파리의 벌레 먹은 자국을 설명하시는 장면이 나옵니다. 나비가 이파리에 알을 깠는데 애벌레가 자라면서 이파리를 먹고 자라니 파먹은 흔적이 점점 더 커졌고 맨 마지막에 나비가 되어서 날아갔겠구나, 하는 식으로 상황을 재구성하는 것입니다. 아버지의 그런 설명이 틀릴 수도 있지만, 그렇게 재구성하며 지어내는 이야기를 통해 어린 파인만이 과학적 추론 과정을 재미있게 배웠다고 말합니다. 아버지의 재미난 이야기를 통해 과학적 사고를 배우면서 과학자가 되었다는 겁니다. 과학 지식을 배우고 외우는 것보다는 과학적 사고방식을 배우는 것이 훨씬 더 중요하다는 이야기를 합니다.

『파인만!』 대 『스트레인지 뷰티』

어른이 된 후 파인만은 궁금해 합니다. '도대체 아버지께서는 과학자도 아니셨는데 어떻게 이런 것을 깨달으셔서 어린 나를 가르치셨을까?' 하고 감탄할 정도로 말입니다. 어려서는 모든 아버지가 다 그 정도는 아시는 줄 알았다고 합니다. 그렇게 파인만의 아버지는 아들을 격려하고 과학을 사랑하게 가르쳤지만, 그에 반해 겔만은 엄한 아버지 밑에서 맞춤법을 틀리면 야단을 맞아 가면서 글을 제대로 쓰는지 감시 받는 느낌을 갖고 자랐다는 이야기가 있는 것을 보면, 아버지들의 교육도 매우 달랐던 것 같습니다.

친구이자 경쟁자, 그리고 앙숙

김찬주 두 사람의 인생에 겹치는 부분도 있지 않습니까? 두 사람이 어떻게 해서 만나게 되었는지 그 이야기를 들어 보는 것도 좋을 것 같습니다.

고중숙 겔만이 매사추세츠 공과 대학을 졸업하고 대학원을 알아보는데 하도 천재라는 평판이 자자했는지라 여러 곳에서 영입 제의를 합니다. 이때 겔만이 캘리포니아 공과 대학에 파인만이 있다는 것을 알고 연락을 해요. 혹시 그곳에 자리가 없는지 물어본 거지요. 겔만이 파인만을 상당히 좋아했습니다. 둘의 나이 차이가 우리나라로 치면 거의 띠동갑이죠. 그래서 파인만과 함께 연구하려고 시카고 대학교, 하버드 대학교로부터의 좋은 제안도 다 뿌리치고 캘리포니아 공과 대학으로 갑니다.

김찬주 파인만 전기에도 겔만에 대해서 언급이 되어 있나요?

홍승우 파인만의 책에서 겔만이 많이 언급되지는 않습니다. 실제로 파인만과 겔만이 함께 베타 붕괴를 설명하는 약력에 대한 연구를 진행한 적이 있습니다. 그것이 『파인만!』에 두 번 언급됩니다. 하지만 다이슨이 쓴 책의 서문을 보면, 그가 1977년에 겔만을 노벨상 수상자로 노르웨이 노벨 위원회에 추천했다고 합니다. 이런 점에 미루어 볼 때 책에서 겔만을 많이 언급하진 않았으나 파인만이 그를 높이 평가했음을 알 수 있습니다.

김찬주 겔만의 책에는 언급되어 있나요?

고중숙 겔만은 파인만 이야기를 상당히 많이 써 놓은 걸로 기억합니다. 제 생각에는 상당히 인정을 해 주었던 것 같습니다. 겔만하고 파인만하고 공동 논문을 두세 개 썼는데요. 겔만은 협동 연구를 굉장히 좋아했어요. 진득이 앉아서 연구하는 스타일이 아니고 돌아다니고 이야기하며 상호 작용하는 것을 굉장히 좋아했습니다.

겔만이 파인만을 쿼크 연구에 끌어들이려고 여러 번 노력을 하는데 파인만이 어떤 이유인지는 모르겠지만 한발 물러나요. 논문의 초안에는 이름을 같이 올렸는데 교정을 보면서는 "나는 관여를 하지 않는 게 낫겠다." 이러면서 물러나거든요. 이유는 자세히 밝히고 있지 않습니다. 막상 나중에 그걸로 노벨상을 받으니까 파인만이 "아, 내가 언제 들으니까 거기 나온 데이터가 엉망이라더라." 농담 삼아서 이런 이야기를 하지요. 그러면 겔만이 또 화가 나서 반응을 하고요. 이렇게 파인만은 겔만을 자꾸 놀립니다. 그것도 짓궂게. 파인만이 약을 올리면 겔만은 또 화를 내고. 저는 그런 게 하여간 참 재미있는 것 같아요.

김찬주 두 책 모두 과학자 전기잖습니까. 물론 과학적 업적이 관련되어 있지만 결국 전기인만큼 그들의 삶을 들여다봄으로써 얻을 수 있는 게 있다면 좋을 것 같습니다. 독자들이 책을 읽으면서 이런 점을 주의 깊게 봐 주었으면 좋겠다 하는 게 있으시면 말씀해 주세요.

홍승우 파인만의 이야기 중에 챌린저호 폭발 사건 조사 위원회에 참여한 이야기가 나옵니다. 요즘에는 과학을 하려 해도, 특히 대형 사업, 대형 과제의 경우에는 많은 돈이 필요하다 보니까 과학 자체의 목적이 돈과 관련된 다른 이유 또는 심지어 정치적인 이유로 변질되는 것을 아쉬워하는 대목이 있습니다. 과학 사업은 본래의 취지에 맞게 운영되어야 한다는 점에서 중요한 대목이지요. 책 말미에 에필로그로 실린 "과학의 가치"라는 글이 같은 과학자의 입장에서 꽤 공감이 됩니다. 어떤 과학자가 새로운 발견을 하게 되면 기자들이 그에 대해 기사를 쓰는데, 보통 이 새로운 발견은 이러이러해서 인간의 삶에, 혹은 어떤 병을 고치는 데 도움이 된다고 쓰죠. 그는 "왜 기자들은 항상 과학적 발견을 그런 식으로 기사화하는가. 이 발견은 과학적 발견이고 과학적 의미 자체로서 가치 있는 것인데 꼭 그걸 어디에 쓸 수 있는지를 써야 하는가."라는 이야기를 합니다. 과학은 자연에 대한 이해 자체로 소중하고, 이런 진리 탐구 활동은 우리 인간이 하는 다양한 활동 중에서 어떻게 보면 가장 지고한 활동인데, 왜 그 탐구 활동 자체는 중요시하지 않고 그게 어디 쓰이는지만 강조하느냐 는 이야기입니다. 그 외에도 '과학의 가치'가 무엇인가를 고민한 파 인만의 생각을 읽을 수 있다는 점에서 매우 좋은 내용입니다.

고중숙 저는 겔만의 책을 번역하면서 제2차 세계 대전이라는 중대한 사건이 과학에 미친 영향을 새롭게 파악하게 되었습니다. 제2차 세 계 대전을 계기로 과학의 중심이 유럽에서 미국으로 옮겨 오거든요. 어떤 사람은 아인슈타인을 히틀러가 미국에 준 최고의 선물이라고 까지 말할 정도입니다.

중요한 것은 무엇이냐. 오늘날 최고의 물리학자를 꼽으라면 노벨 상 못 받은 사람으로는 호킹을, 노벨상 받은 사람으로는 파인만, 겔 만, 스티븐 와인버그(Steven Weinberg)를 꼽는데 이들은 다 철학을 싫어하고 종교도 싫어하는 경향이 있습니다. 미국으로 옮겨 가서 과 학은 크게 발전했지만, 미국은 실용주의 경향이 너무 강한 탓에 돈 되는 게 아니면 먹히지가 않습니다. 홍승우 교수님도 지적했다시피 과학자들이 과학 자체에 정신을 쏟지 못하고 응용 가능성을 홍보해 연구비를 따야만 하고요. 연구비를 딸 때 이것이 과연 무슨 이득을 줄 수 있느냐 하는 게 중요하거든요. 그러다 보니까 과학이 점점 메 마르고 삭막해집니다. 일반인이 과학자를 객관적, 논리적, 합리적이 라고 생각하고요.

이게 좋은 말 같지만 뒤집어 보면 인간미가 없다는 뜻도 됩니다. 저는 아인슈타인을 최후의 철학자로 봅니다. 유럽의 철학적 전통이 끊어지고 미국에서는 철학적 토양을 일구지 못한 채 실의에 젖어서 돌아가신 분이라고 생각이 됩니다. 겔만과 파인만 모두 매우 대단한

『파인만!』 대 『스트레인지 뷰티』

분들입니다.(그분들이 개인적으로 철학이나 종교가 싫은 면도 있었겠지요.) 다만, 한 가지 아쉬운 것은 저는 결국 인문학자든 자연 과학자든 근본적으로 갖는 최종 목표는 우주론, 인생론이 아닐까 생각합니다. 자연 과학을 하더라도 철학에서 벗어날 도리가 없어요. 흔히 과학자가 합리적으로 생각한다고 하는데 그 합리적인 최종 결론은 나중에 돌아봤을 때 그런 것이고 막상 실제로 거기까지 가는 과정은 좌절도 많고 우여곡절도 많습니다. 오죽했으면 『스트레인지 뷰티』에도 나오지만 겔만이 일본으로 가는 비행기 안에서 "우리 이론이 잘못된 것으로 판정되면 다 뛰어내려 버리자."라고 말했다고 하지요. 과학이 좀 인간적인 학문이 되어야겠다, 결국에 우리가 원하는 것은 삶이고 철학인데 그런 쪽이 앞으로 가미되었으면 좋겠다는 생각이 많이 들었습니다.

07

단절과 연속

『부분과 전체』

『슈뢰딩거의 삶』

부분과 전체
베르너 하이젠베르크 | 김용준 옮김
지식산업사 | 2005년 4월

슈뢰딩거의 삶
월터 무어 | 전대호 옮김
사이언스북스 | 1997년 6월

불확정한 사유와
삶의 기록

이상욱
한양 대학교 철학과 교수

『부분과 전체』는 양자 역학의 창시자 중 한 사람인 베르너 하이젠베르크(Werner Heisenberg)의 지적 회고록이다. 그의 고등학생 시기의 단편적 기억에서 시작하여 1960년대 중반까지의 삶의 모습과 사유의 흔적이 기록되어 있다. 하지만 머리말에서 하이젠베르크가 그리스 역사가 투키디데스(Thucydides)를 인용하며 스스로 밝히고 있듯이, 이 책은 역사적 사실을 정확하게 기록한 것으로 보기는 어렵다. 오히려 그의 삶의 결정적 지점에서 강렬한 인상을 남겼던 만남과 대화를 사후적으로 재구성한 성찰의 기록이라고 보는 편이 맞다.

그래서인지 이 책은 삶의 다양한 편린들을 모아 놓아 다소 산만할 수밖에 없는 다른 회고록에 비해 각 장의 내용 사이의 상호 연결성이 높다. 예를 들어, 첫 장에서 고등학생 하이젠베르크가 제1차 세계 대전 후의 정치적 혼란기에 정부군에 가담하여 나름의 '전쟁'을 치르면서 플라톤(Platon)의 『티마이오스(Timaios)』에 등장하는 수학적 세계관에 매료되는 장면이 나온다. 책의 마지막 장에서 『티마이오스』는 1960년대 책 출간 당시 소립자 물리학이 제시하는 세계관을 이해하는 열쇠로 다시 등장한다.

이 책에서 하이젠베르크가 가장 설득력 있게, 생생하게 묘사하고 있는 상황은 20세기 초 원자 물리학이라는 새로운 영역을 개척해 나간 물리학자들의 진지하고 때로는 (슈뢰딩거와 보어처럼)토론에 지쳐 병이 들 정도로 열정적인 연구의 모습이다. 책의 앞 절반을 차지하는 이 부분에서 하이젠베르크는 현재는 추상적이고 메마른 수식으로 남은 양자 역학이 실은 그것의 철학적 의미와 세계에 대해 함축하는 바를 해명하려는 물리학자들의 치열한 탐색과 고뇌의 산물이었다는 점을 흥미롭게 보여 주고 있다. 하이젠베르크는 이 과정에서 젊은 시절에는 아르놀트 좀머펠트(Arnold Sommerfeld), 막스 보른(Max Born), 아인슈타인, 보어와 같은 선배 학자들, 그리고 볼프강 파울리(Wolfgang Pauli)라는 절친한 친구이자 날카로운 비판자와 함께 수많은 토론을 수행했고, 나중에는 자신보다 젊은 물리학자들로 이루어진 '라이프치히 그룹(Leipzig Group)'의 학자들과 함께 그 토론을 이어 나갔다. 이러한 삶과 사유의 흔적을 읽음으로써 현대 물리학의 역사를 보다 '인간적인' 방식으로 이해할 수 있다는 데 이 책의 가장 큰 매력이 있다.

하이젠베르크는 여러 가지 의미에서 매우 특별한 과학자였다. 우선 그는 20대 초반의 젊은 나이에 현대 물리학의 근간인 양자 역학의 이론적 형식 중 하나인 행렬 역학(matrix mechanics)을 제시한 화려한 이력을 자랑한다. 하지만 스타급 물리학자로서의 그의 눈부신 성공을 말하기 전에 먼저 그가 당시로서는 매우 드문 '종류'의 물리학자였다는 점을 짚고 넘어가자. 그는 실험 물리학 훈련을 거의 받지 않은 상태에서 탁월한 수학적 재능을 바탕으로 실험 결과의 구조적 특징을 이론적으로 분석하는 연구에 주력한 이론 물리학자였다는 사실이 바로 그것이다.

지금의 물리학에 익숙한 사람들이라면 이 점이 별다르게 느껴지지 않을 것이다. 지금은 이론 물리학과 실험 물리학이 교육 내용과 연구 방법에서 잘 구별되어 있어 특정 물리학자를 어느 한 분야를 연구하는 사람으로 규정하는 것이 지극히 자연스럽다. 비록 실험 물리학자가 수적으로 훨씬 많지만, 우리에게는 방정식 하나로 우주의 신비를 밝혀낸다는 이론 물리학자들이 더 친숙하다.

하이젠베르크가 물리학자로 훈련 받던 시기만 해도 사정은 매우 달랐다. 연구 내용에 실험 활동이 전혀 포함되지 않는다는 엄격한 의미에서의 첫 이론 물리학자로 평가되는 좀머펠트는 뮌헨 대학교 시절 하이젠베르크의 첫 스승이었다. 이런 좀머펠트조차 자신의 제자인 하이젠베르크와 파울리에게 실험 물리학 내용을 어느 정도는 공부해야 한다고 강조하곤 했다.

하지만 이 두 사람은 실험 물리학의 '결과'가 물리학의 기초를 제공한다는 점에는 공감했으나 자신들의 이론적 작업은 일단 물리적 현상에 대한 자료가 주어지고 나면 실험 물리학과 독립적으로 진행될 수 있다고 생각했다. 이에 대한 하이젠베르크와 파울리의 생각은 『부분과 전체』 2장에 잘 드러나 있다. 그런 이유로 하이젠베르크는 이론 물리학을 현재 우리가 익숙한 의미로 파악했던 첫 세대의 이론 물리학자에 속한다고 볼 수 있다.

참고로 말하자면, 하이젠베르크 이전의 물리학자들은 모두 정도의 차이는 있을망정 자신의 연구 활동에서 실험 연구와 이론 연구를 병행했기에 이들을 실험 물리학자와 이론 물리학자로 구분하는 것 자체가 역사적 사실에 반하는 것이다. 실제로 맥스웰 방정식(maxwell's equations)으로 유명한 제임스 맥스웰은 물리 상수(physical constants)의 값을 정밀하게 측정하는 실험에서 뛰어난 재능을 보여 주었고, 우리에게는 자기 유도(magnetic induction) 실험으로 잘 알려진 마이클 패러데이(Michael Faraday)는 마당(field) 개념을 물리학에 체계적으로 도입하는 탁월한 이론적 업적을 남겼다.

하이젠베르크의 물리학자로서의 '특별함'은 여기서 그치지 않는다. 하이젠베르크는 원자 물리학(atomic physics)의 복잡한 이론적 연구만이 아니라 그것이 갖는 철학적 의미를 탐색하는 데도 많은 노력을 기울였다. 이 노력의 성격을 올바르게 이해하기 위해서는 물리학자 하이젠베르크가 '철학적' 관심도 부차적으로 가졌다는 식이 아니라 그에게는 이런 철학적 탐색이 진지한 물리학 연구의 핵심적인 부분으로 인식되었다는 사실에 주목해야 한다. 당시 유행하던 실증주의적 과학관에 따르면 직접적으로 관찰되기 어렵고 시각화하기도 어려운 원자의 세계에 대한 이론적 서술은 경험을 정리해 주는 도구적 의미 이상을 갖기 어려웠다. 하이젠베르크는 이 견해에 어느 정도 공감하면서도, 자연 현상에 대한 우리의 '과학적 이해(scientific understanding)'가 고작 어떤 실험을 하면 무슨 결과가 나올지 예측할 수 있는 능력에 멈추어야 한다고는 믿을 수 없었다. 스승으로 출발하여 친구로 발전한 닐스 보어의 영향을 받아 원자 세계를 기술하는 일상 언어의 한계를 절감하면서도, 그는 미시적 현상들이 왜 그렇게 이상스러운지(예를 들어, 파동-입자 이중성(wave-particle duality)처럼)를 우리의 형이상학적, 인식론적 틀 안에서 납득할 수 있게 설명하는 일 역시 물리학의 중요한 임무라고 생각했다.

이런 점에서 하이젠베르크는 제2차 세계 대전 이후 물리학 연구의 주도권을 잡게 된 미국 물리학자들과 분명하게 대비된다. 핵폭탄 개발을 이끌었던 로버트 오펜하이머는 경험적 현상에 대한 성공적인 수학적 서술에 만족하지 못하고 끊임없이 이해 가능한 설명을 추구하는 유럽 물리학자들에게 진저리를 내곤 했다. 마찬가지로 기이한 행동으로 유명한 천재 물리학자 리처드 파인만은 양자 물리학을 이해하는 사람이 단 한 명도 없어도 그것을 잘 활용하는 데는 아무런 문제가 없다는 점을 강조하곤 했다. 이들이 보기에 하이젠베르크와 같은 유럽 이론 물리학자들은 물리학 이론의 철학적 의미 해명에 집착하다 정작 생산적인 물리 연구를 방해하는 결과를 가져왔다.

　하이젠베르크는 미국 물리학자들의 이 같은 실용주의적 태도의 장점을 인정하면서도 결코 공감할 수는 없었다. 그에게는 양자 역학이 고전 역학과 달리 우리의 세계관과 과학 지식에 혁명적인 변화를 요구한다는 점이 너무나 명백했다. 이러한 혁명적 변화를 단순히 성공적인 수학적 기술을 통해 깔끔하게 계산할 수 있다는 사실은 만족스러운 물리적 '이해'를 얻기에는 부족했다. 하이젠베르크가 연속적(continuous) 성격을 갖는 슈뢰딩거의 파동 역학(wave mechanics)이 양자 역학의 계산을 간단하게 만들어 주며 불연속적(discontinuous) 특징이 두드러지는 자신의 행렬 역학과 수학적으로 동등하다는 점을 인정하고서도 여전히 그에 대해 불만족스러워했던 이유가 여기에 있다. 하이젠베르크는 슈뢰딩거가 피할 수 없는 양자적 불연속을 자신의 연속적 방정식으로 슬쩍 가리려는, 결코 성공할 수 없는 시도를 하는 것으로 판단했던 것이다. 보어와 마찬가지로 하이젠베르크에게 양자 역학에 대한 올바른 이해는 그것이 갖는 혁

『부분과 전체』

명적 성격을 온전하게 설명해 낼 수 있을 때만 가능했다.『부분과 전체』전반에 걸쳐 하이젠베르크의 이 같은 믿음은 일관되게 유지되고 있다.

어려서부터 철저한 고전 교육과 인문학 교육을 받았고, 그래서 자신의 삶에 대해 성찰하면서 곧잘 프리드리히 쉴러(Friedrich Schiller)나 요한 괴테(Johann Goethe)의 구절을 인용할 수 있었던 보어나 하이젠베르크에게 미국 물리학자들의 이런 생각은 매우 낯설게 느껴졌을 것이다. 하지만 대서양을 사이에 둔 두 물리학자 집단의 견해 차이는 단순히 교육 배경의 차이나 지적 관심의 폭의 차이로 설명될 수 없다. 오펜하이머는 하이젠베르크보다 오히려 더 고전에 익숙했으며 다양한 주제에 대해 재능을 갖춘 만물박사였기 때문이다. 결정적 차이는 하이젠베르크가 연구하던 당시에 물리학으로 지칭되던 연구 활동의 범위와 내용이 제2차 세계 대전 이후 미국의 주도로 규정된 물리학의 그것과 달랐다는 점에서 찾을 수 있다. 다른 말로 하자면, 하이젠베르크가 이해했던 물리학은 현재 우리에게 익숙한 물리학에 인문학적 탐색을 더한 어떤 것이었다고 생각할 수 있는 것이다.

그래서인지『부분과 전체』에는 책 전체에 걸쳐 전개되는, 물리학에 대한 철학적 고찰만이 아니라 보어의 상보성 원리(complementary principle)를 바탕으로 언어의 본질을 성찰하는 11장, 과학과 종교 사이의 관계에 대한 다양한 견해 사이의 논쟁을 다룬 7장과 17장 등이 포함되어 있다. 사실 하이젠베르크와 보어의 물리학 개념이 특별했던 것은 아니다. 데카르트, 갈릴레오, 뉴턴에 이르는 자연 철학으로서의 물리학 전통에서 이 같은 생각은 너무나도 자연스러운 것이었다. 다만 20세기 중반을 기점으로 그러한 생각이 훨씬 축소된 형태의 물리학으로 대체되었던 것이다. 그런 이유로 하이젠베르크는 20세기에 태어난 비교적 '최근' 과학자인데도 현재 물리학자가 보기에는 독특한 관심을 가졌던 '이질적인' 물리학자로 느껴지는 것이다.

하지만 하이젠베르크의 진정한 특별함은 그의 삶과 사상을 동시에 규정짓는 '불확정성(Unbestimmtheit/indeterminacy)'에서 나온다. 하이젠베르크는 1927년에 자신의 행렬 역학의 귀결, 즉 전자의 궤적이 명확하게 규정되지 않는 특징을 이해하려 노력하는 과정에서 행렬처럼 서로 교환 가능하지 않은 수학적 표현 사이에 성립하는 부등식을 제안하게 된다.

주로 불확실성(Unsicherheit/uncertainty) 원리로 알려지게 된 이 원리를 하이젠베르크는 자신의 유명한 '현미경' 사고 실험을 통해 미시 세계에 대한 측정 과정에서 어쩔 수 없이 등장하는 간섭의 효과로 이해하려 했다. 전자의 위치를 정확하게 측정하려는 시도는 전자의 운동량(momentum), 즉 속도(velocity)에 영향을 줄 수밖에 없고 역으로 속도에 대한 측정은 위치에 영향을 줄 수밖에 없어 이 두 변수의 값을 정확하게 아는 데는 근본적인 한계가 있을 수밖에 없다는 생각이었다. 이는 서로 상보적인 물리량(physical quantities)을 측정하기 위해 필요한 측정 장치들은 서로 동시에 설치될 수 없다는 현실적 한계를 갖기에 그 결과 얻어진 물리량의 값에도 어느 정도의 불확실성이 포함될 수밖에 없다는 보어의 생각과도 관련된다. 이렇게 이해하면 전자와 같은 소립자의 위치와 속도가 동시에 정확하게 확정될 수 없다는 존재론적(ontological) 의미보다는 우리가 이들 물리량을 측정한 결과에 어느 정도의 불확실성이 있을 수밖에 없다는 인식론적(epistemological) 의미가 더 부각된다.

『부분과 전체』

하지만 이후의 논의를 통해 전자의 위치와 속도 사이의 관계처럼 서로 양립 가능하지 않은(incompatible) 물리량 사이의 불확정적 관계는 우리의 측정 능력과 무관하게 성립하는 것으로 드러났다. 그런 의미에서 전자의 위치와 속도는 원래부터 확정되어 있지만 우리가 정확하게는 알 수 없는 '불확실한' 것이기보다는, 처음부터 오직 부분적으로만 확정되어 있는 '불확정적'인 것으로 간주하게 되었다. 하지만 하이젠베르크의 주장이 영어로 번역되는 과정에서 '불확정성' 대신 '불확실성'이 채택되면서 현재 이 생각은 불확실성 원리로 더 널리 알려져 있다.

흥미로운 점은 불확실성과 불확정성 사이의 미묘한 의미상의 차이가 하이젠베르크의 삶 자체에서도 나타난다는 사실이다. 『부분과 전체』의 뒷부분은 철학적 분석에 집중된 앞부분에 비해 제2차 세계 대전 시기에 독일에 남아 핵물리학 연구를 계속했던 하이젠베르크의 삶과 전후 독일 재건 과정에서의 그의 활동에 대한 이야기가 주를 이룬다. 하이젠베르크는 여러 장에 걸쳐 일관되게, 자신이 나치의 국가 사회주의 정권에 반대했음에도 불구하고 페르미를 비롯한 여러 친구의 망명 권유를 뿌리치고 독일에 남아 정권에 협조하는 '타협'을 했던 이유는, 제2차 세계 대전에서 독일이 패망할 것을 예견하고 전후 독일의 재건을 미리 준비하기 위해서였다고 말한다. 그 과정에서 유대인이었기에 망명할 수밖에 없었던 동료 과학자에 비해 더 어려운 선택을 해야 했던 자신의 처지를 해명하면서 막스 플랑크의 충고까지 끌어들인다.

이러한 설명과 일관되게 하이젠베르크는 자신이 독일의 핵폭탄 개발 계획의 책임자이기는 했지만 제조에 소요될 비용을 실제보다 훨씬 크게 예측하여 연합국이건 독일이건 현실적으로 전쟁이 끝나기 전에 핵폭탄 개발이 불가능할 것으로 판단하고 독일 당국에도 그렇게 보고했다고 주장한다. 자신이 실제로 수행했던 연구는 오직 전후 예상되는 원자력의 평화적 이용을 위한 원자로 연구에 한정되었다는 것이다. 그런 이유로 자신을 비롯한 독일 핵 개발 팀원들은 전쟁 직후 영국에 감금되어 조사를 받는 과정에서 미국이 히로시마에 핵폭탄을 투하했다는 소식에 매우 놀랐다는 것이다. 여기에 덧붙여 하이젠베르크는 미국 과학자들이 자신들의 과학 기술적 발명품이 무고한 인명을 살상하는 데 사용되지 않도록 좀 더 노력했어야 했다고 지적하면서, 자신이 전후 서독에서 핵무기 개발을 저지하기 위해 벌였던 노력을 소개한다.

감동적으로 읽힐 수 있는『부분과 전체』뒷부분의 문제점은 이러한 하이젠베르크의 서술이 보어를 비롯한 다른 물리학자들의 진술이나 당시의 기록과 어긋나는 점이 많다는 데 있다. 하이젠베르크의 전쟁 기간 활동에 대한 데이비드 캐시디(David Cassidy) 등의 연구는 그가 독일의 승전 가능성과 그 과정에서 핵폭탄이 수행할 수 있는 역할에 대해 최소한 모호한 입장을 취했음을 설득력 있게 보여 주고 있다. 하이젠베르크 스스로 1941년 10월에 이루어진 코펜하겐 방문에서 보어와 나누었던 대화 내용에 대해 자신과 보어의 기억이 극적으로 어긋난다는 사실을『부분과 전체』에서 인정하고 있다.

연극「코펜하겐(Copenhagen)」을 통해 흥미진진하게 묘사된 이 방문은 그 전체가 하이젠베르크의 불확정성 원리를 구현한다. 방문의 목적이 하이젠베르크가 주장하듯 보어에게 독일의 핵폭탄 개발에 진척이 없다는 점을 알리고 이 어려운 시기에 원자 물리학자들은 어떻게 행동해야 하는지를 묻기 위해서였는지, 아니면 보어나 당시 다른 기록에서 확인되듯 보어를 통해 연합군의 핵폭탄 개발의 진척 상황을 알아내려 했던 것인지조차 확정하기 어렵다. 문제를 더 복잡하게 하는 것은 하이젠베르크의 1941년 코펜하겐 방문을 포함한 그의 전쟁 기간 활동의 진실이 단순히 아직 밝혀지지 않은, '불확실한' 것이 아니라 '불확정적'일 가능성이 높다는 점이다. 당사자들이 당시 상황과 자신의 생각에 대한 끊임없는 해석과 재해석을 통해 결코 완전하게는 확정될 수 없는 '진실들'을 제공하고 있기 때문이다. 어쩌면 이것이 『부분과 전체』라는 책의 제목이 상징적으로 암시하고 있는, 하이젠베르크 삶과 사상의 중심적인 특징일 수도 있을 것이다.

이상욱 한양 대학교 철학과 교수

서울 대학교 물리학과를 졸업하고 동 대학 대학원에서 양자적 혼돈 현상에 대한 연구로 석사 학위를 받은 후, 과학사 및 과학 철학 협동 과정으로 옮겨 과학 철학 박사 과정을 마쳤다. 그 후 런던 대학교에서 자연 현상을 모형을 통해 이해하려는 작업에 대한 연구로 철학 박사 학위를 받았고, 이 논문으로 2001년 '로버트 맥켄지상'을 수상했다. 그 후 런던 정경 대학 철학과 객원 교수를 거쳐 현재 한양 대학교 철학과 (과학 기술 철학) 교수로 즐겁게 학생들을 가르치며 배우고 연구하고 있다. 지은 책으로(이하 공저) 『과학 윤리 특강』, 『욕망하는 테크놀로지』, 『과학으로 생각한다』, 『과학 기술의 철학적 이해』, 『뉴턴과 아인슈타인: 우리가 몰랐던 천재들의 창조성』 등이 있다.

슈뢰딩거 = i(여자)∂(양자)/∂t

이정민
서울 시립 대학교 철학과 강사

동유럽을 여행해 본 적이 있는가? 그렇다면 오스트리아의 수도 빈이 어떤 도시인지 쉽게 감을 잡을 수 있으리라. 많은 동유럽인에게, 지그문트 프로이트(Sigmund Freud)가 꿈을 분석하기 훨씬 이전부터 빈은 '꿈의 도시'였다. 인류 문화에 무언가를 남기려면 빈으로 가야 했던 것이다. 더구나 여기는 아직 합스부르크 왕가가 지배하던 '세기말'의 빈이다. 전쟁의 암운과 홀로코스트의 폭풍이 닥치기 전의 좋은 시절, 학문과 예술에서 '모더니즘'으로 불리는 온갖 창조적 실험이 만개하던 시절인 것이다. 하지만 20세기 초의 지적 문화를 선도한 빈은 또한 젊은 아돌프 히틀러(Adolf Hitler)에게 가난과 굴욕을 안기고 그의 반유대주의를 배태한 도시이기도 하다. 다양한 민족과 문화에 대한 황제의 관용 정책 이면에는 인종주의적 편견과 부르주아적 위선이 널리 퍼져 있었다. 그런데 바로 이곳이 이 책의 주인공 에르빈 슈뢰딩거가 나고 자란 곳으로 이 도시의 빛과 그림자는 그의 삶에도 깊은 흔적을 남기게 된다. 월터 무어(Walter Mooore)의 슈뢰딩거 전기는 이렇게 한 과학자의 삶을 그의 시대와 도시에서 시작한다.

과학에는 국경이 없다지만 과학자는 분명 제한된 장소와 시간을 살아갈 수밖에 없는 유한한 인간이다. 그리고 그런 환경이 한 과학자의 연구 방식에 영향을 주기도 한다. 만일 과학이 보편적이라면, 그것은 지역적 환경에서의 연구 활동이 어느 순간 국제적 보편성을 획득하기 때문일 것이다. 빈은 단지 슈뢰딩거의 생몰지로서가 아니라 그의 물리학에서도 매우 중요하다. 무어는 빈의 고유한 물리학 전통에서 출발해 파동 역학이라는 물리학의 혁명으로 일약 세계적인 반열에 올라서는 한 물리학자의 궤적을 그리고 있다. 그렇다고 그 출발을 고립된 국지적 전통으로만 볼 필요는 없다. 슈뢰딩거의 과학적 조상은 오늘날의 물리학 교재에도 그 이름이 남아 있는 19세기의 대가들인 것이다. 그 가운데서도 이론 물리학 쪽으로 가장 중요한 인물은 루트비히 볼츠만(Ludwig Boltzmann)이라고 할 수 있다. 슈뢰딩거는 볼츠만이 개척한 분야인 통계 물리학뿐만 아니라 물리학에 대한 그의 철학 사상까지도 이어받았다. 세기말 에른스트 마흐(Ernst Mach)와 볼츠만은 원자의 실재에 대한 철학적 논쟁을 벌이고 있었다. 원자의 존재를 믿지 않던 마흐에 반대해 볼츠만은 원자의 실재를 옹호하면서 물리학의 목표를 다시금 확인했다. 물리학자는 감각 지각으로 환원되지 않는 물리 세계에 관한 명확한 '그림'을 시공간이라는 배경 위에 구성해야 한다는 것이다. 시공간 모형을 중시하는 볼츠만의 이러한 유산은 슈뢰딩거로 이어졌고, 이후 슈뢰딩거는 같은 이유에서 양자 역학의 코펜하겐 해석에 반대하게 된다.

물리학자들조차 20대 슈뢰딩거의 다방면에 걸친 작업에는 눈이 휘둥그레질 것이다. 특히 그가 헤르만 헬름홀츠(Hermann Helmholtz)

를 잇는 색채론의 대가라는 것은 의외이다. 그런데 정작 오늘날 우리가 그의 이름을 기억하는 주된 이유인 양자론 연구는 여기서 빠져 있다. 1887년생인 그가 양자론을 최초로 언급한 것이 1917년이며 실제로 중요한 기여를 한 논문은 1921년에야 나왔다. 이때는 이미 원자 스펙트럼에 관한 분광학과 같은 실험적 성과와, 고전 전자기학을 일반화한 보어의 대응 원리(correspondence principle)와 같은 이론적 작업을 결합하는 옛 양자론(old quantum theory)은 멀리 나아간 상태였다. 연구의 핵심 성과도 빈과는 거리가 먼 코펜하겐(보어), 뮌헨(좀머펠트), 괴팅겐(보른)에서 쏟아지고 있었고, 곧 어린 세대인 볼프강 파울리와 베르너 하이젠베르크가 이에 가담해 행렬 역학의 꽃을 피우게 된다. 반면 슈뢰딩거는 1925년에야 아인슈타인의 논문에서 언급된 루이 드브로이(Louis de Broglie)의 작업에 눈을 돌리게 되어 물질 입자에 대한 파동 이론을 구상하기 시작한다. 양자 역학의 한쪽 기둥이라고 할 수 있는 파동 역학은 통계 역학에 기반을 두고 있으며, 분광학이나 전자기학에 기반을 둔 행렬 역학과는 뿌리부터 달랐다. 그런데 더욱 놀라운 일은 슈뢰딩거가 보인 대로, 이렇게 서로 다른 뿌리에서 나온 행렬 역학과 파동 역학이 적어도 수학적으로는 동등한 구조를 공유한다는 것이다. 물론 각 진영이 수학적 형식에 부여한 물리적 의미는 매우 달랐고 이 때문에 슈뢰딩거는 하이젠베르크 및 보어와 대립하게 된다.

그런데 여기서 무어는 슈뢰딩거의 연구 방식에 대한 중요한 고찰을 한다. 그가 한 분야의 연구를 개척하거나 선도한다기보다 다른 사람이 관심을 가져온 문제에 두 번째로 뛰어들어 종종 처음 이보다 더 세련되고 뛰어난 업적을 남기곤 했다는 것이다. 물질파라는 개념

『슈뢰딩거의 삶』

만을 제시한 드브로이의 작업을 이어 전적으로 새로운 체계인 파동 역학을 구성한 것이 그 좋은 예이다. '슈뢰딩거의 고양이'로 알려진 양자 역학의 역설 또한 아인슈타인과의 서신 교환 과정에서 얻은 힌트를 발전시킨 것이다. 그가 이론의 실제적 적용보다 과학과 철학이 만나는 지점에서 근본적인 원리나 개념의 문제를 파고드는 비상한 능력을 지녔다는 점도 특기할 일이다. 그의 이러한 능력은 물리학의 영역을 넘어서도 넉넉히 발휘되었다. 바로 『생명이란 무엇인가(*What is Life?*)』라는 놀라운 책이 그것이다. 슈뢰딩거는 이 책에서 물리학자의 관점에서 생명의 본성을 탐구하며, 그 과정에서 유전 암호, 음의 엔트로피, 무질서로부터의 질서와 같은 통찰이 가득한 개념을 발전시켰다. 특히 유전 물질에 대한 그의 추측은 20세기 중반 생물학자들이 유전 물질의 분자 구조를 탐색하는 데 중요한 자극이 되었다. 그가 파동 역학으로 과학적 조상인 볼츠만의 꿈을 이었다면, 생물학에서의 이러한 업적은 식물학자이기도 했던 생부의 꿈을 이었다고 볼 수 있다. 적어도 이러한 학문의 폭에 있어서 슈뢰딩거와 필적할 만한 유일한 20세기 물리학자는 보어 정도일 것이다. 그리고 이 둘 모두가 학생 때부터 평생에 걸쳐 철학적 사유에 깊이 침잠했다는 것은 단순한 우연이 아닐 것이다.

만약 슈뢰딩거의 과학에서 철학이나 세계관을 뺀다면 그 정수가 빠졌다고까지는 할 수 없어도 무언가 허전한 느낌을 지울 수 없을 것이다. 물론 슈뢰딩거가 자신의 세계관으로 받아들인 베단타 철학을 너무 쉽게 그의 과학과 연결시키는 일은 경계해야 한다. 하지만 연결점은 분명히 존재한다. 양자 역학에서 슈뢰딩거는 개별 입자의 불연속적인 도약을 부정하며, 이것을 파동 묶음의 연속적인 진동 방식의 변화로 이해하려 했다. 이는 자아 또는 개별 영혼은 허상이며, 순수한 사유만이 단일한 전체이자 실재라는 베단타 철학과 상통하는 것이다. "움직이는 입자는 단지, 세계의 기반을 이루는 파동 복사선 위에 솟아 있는 거품일 뿐"이라는 독특한 해석이 여기서 나왔다. 베단타 철학의 통일성과 연속성이 파동 역학의 통일성과 연속성에 반영되어 있는 것이다. 물론 파동 역학에 대한 슈뢰딩거의 물리적 해석은 결국 실패했으며, 보어는 슈뢰딩거의 해석을 과학적 정신에 위배되는 '신비주의'로 비판하기도 했다. 하지만 전체성에 대한 탐구는 이후 보어의 양자 역학 해석에 대한 체계적 대안을 제시한 데이비드 봄(David Bohm)으로 이어진다.

슈뢰딩거가 물리학 탐구를 통해 입자의 개체성이 사라지는 베단타 철학의 세계관을 꿈꿨다면 여인들과의 관계를 통해서는 자아를 초월한 합일의 열락을 꿈꿨다고 할 수 있다. 그의 다채로운 연애 행각은 물리학에 관심 없는 독자들에게도 흥미진진하게 읽히며 그의 개인사 가운데에서 가장 논쟁적인 부분이 될 것이다. 그가 죽기 두 달 전 작성한 자서전적 에세이 「내 삶의 스케치」에서도 슈뢰딩거는 "여자관계에 대한 언급을 빼면 너무 공허한 요약이 될 것"이라고 한다. 무어도 이를 인식한 듯 그를 사로잡은 여인들과의 관계를 솔직히 그리면서도 슈뢰딩거가 성적인 정복 그 자체를 목표로 삼는 방탕아는 아니라는 다소 관대한 평가를 내린다. 그에게 가치 있는 것은 낭만적 열정 그 자체였다는 것이다. 하지만 유부남이었던 그가 파동 역학의 수수께끼를 고심할 때 수학 과외를 해 준 10대 소녀의 마음을 함락시킬 방법을 동시에 고심했다는 사실은 충격으로 다가온다. 그가 세 명의 다른 여인에게서 세 딸을 얻었다는 것, 정작 아이가 없었던 부인은 이를 알고도 때때로 남편의 '외도'를 배려하기도 했다는 것, 정작 그 부인도 취리히 시절 슈뢰딩거의 절친이며 위대한 수학자인 헤르만 베일(Herman Weyl)의 연인이었다는 것 등을 어떻게 받아들여야 할까? 적어도 성도덕에 관해서는 슈뢰딩거의 시대가 더 건전하고 공정했던 것이 아닐까? 아마도 우리 시대라면 이러한 행태를 용인하기는커녕 도덕의 이름으로 낙인찍어 사회적으로 매장시켜 버리지 않았을까?

무어는 슈뢰딩거에 대해 '열정적이고 시적인' 사람이었다는 총평을 내린다. 실제로 슈뢰딩거는 평생 연애시를 비롯한 시작을 즐겨 했으며 말년에는 시집을 내기도 했다. 그러나 그의 열정은 비바람 치는 야생의 폭풍이라기보다 안락한 살롱의 촛불과도 같은 것이었다. 젊은 시절, 전쟁으로 불안했던 몇 년을 제외하면 그는 평생토록 안온한 삶을 누렸다. 또한 유복한 가정의 독자로 길러져 세계가 자신을 중심으로 돌아간다는 믿음 또한 확고했다. 여인들처럼 세계사적 사건들은 그를 '스치듯이' 지나간다. 전쟁으로 인한 16년에 걸친 아일랜드 망명 시기조차 "매우 멋진 기간"으로 기억되고 있다. 유럽을 휩쓴 양차 대전의 틈바구니 가운데에서도 슈뢰딩거는 여인과 극장, 술과 파티와 같은 세속적 향락을 만끽할 수 있었다. 그가 미국으로 건너가지 않은 이유도 "금주법에 의해 성공적으로 건조된" 환경이 한몫했을 것이다. 물론 일부 독자는 20세기의 지적 양심인 과학자에게 적극적인 현실 참여나 정치적 발언을 기대했을 수도 있다. 슈뢰딩거는 그런 독자들을 철저히 실망시킨다. 특히 나치의 오스트리아 합병을 용인하는 그의 편지는 (그가 뒤늦게 후회했음에도) 생애의 오점으로 남는다. 하지만 전체적으로 보아 슈뢰딩거의 삶은 그러한 부분적 오점을 가리고도 남는 매력적인 한 폭의 그림이다. 아마도 그치지 않는 과학적 탐구와 철학적 고민이 그가 그저 여성에 탐닉하는 아마추어로 타락하지 않은 이유일 것이다. 물론 그가 파동 역학으로 구현하려 했던 베단타 철학의 이상은 물리학의 현실 앞에, 여인을 통해 추구한 초월과 합일의 이상은 이기적 욕심 앞에 각각 실패했는지 모른다. 그런데 그러한 실패마저, 평생토록 안온한 생활마저, 어느 정도는 그의 성취로 보아야 하지 않을까?

무어의 전기는 책 분량으로는 슈뢰딩거에 관한 최초이자 유일한 것으로 앞으로 수십 년간은 나오기 힘든 수준을 단번에 이룩하고 있다. 역자인 전대호 선생님은 물리학과 철학을 전공했으면서도 시집을 낸 문인답게 흠잡을 데 없는 번역을 하셨다. 다만 인명이나 지명은 모두 독일어 원어가 아닌, 영어식으로 표기되어 있다. '양자 뛰어넘기(quantum jump)', '귀신이 곡할(spooky) 원거리 작용'과 같은 독창적인 역어도 눈에 띈다. 무어의 재치 있는 표현과 소소하면서도 인상적인 장면 묘사도 자칫 지루해질 수도 있는 연대기적 서술을 흥미롭게 하고 있다. 물리 화학 교수 출신으로 슈뢰딩거의 과학적 업적을 능수능란하게 다루는 그의 솜씨는 인정해야 할 것이다. 또한 삶의 일화에 대해 베단타 철학이나 정신 분석학을 동원한 해석도 주목할 만하다. 하지만 수십 년 뒤의 전기 작가를 위해 약간의 문제를 지적해야겠다. 이 책은 전적으로 슈뢰딩거의 관점에서 쓰여 양자 역학에 관해 그에 반대한 보어나 코펜하겐 진영의 입장이 매우 편파적이고 부정적으로 그려져 있다. 또한 슈뢰딩거의 일대기를 꼼꼼하고 상세하게 기록한 만큼이나 그의 삶 전체를 관통하는 거대 서사가 부족하다는 인상을 받는다. 베단타 철학이 그 일을 하기에는 좀 산만

『슈뢰딩거의 삶』

하고 추상적이다. 또한 거의 슈뢰딩거의 개인사에만 초점이 맞춰져, 당시 물리학계의 전체적 동향이나 국제 정세의 변화와 같은 거시적 안목에서 슈뢰딩거 개인을 바라본다는 느낌은 부족하다. 물론 이러한 약점을 보완하려면 또한 그의 개인사에서 빼내야 할 부분이 생길 것이다. 얻는 것이 있으면 동시에 잃는 것도 있기 마련이다. 마지막으로『슈뢰딩거의 삶』은 무어의 1989년 작『슈뢰딩거, 삶과 생각(*Schrödinger, Life and Thought*)』을 케임브리지 출판사에서 축약한 판(대중적 문고판인 칸토(canto) 시리즈로 1994년 출간)의 번역임을 밝힌다. 하지만 매우 요령 있게 축약되어서 빠진 내용이 그리 많지 않으므로 안심해도 된다.

이정민 서울 시립 대학교 철학과 강사

미국 인디애나 주립 대학교에서 과학사-과학 철학으로 박사 학위를 받고 카이스트 인문 사회 과학과 대우 교수를 거쳐 서울 시립 대학교에서 강의하고 있다. 데이비드 봄의『전체와 접힌 질서』, 마이클 프리드만의『이성의 역학』(공역)을 번역했다.

이상욱
『부분과 전체』

박상준
사회자

이정민
『슈뢰딩거의 삶』

박상준 이번 대담의 주제가 양자 역학의 거장으로 널리 알려진 물리학자 베르너 하이젠베르크와 에르빈 슈뢰딩거인데 저는 전공이 국문학이라서 그런지 아무리 귀동냥을 해도 양자 역학을 잘 모르겠더라고요. 준비는 많이 했어요. 책 두 권을 꼼꼼히 읽고 그밖에도 여러 글을 읽고 왔는데 그래도 어렵습니다. 양자라는 단어가 무엇인지조차 헷갈릴 때가 있어요. 그래서 먼저 양자에 대해서 선생님께 설명을 구하겠습니다. 먼저 이상욱 선생님께서 설명해 주시면서 기회가 되면 하이젠베르크가 양자를 정의할 때 슈뢰딩거의 입장과 다른 것이 있다면 무엇인지 자연스럽게 밝혀 주셔도 좋을 것 같습니다.

양자의 단절을 강조한 하이젠베르크, 연속을 강조한 슈뢰딩거

이상욱 하이젠베르크는 기본적으로 자신들이 일궈 낸 양자 혁명, 기존과 다른 방식을 제시하는 물리학이라는 것에 어마어마한 자부심이 있었습니다. 다른 방식으로 이야기하면 하이젠베르크는 평생 다르다는 것을 굉장히 강조했던 사람입니다. 단절을 일종의 키워드로 삼았다고 생각하시면 됩니다. 고전 역학하고 양자 역학은 모든 게 달라서 존재론/인식론적 가정, 세계나 물리학 이론이 이래야 한다는 주장이 다 달라져 버립니다. 예를 들어 양자 도약이라는 개념이 있습니다. 고등학교 교과서식으로 말하자면 원자핵 주변을 에너지 준위에 따라서 서로 다른 궤도로 도는 전자가 폴짝 뛰어서 다음 궤도로 가면 에너지 차이에 해당하는 주파수만큼 빛이 튀어나온다는 생각입니다. 거기서 전자가 어떻게 튀느냐? 모른다는 거죠. 신경 쓰지 말라는 겁니다. 처음하고 끝만 알고 확률은 행렬로 주어지며 그 이상을 알려는 시도는 자신이 파울리랑 보어와 이룩한 양자 역학을 잘못 이해한 것이다, 그런 것을 계속 강조했습니다.

양자라는 말은 영어로 '뭉쳐 있는 덩어리'를 생각하시면 됩니다. 이 개념은 사실 고전 물리학에서도 (특히 통계 물리학에서) 많이 사용되어 왔어요. 그런데 고전 물리학의 양자와 양자 물리학의 양자는 중요한 차이점이 있습니다. 고전 물리학에서는 한계가 우리 인식에 있기 때문에 적당한 선에서 끊어서 계산하는 것이거든요. 예를 들어 여러분이 자를 가지고 물건의 길이를 잰다고 하면 다양하게 잴 수가 있지요. 센티미터 자로 재면 25센티미터인 물체가 밀리미터 자로 하면 248밀리미터(24.8센티미터)일 수 있습니다. 단위 눈금이 무엇이냐에 따라서 길이가 계속 변하잖아요. 이렇게 우리가 어느 정밀도로 에너지나 길이를 잴 때 임의로 도입한 단위가 고전 물리학의 양자라면, 양자 역학의 양자는 플랑크 상수로 정해지는, 자연계가 요구하는 단위입니다. 그 단위보다 작은 단위는 의미가 없죠. 자연에는 한계가 있습니다.

이정민 이상욱 선생님 설명을 보충하자면 '양자'라는 말이 물리학자 사이에서는 '불연속'이라는 뜻으로도 쓰입니다. 우리가 계단을 올라갈 때만 해도 발이 계단 하나하나를 거쳐서 올라가잖아요? 그런데 양자 비약은 그런 식으로 어떤 중간을 거치는 게 아니라 말 그대로 사이에 아무것도 없이 건너뛰는 것입니다. 전자가 궤도를 옮겨 갈 때 그 사이 공간이 아무것도 없다고 상상해 보세요. 양자 이론은 원자 안의 세계가 그렇게 움직인다고 말합니다.

막스 플랑크가 시작한 양자 개념을 원자에 끌고 들어와서 물질계가 정말로 불연속적인 구조, 불연속적인 물리량이 중심이 된다는 사실을 처음 밝힌 이가 닐스 보어입니다. 슈뢰딩거는 불연속으로서의 양자 개념을 별로 좋아하지 않았어요. 사실 평생 불화했다고 해도 과언이 아니죠. 그런 식으로는 우리가 물리학을, 물리계를 이해할 수 없으며 그 밑바탕에 연속적인 물리 과정이 있을 거라는 생각을 평생 버리지 않습니다. 그래서 그는 불연속성을 양자 역학의 가장 근본적인 혁명이라고 생각한 보어나 하이젠베르크와 대립했습니다.

박상준 그렇다면 양자 역학은 뭘까요? 먼저 슈뢰딩거가 본 양자 역학은 어떤 것인지 간단하게 말씀해 주시기 바랍니다.

이정민 역학이라는 것은 물리학의 제일 근본이라고 할 수 있습니다. 우리가 아는 뉴턴의 작업도 역학 체계를 세운 겁니다. 단지 행성 운동만을 묘사하고 기술하는 게 아니라, 거기에 어떤 힘이 작용해서

『부분과 전체』 대 『슈뢰딩거의 삶』

운동이 일어나는지 체계적으로 기술해서 지상에도 똑같이 적용할 수 있는 보편 이론을 구성한 거죠.

1925년에 하이젠베르크와 보른, 파스쿠알 요르단(Pascual Jordan)이 마찬가지 작업을 양자에 하려고 했고요. 1926년에는 슈뢰딩거가 하게 됩니다. 이때 역학의 의미가 달라집니다. 뉴턴이 한 것은 공간 속의 어떤 지점에 있는 물체가 시간에 따라 어떻게 움직이는지를 서술하는 체계였는데, 양자 역학에서는 시간에 따라 뭐가 변하긴 변하는데 그게 공간 속의 고정된 물체가 아니라 어떤 추상적인 함수(연산자나 파동 함수)가 변한다고 합니다. 그래서 그렇게 변하는 것이 무엇이고 그것을 어떻게 이해해야 하는지에 대한 논쟁이 계속 있었죠.

이상욱 이정민 선생님 말씀에 보충하자면, 물리학자들이 다루는 역학은 생물학에서 다루는 진화 개념과 같아요. 물리학자가 관심을 갖는 대상이 시간에 따라 어떻게 변하느냐. 이게 역학입니다. 생물학자가 관심을 갖는 대상, 그러니까 형질이 시간에 따라서 어떻게 변하느냐라는 개념이 진화고요. 다만 물리학자의 관심이 더 추상적이고 근본적입니다. 예를 들어 물리학자는 질량이 변하는지. 속도가, 위치가 변하는지에 관심을 둡니다. 중요한 건 위치와 운동량을 알면 뉴턴 법칙을 적용해서 시간에 따라 위치와 속도가 어떻게 변하는지 계산할 수 있단 말이에요. 원칙적으로 직접 계산할 수가 있어요.

그런데 양자 역학은 다릅니다. 우리가 계산하긴 해요. 슈뢰딩거로 예를 들면 파동 함수라는 걸 계산해요. 파동 함수 방정식을 풀어요. 그러면 결과가 나오는데 그 결과가 곧바로 얘의 위치나 운동량을 이야기하지 않고 한 단계가 더 있습니다. 파동 함수에 그것의 복소 짝,

복소수 부분에다 마이너스 붙인 것을 곱한 값, 즉 파동 함수 절댓값의 제곱이죠. 그것으로 위치하고 속도에 대한 정보를 끄집어내는 장치가 있습니다. 일종의 알고리듬이 하나 더 들어가는 셈이죠.

예전에는 직관적으로 알 수 있었던 것이 양자 역학에서는 안 됩니다. 얘한테 일단 파동 함수라는 걸 부여하자. 그게 뭔데? 따지지 말고. 어려운 이야기니까. 이걸 잘 계산하면 결과가 나와. 이걸 제곱해서 이런 이런 일을 하면 위치를 쟀을 때 이런 결과가 나올 확률을 알 수 있어. 이게 이상해 보이는데 실제로는 그렇게 이상하지 않아요. 이상하게 느껴지는 이유는 뉴턴 역학이 너무나 성공적이었기 때문이죠. 몇 백 년 동안 뉴턴 역학에 우리가 속도라든가 위치를 부여해서 너무 많은 일을 한 거죠. 갑자기 "프사이(ψ)라는 것을 계산해 봐." 그러니까 왜 계산해야 하지? 이 생각부터 나는 거예요. 물리학 자체가 실재하고 딱 들러붙어 있었다는 인식이 강했는데 한 단계 넘어가서 추상적인 함수를 가지고 알고리듬적으로 계산하기 시작하니까 말썽이 일어난 겁니다.

박상준 양자, 양자 역학에 대해 조금 감이 잡히셨나요? 지금부터는 『부분과 전체』와 『슈뢰딩거의 삶』두 책의 특징을 좀 듣도록 하겠습니다. 이상욱 선생님부터 말씀 부탁드립니다.

치명적인 매력의 천재 과학자

이상욱 이 책에는 두 가지 분명한 특징이 있습니다. 먼저 하이젠베르크는 자기가 천재라는 사실을 은근히 강조합니다. 당시 그는 굉장히 독특한 물리학자였어요. 우리가 가진 물리학자 이미지는 아인슈타인처럼 뭔가 방정식 하나로 세계를 꿰뚫어 보는 이론 물리학자잖아요. 그런데 이론 물리학자는 현재도 미국 물리학회 회원의 5퍼센트 이하에요. 1할이 안 됩니다. 하이젠베르크는 우리에게 익숙한 의미로는 최초의 이론 물리학자라고 할 수 있습니다. 실험 물리학 훈련을 하나도 안 받고 이론 물리학만 연구한 사람이죠. 그 말씀을 드리고 싶고요.

또 한 가지는 정치적인 문제인데요. 이 책을 좀 비판적으로 보셔야 합니다. 하이젠베르크는 이 책에서 시종일관 자신을 정당화하죠. 하지만 다른 증거들로 볼 때 그는 나치에 암묵적 동의 내지 지지를 했던 것으로 보입니다. 그렇지 않으면 어떻게 그 안에서 최고 과학자 지위에 오를 수 있었겠어요. 마찬가지로 하이젠베르크는 자기가 전쟁 기간 내내 일종의 태업을 했다고 이야기합니다. 나치가 원자 폭탄을 개발하려고 했는데 그건 나쁜 짓이며 종전이 곧 올 테니까 원자력의 평화적 이용이 필요해질 때를 대비해서 기초 연구에만 집중하고 상부에는 거짓 보고를 했다, 이렇게 이야기하는데 이게 결정적으로 보어하고 기억이 안 맞아요. 보어는 하이젠베르크가 연합국 과학자하고 연락이 닿는 자신에게 와서 원자 폭탄 개발 계획의 진척도를 염탐하더라, 그렇게 기억하고 있거든요. 여러 증거로 볼 때 보어 쪽이 훨씬 더 신빙성이 있어 보이죠. 그런 것을 조금 비판적으로 읽을 필요가 있다고 보입니다.

박상준 저도 처음 읽었을 때 놀랐던 게 '아, 이건 하이젠베르크 자신이 재구성한 내용이구나.'라는 느낌이 너무나 명확했습니다. 그럴 수밖에 없는 게 그가 회고하는 대화가 대단히 세세하게 나옵니다. 자기가 뭐라고 했을 때 보어가 이만큼 말하고, 또 자기도 이만큼 말하고 이렇게 되어 있어요. 전부를 다 기억할 수 없을 것 같은데도. 그러니까 당연히 만들어 낸 거구나 싶은데, 어쨌든 읽다 보면 그에게 매료될 수밖에 없도록 쓰여 있습니다. 이런 점을 주의해야 한다고 하신 것 같고요.

『슈뢰딩거의 삶』은 대담을 준비하면서 읽었는데 여인들과 관련된 삶의 모습에는 대단히 충격적인 부분도 있었습니다. 그것은 아마 다른 분도 마찬가지일 것 같은데『슈뢰딩거의 삶』에 대해서 그런 것도 염두에 두시면서 설명해 주시길 부탁드리겠습니다.

평생에 걸쳐 합일을 추구한 로맨티시스트

이정민 제 서평 제목이 일종의 수식인데요. 슈뢰딩거의 이름이 붙은, 양자 역학에서 가장 유명한 방정식에 그의 삶을 대입해 보았습니다. 원래 슈뢰딩거 파동 방정식에는 플랑크 상수가 들어가는데 여기서는 여자가 들어갑니다. 여자는 슈뢰딩거 삶의 상수입니다. 젊어서부터 죽을 때까지 어딜 가나 안 빠지고, 그것도 매번 다른 여자가 등장합니다. 제가 세어 봤는데 책에 기록된 것만 10여 명은 되는 것 같아요. 그 다음에 파동 함수에 미분을 취하는데, 그 자리에 들어가는 게 슈뢰딩거에게는 양자가 되겠죠. 슈뢰딩거는 파동 함수에 굉장히 독특한 의미를 부여해서 양자 개념을 '미분해' 버리려고 했습니다.

그런데 재미있게도 이 둘을 묶어 주는 공통분모가 있습니다. 이 책을 쓴 무어가 보기에는 그게 슈뢰딩거만의 고유한 철학이라는 거예요. 그 뿌리가 인도 철학, 베단타 철학이고 무어는 베단타 철학에서 이 둘을 이어 주는 공통분모를 발견합니다.

제가 처음에 슈뢰딩거가 연속성을 강조하면서 양자 개념이 불연속을 함축하는 것을 굉장히 비판적으로 바라보았다고 말씀드렸는데, 한 걸음 더 나아가서 그는 입자 개념 자체를 굉장히 회의적으로 보았습니다. 물리학에서 입자는 공간에서 서로 분리되어 개체성을 가진 존재인데 그는 입자마저 파동의 한 모습으로 보았습니다. 파도에서 물방울이 잠깐 튀었다가 다시 잠기듯, 입자는 파동의 잠깐 솟아오른 모습에 지나지 않는다는 것이지요. 무어가 보기에 이 해석은 우리의 개체적 영혼과 자아 개념을 부정하는 베단타 철학과 이어집니다. 우리는 단지 어떤 절대 정신의 파편이고 실재하는 건 모두를 아우르는 절대적 하나일 뿐이라는 베단타 철학과, 개체성을 가진 입자 대신 파동으로만 세상을 파악하려고 했던 슈뢰딩거 물리학에 유사성이 있다는 거지요. 마찬가지로 슈뢰딩거의 화려한 여성 편력도 그가 여성을 통해서 자아가 부정되는 합일을 체험하려 했기 때문인 것 같아요. 그래서 그런 일이 평생토록 가능하지 않았나 생각되고요.

박상준 부인이 둘인 것도 모자라서 두 부인하고 한 집에 살았죠. 긴밀한 관계를 맺은 여성만 10명이 넘고. 우리하고는 수준이 다르죠. 그래서 좀 충격적이었고 놀랐는데 선생님 말씀을 듣고 생각을 바꿔야한다는 걸 알았습니다. 사람이 살아가면서 성의 상대가 물결처럼, 파동처럼 가는데 그중에서 몇 명이 올라오는 것이라고 보아야 하는

구나, 라는 생각이 이제 듭니다. 잘못된 건지도 모르겠습니다만.(웃음)

이정민 아마도 그건 선생님만의 해석이실 겁니다.(웃음)

불확정성 원리

박상준 해석을 말씀해 주시니까 새로운 질문이 떠오릅니다. 두 물리학자가 양자 역학 발전에 중요한 기여를 했음에도 서로 대립하고 있음을 우리가 읽으면서 알 수 있지 않습니까? 왜 대립하는지, 어떤 점에서 차이를 보이는지, 이런 이야기도 해야 할 것 같아요.

우선 하이젠베르크의 불확정성 원리가 있습니다. 최근에는 일반인도 많이 알고 있는 내용으로, "운동량과 질량 이 두 가지를 양자 차원에서는 동시에 확정할 수 없다. 질량을 확정하면 운동량을 정할 수가 없고, 역으로도 마찬가지다." 이런 것을 불확정성 원리라고 한다는데 그걸 일반화하면 "양자 차원에서는 관측 행위가 관측 대상에도 영향을 미친다." 이렇게도 말할 수 있지 않을까 싶어요. 정말로 관측 행위가 관측 대상에 영향을 주나요? 그게 무슨 의미인지 저희가 알아들을 수 있게 이상욱 선생님부터 설명 부탁드립니다.

이상욱 먼저 양자적 현상에서 측정 행위가 측정 대상에 영향을 끼치는 것은 무조건 맞고요. 어떤 해석을 택해도 이를 피해 갈 뾰쪽한 수가 없습니다. 그런데 널리 퍼진 오해가 하나 있는데 하이젠베르크가 불확정성 원리를 내놓은 제일 처음에 제시한 설명이 너무 유명해서요. 전자 현미경 사고 실험인데 불확정성 원리를 우리말로 설명한 웹사이트를 보면 거의 그렇게 쓰여 있어요. 우리가 빛을 가지고 보는데 제가 여러분을 본다고 여러분이 안 흔들리죠. 질량이 워낙 크니까. 그런데 전자나 중성자 정도 되면 질량이 굉장히 작기 때문에 우리가 사용하는 측정 도구인 빛조차 대상을 교란시켜 다른 곳으로 가서 알 수 없게 된다. 하이젠베르크도 처음에는 불확정성을 이렇게 설명했어요. 그러다 나중에 취소합니다. 그 이유를 이제 설명해 드리려 합니다.

과학 이론을 가지고 무엇을 이해, 설명, 예측한다는 것에 우리가 두 가지 입장을 가질 수가 있어요. 하나는 세상은 원래 어떻게 되어 있는데 그게 너무 복잡해서 우리가 알 수 없다는 입장입니다. 우리는 할 수 없이 이론을 사용해서 필요로 하는 정보만을 끄집어내려고 노력합니다. 하지만 우리가 모르는 건 우리 책임이지 세상이 그렇기 때문은 아니에요. 대표적인 게 주사위예요. 주사위를 던지면 1이 나올 확률이 6분의 1이라고 하잖아요? 아무도 그것을 못 피하죠. 그런데 사실 주사위는 고전 역학적 계거든요. 무슨 말이냐면 위치와 운동량을 결정론적으로 가진 대상이란 말이에요. 여기서는 복잡계 이론은 신경 쓰지 마시고요. 원리적으로는 주사위를 내가 딱 들었는데 그걸 어떤 각도로 들었고 주사위 무게가 어떻고 튕길 때의 힘 이런 것을 다 알고 완벽하게 계산할 수 있으면, 이걸 '라플라스의 악마'라고 하는데 이러면 확률이 필요 없어요. 무슨 숫자가 나올지 정확히 알 수 있거든요. 다만 우리는 악마가 아닙니다. 인식에 제한이 있는 인간이기에 확률을 사용하는 거예요. 주사위라는 계에는 확률이 없죠. 결과는 결정되어 있는데 그걸 알 방법이 없으니까 확률을 사용하는 거예요.

양자 역학에서 확률을 쓰는 이유는 다릅니다. 양자 역학의 확률은 우리가 무식해서, 몰라서가 아니라 세상이 진짜 그렇기 때문입니다. 똑같은 방사성 동위 원소가 두 개 있어요. 10초 후에 하나는 붕괴하고 하나는 붕괴하지 않았어요. 왜 얘는 붕괴하고 얘는 붕괴하지 않았느냐? 거기에 대응하는 존재론적 사실이 없어요. 세상이 그런 거예요. 붕괴할 확률이 존재하는데 그냥 한쪽은 붕괴가 실현되고 다른 쪽은 안 돼요. 이유를 물으면 안 돼요. 그냥 그런 것이거든요. 그렇게 불확정성 원리를 이해해야 합니다.

우리가 간섭을 하는 건 맞습니다. 빛이 쏘여지고 파동 함수가 변한다는 게 맞는데 원칙적으로 그것들은 무한히 작게 만들 수가 있거든요. 인터넷 같은 곳에서는 흔히 "얘는 잘 결정되어 있지만, 우리가 몰라서 불확실해진다."라고 자꾸 인식론적으로 설명을 해 왔습니다. 물리학의 표준 해석이나 하이젠베르크가 최종적으로 견지한 입장은 "세상이 원래 결정되어 있지 않은 상태이며, 거기에 더해서 우리가 측정 과정에서 하는 요동이 작용한다."입니다. 그렇게 이해하시면 됩니다.

박상준 책을 보면 슈뢰딩거는 하이젠베르크하고 계속 거리를 두었던 것으로 읽히는데요. 이정민 선생님께는 그런 불확정적인 측면, 관측 행위가 관측 대상에 영향을 끼친다는 생각을 슈뢰딩거가 어떻게 보았는지 설명 부탁드리겠습니다.

이정민 일단 불확정성 원리 자체는 양자 이론에서 수학적으로 유도되기 때문에 슈뢰딩거는 식 자체에 의문을 품지는 않았습니다. 다만 과연 그것이 우리 세계에 무얼 이야기할 수 있는지, 그 부분에서 차이가 날 수 있습니다.

'슈뢰딩거의 고양이' 역설은 원래 슈뢰딩거가 관측 행위가 관측 대상에 어떤 영향을 주는지를 심각하게 생각하면 발생하는 문제를 보이려고 한 것이거든요. 이걸 파동 함수의 붕괴라고 하는데, 상자 안의 고양이가 죽지도 않고 살지도 않은 중첩된 상태에 있다가 상자를 여는(관측하는) 순간 고양이가 죽어 있거나 살아 있는 둘 중 하나로 갑작스럽게 바뀌는 거죠. 슈뢰딩거는 그런 관측은 고양이에게 영향을 줄 수 없다고 주장합니다. 슈뢰딩거는 기본적으로 파동 함수가 상자 안 고양이에 대한 완전한 서술이어야 한다고 생각했습니다. 그래서 파동 함수가 어떻게 변해 갈지는 순전히 물리적인 상황으로 결정이 되어야지, 관측 행위가 변화를 가져와서 고양이가 죽지도 살지도 않고 있다가 갑자기 죽거나 살아 있는 식의 물리적 변화를 일으킬 수 있다고 그는 보지 않았습니다. 물리적인 변화를 일으키려면 그런 변화가 관측자가 아닌, '세계 안에' 있어야 한다는 거죠. 상자를 열었다/열지 않았다 식의 뭘 알고/알지 못하는 것이 대상 세계, 곧 파동 함수의 변화를 일으킨다고 생각하지 않았습니다.

양자 역학에 대한 기여

박상준 제가 사회자로서 책을 통해서, 그리고 두 물리학자를 통해서 양자 역학을 일반인 차원에서 이해하려고 했을 때 첫 번째로 말씀을 들어야만 했던 항목이 지금까지의 이야기였습니다. 이제 두 번째로 넘어가 보겠습니다. 슈뢰딩거는 이른바 파동 방정식, 파동 함수로 슈뢰딩거 방정식을 만들어서 양자 역학 발전에 지대한 기여를 했습니다. 하이젠베르크는 행렬 방정식을 이용해서 마찬가지로 중요한 역할을 했고요. 실제로도 한 해 사이로 노벨 물리학상을 받지 않습니까. 이 의미를 여쭙고 싶어요. 먼저 이정민 선생님께서 양자 역학 발전 과정에 슈뢰딩거가 파동 함수, 방정식을 통해서 기여한 것이 무엇인지, 어떤 의미가 있는지를 설명해 주시길 부탁드립니다.

이정민 처음 슈뢰딩거가 파동 함수에 부여했던 물리적인 의미는 전자를 공간 속에 퍼진 물질 분포, 곧 전기 밀도로 이해하려 했던 것이었습니다. 하지만 결국 전자는 어느 한 곳에서 나타나든지 나타나지 않든지 둘 중 하나뿐이었기 때문에 사실 실패했습니다. 하지만 방정식이 남았죠. 파동 함수의 시간에 따른 변화를 나타내는 방정식이 남아서, 물리학자들은 슈뢰딩거가 거기에 부여하려고 했던 의미는 다 버리고 그 방정식의 해만 가지고 실험 결과를 해석합니다. 그런데 실험 결과를 해석할 때 파동 함수가 과연 거기서 어떤 일을 하느냐. 이상욱 선생님께서 말씀하셨던 건데 거기에 어떤 간접적인 답을 준다는 거죠. 물리량이 여러 가지 있는데 위치, 운동량, 아니면 양자 이론에서 스핀 이런 것도 물리량이 되거든요. 이런 물리량을 측정해서 어떤 특정한 물리량 값이 나올 확률을 파동 함수가 줍니다. 어떤 한 값이 나올 확률을 이야기해 주기 때문에 우리가 계산해서 알 수 있는 거죠. 파동 함수를 계산해서 나오는 '물리량에 대한 확률적 정보'

에 대해서만 이야기할 수 있다. 이것이 보른이나 나중에 하이젠베르크가 양자 역학을 해석하는 방식입니다.

박상준 말씀을 듣다 보니 하이젠베르크의 기여에 들어가기 전에 다른 질문을 하나 더 드려야겠습니다. 어떤 수식, 수학으로 표현된 식이 있을 때 그 기능이 우리가 연구하고자 하는 물리적 실재라든가 현상을 해석하거나 이해하는 것일 경우가 있죠. 그런 공식의 의미는 대상의 어떤 본질이나 본성, 특성을 말해 주는 게 되겠죠. 그런데 이게 아닌 수식들도 있지 않습니까? 연구 대상의 핵심을 드러내는 수식이 아니라 특성을 읽어 내는 여러 방편 또는 방법 중 한 가지로 활용되는 수식이 있을 것 같은데, 행렬은 둘 중 어디에 속하는지요? 하이젠베르크가 행렬을 쓸 때는 어떤 의미였는지를 알고 싶습니다. 슈뢰딩거가 처음 파동 함수를 만들 때에 대상의 실체를 읽어 내는 것으로서 생각한 건지 아닌지를 포함해서 하이젠베르크의 행렬 혹은 확률 이론이 양자 역학의 발전에서 어떤 의미가 있는지 설명 부탁드립니다.

이상욱 처음에 대조하신 두 가지가 과학 이론이 "어떤 게 있다."라고 할 때 이걸 정말 '있는 것'으로 보고서 그것을 예측하고 설명하는 실재론적 해석으로 볼 것인지, 아니면 (도구론적 해석이라고 해서) 우리가 얻고 싶은 정보를 알아내는 하나의 장치, 실제로 그 대상에 정말 그런 속성이 있으리라고는 아무도 생각하지 않는 장치로 보아야 할지에 관한 굉장히 역사 깊은 문제인데요. 어려운 점이 뭐냐면 개념적으로 과학 이론은 실재론적 해석과 도구론적 해석이 분명하게 구별되는데 하이젠베르크의 행렬 역학이 정확히 어디 속하느냐고 물으면 간단하지가 않아요. 왜 간단하지 않냐면 시기에 따라서 조금씩 바뀝니다. 슈뢰딩거의 파동 역학이 나오고 나면 다시 조금 더 바뀌고요. 그다음에 하이젠베르크의 생각하고 지금 물리학자들이 하이젠베르크가 했을 것으로 생각하는 것하고 다릅니다. 그런 점을 고려할 필요가 있는데 일단 처음으로 돌아가 보죠.

하이젠베르크가 보어와 상호 작용을 하면서 행렬 역학을 처음 만든 시기를 보면 그는 단순히 문제만 풀겠다는 생각만을 품지 않았어요. 그때 그 사람들이 가졌던 문제는 스펙트럼선을 어떻게 설명할 것인가 그 문제에 집중되어 있었습니다. 수소 원자가 빛을 쬐면 그 빛이 다 튕겨 나가면서 스펙트럼선이 나오는데, 그 패턴을 설명할 방법이 기존의 이론에는 없었습니다. 데이터는 다 있어요. 데이터는 숫자들이죠. 뭐 하면 뭐가 나온다. 무슨 조작을 하면 이런 결과가 나온다. 이 어마어마한 데이터를 놓고서 이걸 어떻게 설명할 것인가. 단순한 설명이 아니라 단절적으로 설명해야 한단 말이에요. 기존 물리학과는 다른 방식으로. 그걸 고민하다가 나온 결과가 행렬 역학입니다.

행렬 계산은 기본적으로 그냥 숫자를 곱해서 더하는 거예요. 내가 어떤 조작을 했다는 것에 대응되는 숫자들을 좍 쓰고요. 그 숫자들에 어떤 조작을 가하는 행렬을 곱해요. 그러면 나오는 결과가 스펙트럼선이 어떤 식으로 나올지를 보여 줍니다. 수학적인 조작 자체도 굉장히 단절적이죠. 숫자가 있고, 숫자를 곱해서 더하면 실험 결과가 나와요. 이 결과가 어떻게 나왔는지에 대한 설명은 하나도 없어요. 어떻게 생각하면 슈뢰딩거에게는 불만족스러운 게 하이젠베르크에게는 너무나 만족스러운 거예요. 어차피 세상은, 미시 세계는 알 수 없는 신비로운 것이고 단절적인 세계니까 그 세계에 대해서 틀린 이야기를 안 하고서도 결과를 얻을 수 있는 겁니다. 하이젠베르크는 행렬 역학의 장점을 그렇게 보았습니다. 구태여 원자가 어떻게, 전자가 어떻게 돌아간다는 이야기를 하나도 안 하고도 기적처럼 올바른 결과가 나오는 거예요. 하이젠베르크가 행렬 역학을 발견할 당시에 행렬 역학이 하이젠베르크에게 도구적이었냐? 아니죠. 그때는 실재론적이었어요. 실제로 세계가 그렇다고 믿었던 거죠. 정확히 이야기하면 물리학 이론은 이래야 한다고 믿은 거예요.

박상준 제가 질문을 다시 드리면요. 행렬 역학을 낳게 된 하이젠베르크의 의도라든가 태도는 분명히 실재론적인 측면에서 수학을 계속 탐구한 것이라고 이해가 가는데요. 그의 의도와는 상관없이 행렬이라는 수학 자체가 무언가를 실체적으로 규정하고 설명하는 일이 실제로 가능한지 여쭈어 보고 싶은 겁니다.

이상욱 이제 그다음 이야기인데요. 그게 바뀌거든요. '보른 해석이 들어온 다음'부터 물리학자는 대부분 도구론적으로 해석하기 시작해요. 그게 코펜하겐 해석의 보편적인 설명이 되고. 미묘하지만 중요한 차이가 있어요. 지금 선생님께서 질문하신 것의 답변인데 행렬 역학은 행렬을 곱하잖아요. 컴퓨터에 쳐서 집어넣고 결과가 나오고 그 중간은 그야말로 블랙박스인데 이걸로 무슨 실재론적 해석이 가능하냐고 물으신 거잖아요? 그 점에 대해서 반박을 한 게 보어와 하이젠베르크입니다. 그렇게 생각하는 것 자체가, 이렇게 설명하면 실재적으로 설명하는 게 아니라 도구론적으로 해석하는 것이라는 생각

자체가 여태까지 익숙해져 있는 뉴턴 역학에 기반을 둔 잘못된 생각이라는 거죠.

"'물리 이론은 반드시 시공간의 과정을 기술해야 한다. 그래야만 만족스러운 물리 이론이고 실재론적 해석이지, 처음하고 끝만 주면 제대로 된 물리 이론이 아니다.'라는 해석은 그 자체가 잘못이다." 이렇게 그들은 만족스러운 물리 이론 자체에 대한 다른 생각을 제시하려고 노력했어요. 적어도 초반에는. 그런데 슈뢰딩거의 대안적 해석이 나오죠. 워낙 자존심이 강해서 하이젠베르크도 이 책에는 안 쓰지만, '내가 주장하는 존재론적인 해석이 유일하게 맞는다고 볼 근거는 없구나.'라는 사실을 그도 깨닫습니다. 왜? 그것과 수학적으로 동등하면서 파동이라는 아주 다른 방식으로 설명하는 것도 가능한데 어느 주장이 맞는지를 알 수가 없거든요. 수학적으로 어차피 똑같이 나오니까. 그래서 하이젠베르크가 물러서기 시작합니다. 점점 더 불가해성을 강조해요. 모른다. 미시 세계는 우리가 모르고 알 수 있는 건 이것뿐이다. 정통적인 코펜하겐 해석이라는 게 있거든요. 우리가 알 수 있는 것은 그냥 파동 함수를 구한 다음에 그걸 제곱해서 그것이 측정할 때 어떤 결과가 나올지 확률만 준다. 그게 이제 도구론적 해석의 대표 격인데 그 해석으로 후퇴하는 거죠. 지금은 하이젠베르크나 보어가 초창기부터 도구론적으로 해석한 것처럼 알려졌는데 그건 아닙니다.

마지막으로 재미있는 것 한 가지만 말씀드리면 슈뢰딩거가 자기가 원하는 방식으로 이기진 않았지만, 하이젠베르크를 이깁니다. 우리가 양자 역학으로 계산할 때 하이젠베르크 방식을 안 써요. 양자 역학 교과서는 다 슈뢰딩거 방식을 쓰죠. 하이젠베르크는 어마어마

『부분과 전체』 대 『슈뢰딩거의 삶』

한 일을 하긴 했는데 자기의 직접적인 연구 결과 중에서 우리가 사용하는 건 사실 별로 없어요. 그에 비해서 슈뢰딩거는 자기 방정식에 배신당했을지는 몰라도 이 사람의 서술 방식은 물리학 교과서의 표준이거든요. 세상은 공평한 거죠.

거장들의 서로 다른 인생관

박상준 양자 역학에 관한 학술적인 면은 이제 일단락 짓고요. 약간 방향을 틀어 보겠습니다. 나이는 다르지만 하이젠베르크와 슈뢰딩거가 거의 같은 시기에 활동했잖아요? 잠시 나왔지만 이때가 역사적으로 나치가 등장하고 제2차 세계 대전이 진행되는 그런 시기였습니다. 슈뢰딩거는 아일랜드 가서 피신하다시피 살았죠. 반면에 하이젠베르크는 주변에서 미국으로 망명하라고 권유해도 그러지 않고 끝까지 남았단 말입니다. 그런 것과 관련해서 과학과 국가, 또는 과학과 사회가 되겠죠. 과학과 현실, 정치적인 현실과 관련해서 두 과학자의 삶에 차이가 있는데 이번에는 거꾸로 이정민 선생님께서 하이젠베르크의 삶에 대해 어떤 느낌이 있으신지, 또 이상욱 선생님께서는 슈뢰딩거에게 어떤 느낌이 있으신지 들어 보도록 하겠습니다.

이정민 정치 현실과 관련된 부분에서 아까 이상욱 선생님도 지적하셨는데 보어를 방문하는 장면이 굉장히 짧게 되어 있는데요. 보어의 기록이 하이젠베르크하고 일치하지 않는 게 보어가 기억하는 하이젠베르크는 전승국의 과학자로 의기양양했다는 거죠. 이미 독일이 이긴 전쟁이라는 확신을 가지고 과연 이 시점에서 피지배국이 된 덴마크 같은 나라의 과학자와 무엇을 할 수 있을까. 그러한 목적을 가지고 왔다고 보여는 이를 굉장히 위협적으로 생각했는데 하이젠베르크는 순전히 개인적인 친분으로 보어를 방문했다고 하죠. 서로의 기억에 대한 이러한 '불확정성'은 극작가 마이클 프레인(Michael Frayn)의 1998년 작 「코펜하겐」으로 극화되기도 했습니다. 제 생각으로는 보어의 느낌이 더 맞는 것 같습니다. 하이젠베르크는 정치적인 부분에서, 특히 철학에서도 그런 게 드러나는데 기회주의적인 부분이 분명하게 있습니다. 어떤 시점에서 굉장히 민첩한 판단을 하는데 그 판단이 전체적으로 일관된 무엇에 의해서 이루어지는 게 아니라 약간 시류에 편승한다고 하는 느낌입니다. 양자 역학의 해석에서도 하이젠베르크는 뭔가 왔다 갔다 하는 부분이 분명히 발견된다고 생각합니다.

이상욱 이정민 선생님 지적이 재미있는데요. 저도 동의하고요. 정치적으로 문제가 안 되는 선에서 이야기하자면 하이젠베르크는 독일인이죠. 보어가 그 장에서 독일의 단점으로 철저한 복종, 파시즘이 등장할 수 있는 배경 같은 걸 언급하는데 하이젠베르크에겐 그게 안 보입니다. 독일의 장점만 보이는 거죠.

그런 면에서 슈뢰딩거도 전형적인 빈 사람이었습니다. 20세기 초 빈이라는 곳이 굉장히 독특한 곳입니다. 우리가 알고 있는 유명한 사조들이 거기서 다 나왔고요. 철학적으로도 현대적인 의미의 과학 철학이 태어난 곳이기도 합니다. 실재론, 도구론, 지금 우리에게 익숙한 과학 철학적 주제들을 본격적으로 논의하기 시작한 곳이 바로 빈 서클입니다. 이런 지적 분위기에서 그는 철저한 빈 시민으로 태어나 교육을 받고 빈식으로 살았습니다. 아까 충격을 받으셨다는 방탕한 생활도 우리나 하이젠베르크 기준으로 보면 펄쩍 뛸 노릇인데 빈 기준으로 보면 당시 인텔리겐치아들의 삶이라는 게 굉장히 자유분방했었거든요. 그런 맥락에서 볼 수 있다고 생각합니다.

박상준 이제 마지막 질문을 하나 더 드리겠습니다. 양자 역학이 물리학, 혹은 과학 분야를 넘어서서 우리 사회에 또는 우리 삶에 영향을 미쳤다면 뭐가 있을지 혹시 생각나시는 것 있으시면 부탁드립니다.

이정민 보어 이야기를 해 볼게요. 보어가 상보성이란 아이디어를 양자 이론에서 발전시켰는데 상보성이란 뭔가 겉으로는 모순된 것처럼 보이는 상황에서도 결국 세계를 더 완전하게 이해하기 위해서 어느 한쪽도 버릴 수 없는 그런 관계에 있는 두 생각을 이야기하는데요. 보어는 이걸 양자 물리에서 가져오긴 했지만 더 폭넓은 인간 사고에도 적용하려 했습니다. 서로 다른 두 문화가 충돌하고 모순되는 것처럼 보이지만 우리가 정말로 인간을 이해하기 위해서는 꼭 우리가 친숙한 문화뿐만이 아니라 우리와 전혀 반대되는 것처럼 보이는 문화를 통해서 인간을 볼 때 더 잘 이해할 수 있다는 것입니다. 문화들 사이의 관계도 상보적인 것이지요. 마찬가지로 양자 이론이 세계에 대해서 도를 터득하는 식의 그런 학문은 아니지만, 양자 이론을 통해서 체득한 인식의 깊이가 세계를 이해하는 데도 보통의 인문학과는 다른 나름의 통찰을 주는 부분이 분명히 있거든요. 과학이 그런 방식으로도 우리 사회에 충분히 이바지할 수 있지 않을까 생각합니다.

08

거인들의 시대

『아메리칸
프로메테우스』

『막스 플랑크 평전』

아메리칸 프로메테우스

카이 버드, 마틴 셔윈 | 최형섭 옮김

사이언스북스 | 2010년 8월

막스 플랑크 평전

에른스트 페터 피셔 | 이미선 옮김

김영사 | 2010년 4월

역사 속의 과학자, 과학사로서의 전기(傳記)

최형섭
서울 대학교 재료 공학부 교수

이 서평을 읽게 될 독자는 대개 과학계 종사자나 과학 — 특히 물리학 — 에 관심을 가진 일반인일 것이다. 그렇다면 20세기 물리학의 산물 중 가장 널리 알려진 원자 폭탄의 "아버지", 로버트 오펜하이머의 일생을 다룬 이 책에 관심을 갖게 되는 것은 전혀 놀라운 일이 아니다. 게다가 짝을 이룬 책이 고전 물리학을 넘어 현대 물리학의 시대를 연 막스 플랑크의 평전이니, 기획자의 의도를 어렵지 않게 짐작할 수 있다. 독일에서 양자 혁명을 주도적으로 이끈 인물과 미국에서 그것을 대규모 파괴력으로 실현한 인물. 흥미롭지 않은가?

하지만 처음부터 초를 치는 이야기를 하나 하겠다. 『아메리칸 프로메테우스(*American prometheus*)』의 공저자인 마틴 셔윈(Martin Sherwin)은 자신이 과학사학자로서는 매우 약한 정체성을 가지고 있다고 말한다. 셔윈 교수가 2012년 4월 잠시 한국을 방문했을 때, 서울 대학교에서 강연을 마치고 저녁 식사를 같이할 기회가 있었다. 어떻게 오펜하이머에 관심을 갖게 되었느냐고 묻자 그는 박사 학위 논문 주제를 정할 무렵 가까운 이웃과 나누었던 이야기를 했다. 이

웃은 당시 캘리포니아 주립 대학교 로스앤젤레스 캠퍼스의 대학원
생이었던 셔윈에게 "네가 이 세상에서 가장 중요하다고 생각하는
문제에 대해 써 보지 그래?"라는 조언을 해 주었다고 한다. 셔윈은
1960년대 후반 미국의 맥락에서 원자 폭탄의 문제는 미국을 중심으
로 한 세계 패권의 형성을 살펴보는 데 중요한 열쇠를 제공한다고 생
각했다.[01] 하지만 미국사를 전공하는 대학원생이 개발된 지 20여 년
밖에 안 된 인공물에 초점을 맞춘 학위 논문을 쓰기로 한 것은 나름
용감한 결정이었을 게다. 그 이후 평생 원자 폭탄과 그것을 둘러싼
과학자들에게 쏟은 관심 덕분에 셔윈은 자신이 종종 과학사학자라
는 "오해"를 받는다고 토로하기도 했다.

이렇듯 『아메리칸 프로메테우스』는 과학사의 관점보다는 미국사
또는 세계사의 관점에서 비롯된 저작이다. 물론 과학사가 (일반) 역
사의 일부임은 틀림없는 사실이지만, 여기서 그 둘 사이를 굳이 구
분하는 것은 셔윈이 과학적 지식의 발견 및 그 응용보다는 거대한
정치, 외교, 사회의 변동에 관심을 가지고 있다는 점을 강조하기 위
해서이다. 예를 들어, 저자는 오펜하이머가 어린 시절을 보냈던 20
세기 초 뉴욕 유대인 공동체의 분위기와 매우 예민한 감성을 지닌
소년이 그 안에서 느낀 심리적 경험에 주목한다. 또, 오펜하이머가
영국과 독일에서 공부를 마치고 미국으로 돌아와 참여하게 된 반파
시즘 및 좌익 활동, 그리고 그가 맨해튼 프로젝트의 총책임자로 임
명되면서 1930년대 정치 활동의 경험이 어떻게 문제가 되기 시작했

01 　그의 학위 논문은 이후 Martin J. Sherwin, *A World Destroyed: The Atomic Bomb and the Grand Alliance*
(New York: Vintage Books, 1975)라는 제목으로 출간되었다. 원자 폭탄의 투하 이후 국제 정세의 변동
을 분석한 역작이다.

는지에 초점을 맞추고 있다. 이 책의 클라이맥스는 뭐니 뭐니 해도 1954년 미국 원자력 위원회의 보안 청문회와 여기에 반영된 당시 미국 사회의 반공 분위기(매카시즘)이다. 이러한 과정을 거쳐 오펜하이머의 일생은 (원 저작의 부제인 'The Triumph and Tragedy of J. Robert Oppenheimer'에서도 잘 드러나듯이) 고대 그리스 신화에서와 같은 빛나는 승리에 이은 오만과, 그에 따른 비극적 결말이라는 서사 구조로 재구성될 수 있다.

로버트 오펜하이머는 아마도 현대 과학사에서 가장 많이 연구된 인물 중 하나일 것이다. 그가 주도적으로 참여했던 맨해튼 프로젝트에 관한 연구에서부터, 오펜하이머 개인에 관한 연구에 이르기까지 그동안 세기 어려울 정도로 많은 논문과 책이 출간되었다. 특히 2000년대 들어 그동안 기밀로 묶여 있던 문서들이 공개되면서 오펜하이머 연구의 새로운 물결이 일었다.[02] 『아메리칸 프로메테우스』는 이와 같은 흐름의 일부이기도 하지만, 다른 한편으로는 셔윈이 25년에 걸쳐 수집한 방대한 자료에 공저자인 저널리스트 카이 버드(Kai Bird)의 글재주가 합쳐진 독보적인 결과물로 볼 수도 있다. 이 책은 2006년 퓰리처상 전기 부문을 수상하며 화제에 오르기도 했다. 그

---

02 맨해튼 프로젝트에 관한 저작으로는 Richard Rhodes, *The Making of the Atomic Bomb* (New York: Touchstone, 1986)이 대표적이다. 오펜하이머에 관한 최근의 연구는 Abraham Pais and Robert P. Crease, *J. Robert Oppenheimer: A Life* (Oxford: Oxford University Press, 2006); Jeremy Bernstein, *Oppenheimer: Portrait of an Enigma* (Chicago: Ivan R. Dee, 2004); Charles Thorpe, *Oppenheimer: The Tragic Intellect* (Chicago: University of Chicago Press, 2006)등이 있다. 과학사학자 실반 슈웨버(Silvan S. Schweber) 는 오펜하이머에 대한 비교 연구로 두 권의 책을 출간하기도 했다. S. S. Schweber, *In the Shadow of the Bomb: Bethe, Oppenheimer, and the Moral Responsibility of the Scientist* (Princeton: Princeton University Press, 2000); idem, *Einstein and Oppenheimer: The Meaning of Genius* (Cambridge, MA: Harvard University Press, 2008).

『아메리칸 프로메테우스』

렇다면『아메리칸 프로메테우스』와 다른 연구들의 차별점은 무엇일까?

첫 번째 차별점은 오펜하이머 주변 인물들에 대한 수많은 인터뷰를 통해 그의 어린 시절을 성공적으로 재구성해 냈다는 것이다. 오펜하이머는 부유하고 세속적인 유대인 가정에서 자라나 진보적 교육을 추구하던 윤리적 문화 학교(Ethical Culture School)에서 공부했다. 그는 보통의 아이들과는 어딘가 달랐고 그 때문에 동료들 사이에서 괴롭힘의 대상이 되기도 했다. 오펜하이머가 14세였을 때 여름 캠프에 참가했다가 아이들 사이에서 고자질쟁이로 지목되어 두들겨 맞고 발가벗겨진 채로 얼음 창고에 밤새도록 감금되는 사건이 발생했다. 하지만 그는 캠프 교사들에게 말하는 대신 몇 주 동안 버티는 편을 택했다. 영특하지만 병약했던 오펜하이머는 대학교에 진학하기 직전 찾은 뉴멕시코 고원 지대에 매료되었고, 그곳에서 경험한 (말 타기를 비롯한) 야외 생활을 통해 보다 강인한 신체와 정신을 갖게 되었다. 십대의 오펜하이머에게서 보이는 자존심과 고집, 금욕적인 성품, 그리고 뉴멕시코에 대한 사랑은 후일 반복해서 나타나게 될 것이었다.

화학 전공으로 하버드 대학교를 졸업한 오펜하이머는 당시 많은 미국 학생들이 그랬듯이 유럽으로 향했다. 그는 영국 케임브리지의 캐번디시 연구소에서 어니스트 러더퍼드(Ernest Rutherford)의 지도를 받고 싶었으나 거절당했고, 결국 조셉 존 톰슨(Joseph John Thomson)의 지도하에 실험 물리학을 전공하는 대학원생 생활을 하게 되었다. 하지만 오펜하이머의 성정은 꼼꼼한 물리학 실험과 맞지 않았다. 결국 영국에서 2년 동안의 우울한 시기를 보내고 난 후인 1926년 독일 괴팅겐 대학교에 있던 막스 보른에게로 옮겨 가면서 이론 물리학으로 전공을 바꾸게 되었다. 이때부터 오펜하이머의 지적 능력이 빛을 발하게 된다. 그는 1년 반 만에 학위 과정을 마치면서 무려 10여 편의 논문을 출판했다. 당시 독일의 물리학계는 소위 양자 혁명이 최고조에 달한 때였고, 오펜하이머는 그 과정에서 보른-오펜하이머 근사를 비롯한 몇 가지 중요한 업적을 남겼다. 당시 그와 함께 연구하던 동료들 중에는 나중에 독일 원자 폭탄 프로그램에 참여했던 베르너 하이젠베르크를 비롯해 볼프강 파울리, 폴 디랙, 엔리코 페르미, 에드워드 텔러 등이 있었다.

미국으로 돌아온 오펜하이머는 유럽에 비해 뒤떨어져 있던 미국 물리학계에서 떠오르는 스타가 되었다. 그는 여러 학교의 교수직 제안을 받았으나 캘리포니아 주립 대학교 버클리 캠퍼스와 캘리포니아 공과 대학에서 한 학기씩 강의하기로 하였다. 새로 정착한 미국 서부에서 오펜하이머는 양자 역학을 연구하는 새로운 학파를 만들어 나가는 한편, 당시 미국 지식인 사회에 유행하던 좌익 활동에 참여하기 시작했다. 그의 주변에는 공산주의자들이 많았다. 오펜하이머의 연인이었던 진 태트록, 동생 프랭크 오펜하이머와 그의 아내 재키, 가장 가까운 친구였던 하콘 슈발리에, 그의 부인이었던 키티와 그녀의 첫 남편이었던 조 달레트 등은 모두 공산당원이었거나 공산당에 가입한 적이 있었던 인물들이었다. 이들과의 관계는 모두 나중에 오펜하이머를 공격하기 위한 빌미가 되었다. 하지만 오펜하이머 역시 공산당에 가입했을까? 이 질문은 1954년 원자력 위원회 보안 청문회의 쟁점들 중 하나였다. 이에 대해 셔윈은 확실히 부정적인 입장을 취하고 있다. 그토록 오랜 기간 동안 수많은 사람들이 증거를 잡기 위해 노력했음에도 결정적인 증거가 나오지 않았다는 것이다.

『아메리칸 프로메테우스』

수많은 주변 지인의 증언 역시 이 결론을 지지한다.

미국에서 원자 폭탄을 만들기 위한 활동이 본격화된 것은 1942년 초의 일이었다. 맨해튼 프로젝트의 담당자였던 육군 준장 레슬리 그로브스(Leslie Groves)는 오펜하이머의 좌익 활동 경력에도 불구하고 그를 프로젝트의 과학 총책임자(scientific director)에 임명했다. 리더로서 오펜하이머의 능력은 예상외로 탁월했다. 수많은 정보를 처리해 올바른 결정으로 이끌어 내는 데 남다른 재능이 있었던 것이다. 그로브스와 오펜하이머는 우연찮게도 맨해튼 프로젝트의 핵심 부지로 오펜하이머가 어린 시절부터 익숙한 뉴멕시코 고원의 로스앨러모스를 선택했다. 프로젝트는 시작된 지 3년여가 지난 1945년 여름 원자 폭탄을 만들어 내는 데 성공했고, 7월 시험을 거쳐 8월에 일본 히로시마와 나가사키에 투하되었다. 원자 폭탄의 성공적 투하에 이은 일본의 항복으로 오펜하이머는 과학계뿐만 아니라 미국 사회 전반에 걸쳐 영웅으로 등극할 수 있었다.

오펜하이머는 새롭게 얻은 사회적 영향력을 바탕으로 과학자들이 만들어 낸 이 엄청난 무기를 평화적으로 통제하기 위한 방법을 고안하기 위해 노력했다. 오펜하이머는 "국제적 통제"를 위한 기구를 마련해야 한다고 주장했으나 핵 독점국이라는 지위를 전후 외교에 이용하려는 미국 정치가들의 의도에 밀려 큰 영향력을 발휘하지 못했다. 이후 1949년 소련이 핵 실험에 성공했고, 그 이후 에드워드 텔러를 중심으로 수소 폭탄을 개발해 미국의 핵 우위를 유지해야 한다는 주장이 힘을 얻게 되었다. 하지만 오펜하이머는 텔러의 계획에 참여하기를 거부했고, 이는 1954년 보안 청문회의 직접적인 계기가 되었다.

오펜하이머의 비밀 취급 인가를 둘러싼 원자력 위원회 보안 청문회는 널리 알려져 있다. 하이나르 키프하르트(Heinar Kipphardt)라는 독일 극작가는 청문회 녹취록을 기반으로 연극을 만들어 상연할 정도였다.[03] 그럴 만큼 오펜하이머 청문회는 자존심과 고집, 속임수와 배신, 영웅의 몰락 등의 여러 극적 요소들을 갖추고 있었다. 『아메리칸 프로메테우스』에서 셔윈과 버드는 녹취록과 인터뷰 등의 자료들을 토대로 청문회 장면을 비중 있게 다루고 있다. 원자 폭탄의 아버지로 추앙 받던 영웅은 청문회를 통해 완전히 발가벗겨져 국가 안보의 "위험 요소"라는 낙인을 얻게 되었다. 결국 오펜하이머의 비밀 취급 인가는 취소되었고, 이로 인해 그는 모든 원자력 관련 논의에 참여할 수 없게 되었다. 아버지가 자식의 미래를 결정하는 자리로부터 배제되어 버린 것이다. 이후 오펜하이머는 버진 제도의 세인트존 섬에 집을 짓고 몇 달씩 유배 생활을 자처하기 시작했고, 1967년 2월 18일 오랜 줄담배의 습관에서 온 후두암으로 62세의 비교적 짧은 생을 마감했다.

　　셔윈과 버드는 『아메리칸 프로메테우스』를 통해 로버트 오펜하이머라는 한 인간과 그가 살아온 정치적·사회적 배경을 성공적으로 재구성해 냈다. 하지만 전기라는 장르가 과학사로서 의미를 가질 수 있을까? 과학이 근본적으로 공동체의 산물이라고 보았을 때, 한 과학자의 일생을 구체적으로 살펴보는 것이 과학의 역사를 파악하는 데 효과적인 방법인가? 게다가 오펜하이머는 (뉴턴이나 아인슈타인, 또

03　하이나르 키프하르트의 연극 대본은 Heinar Kipphardt, *In the Matter of J. Robert Oppenheimer* (New York: Hill and Wang, 1968)라는 제목으로 출판되었다. 오펜하이머는 이 연극에 대해 "빌어먹을, 희극을 비극으로 만들어 버렸다."라며 불평했다.

『아메리칸 프로메테우스』

는 플랑크처럼) 탁월한 과학적 업적보다는 과학 행정가로서의 행적이 보다 중요한 인물이 아니던가? 이는 『아메리칸 프로메테우스』와 『막스 플랑크 평전(Der Physiker: Max Plank)』에 공통으로 던져 볼 수 있는 질문들일 것이다. 셔윈과 버드의 작업을 통해 우리는 20세기 전반에 걸친 과학적, 사회 정치적 격동기 속에서 과학 활동과 과학 행정을 수행하는 한 인간을 정면에서 바라볼 수 있게 된다. 과학 기술역시 특정한 사회 정치적 맥락 속에서 이루어지는 인간의 활동이라는 전제에 동의한다면, 동전의 양면을 함께 들여다보는 것도 의미 있는 일일 것이다.

최형섭 서울 대학교 재료 공학부 교수

존스 홉킨스 대학교 과학 기술사 박사 학위를 받은 뒤, 미국 케미컬 헤리티지 파운데이션 선임 연구원, 도쿄 대학교 외국인 특별 연구원 등을 거쳐 현재 서울 대학교 공과 대학과 과학사 및 과학 철학 협동 과정에서 학생들을 가르치고 있다. 주요 연구 관심 분야는 반도체 기술과 재료 과학을 중심으로 한 20세기 과학 기술의 역사이며, 현재는 한국 대학교에서의 연구 체제의 형성에 대해 관심을 갖고 있다.

물리학자 플랑크에게
모국은 무엇이었을까?

김재영
KAIST 부설 한국 과학 영재 학교 교수

과학자에게 모국이 있을까? "과학에는 국경이 없지만, 과학자에게는 모국이 있다." 이는 1870년 프랑스와 프로이센 사이에 전쟁이 발발하자 프랑스의 생물학자 루이 파스퇴르(Louis Pasteur)가 2년 전 프로이센의 본 대학교에서 받은 명예박사 학위를 반납하면서 한 유명한 말이다.

양자 역학의 창시자로 널리 알려져 있는 막스 플랑크는 어땠을까? 생전에 프로이센이 독일을 통일하는 것을 목도하고, 두 번의 세계 대전을 겪고, 나치 치하에서 카이저 빌헬름 협회 의장으로서 독일의 물리학을 지키고 대변했던 그에게 과연 모국은 무엇이었을까?

독일 콘스탄츠 대학교 과학사 교수 에른스트 페터 피셔(Ernst Peter Fischer)가 2007년에 낸 막스 플랑크의 평전은 한 명의 물리학자가 극심한 혼란 속에 있던 세계 속에서 자신의 확실하고 분명한 세계를 지키려 했던 모습을 너무나 절절하게 입체적으로 그려 내고 있다. 피셔가 이 책의 원제를 "물리학자, 막스 플랑크와 세계의 붕괴"로 한 것은 'Der Physiker(물리학자)'로서의 플랑크를 통해 19세기까지의 고전적 세계가 무너지고 새로운 세계가 만들어졌다는 점을 역설하려는 의도였을 것이다. 물리학, 수학, 생물학, 과학사를 모두 전공한 피셔는 『또 다른 교양, 교양인이 알아야 할 과학의 모든 것(*Die andere Bildung: Was man von den Naturwissenschaften wissen sollte*)』, 『아인슈타인과 피카소가 만나 영화관에 가다(*Einstein trifft Picasso und geht mit ihm ins Kino*)』, 『슈뢰딩거의 고양이(*Schrödingers Katze auf dem Mandelbrotbaum*)』, 『과학을 배반하는 과학(*Irren ist bequem*)』 등 70여 권의 저서를 쓴 탁월한 저자이기도 하다. 피셔가 플랑크가 세상을 떠난 해에 태어났다는 점이 의미심장해 보이기도 한다.

플랑크 평전으로는 아래에서 보듯 많은 책들이 출간되어 있다.

한스 하르트만, 『인간으로서 그리고 사상가로서 막스 플랑크』(1948년)

막스 플랑크, 『과학 자서전과 막스 폰 라우에의 추도사』(1948년)

발터 게를라흐, 『양자 이론, 막스 플랑크, 그의 업적과 작용』(1948년)

헤르만 크레츠슈마르, 『철학자로서의 막스 플랑크』(1967년)

아르민 헤르만, 『막스 플랑크, 자기증언 기록과 사진 자료들』(1973년)

존 하일브론, 『막스 플랑크, 한 양심적 과학자의 딜레마』(1986, 2000년)

막스 플랑크 협회, 『막스 플랑크, 강연-연설-기록』(2001년)

장 클로드 부드노, 질 코엥 타누지, 『막스 플랑크와 양자』(2001년)

아스트리트 폰 푸펜도르프, 『플랑크 일가, 애국심과 저항 사이에 있던 가족 이야기』(2006년)

디터 호프만, 『막스 플랑크와 현대 물리학의 발전』(2008년)

이 중 미국의 과학 사학자 존 하일브론(John Heilbron)이 쓴 평전은 1992년 정명식과 김영식의 번역으로 한국어판이 나왔으며, 2010년에 나온 피셔의 책이 한국에서 두 번째로 출간된 플랑크 평전이다. 원제가 "막스 플랑크와 독일 과학의 운명"인 하일브론의 책은 순수함과 정직을 생명으로 여기던 카이저 빌헬름 협회 의장이 격동의 시기에 과학의 세계와 현실의 세계 사이에서 갈등하는 모습을 잘 그려 내고 있지만, 아쉽게도 1990년대 이후 발굴된 새로운 사료들을 통해 더 생동감 있게 알 수 있는 플랑크의 모습을 2쇄 후기에 짧게 서술하고 있을 뿐이다. 피셔의 평전은 그런 점에서 더 빛을 발한다.

막스 플랑크의 이름이 과학사에 굳게 새겨진 것은 1900년에 흑체복사의 올바른 공식을 발표하면서부터이다. 그러나 플랑크가 제시한 에너지의 작용 양자(wirkungsquantum)라는 개념이 무엇을 의미하는가를 둘러싼 과학사학자들의 견해는 갈려 있다. 물리학 교과서에 흔히 등장하는 입장에서는 1900년에 이미 플랑크가 미시 물리학적 실체들의 에너지는 띄엄띄엄 떨어진 특정한 값만이 가능하다는 생각을 도입했다고 본다. 여기에는 1919년에 초판이 나온 뒤 양자이론의 보급에 중추적인 역할을 했던 아르놀트 좀머펠트의 교과서 『원자 구조와 분광선』의 영향이 컸다. 좀머펠트는 "플랑크가 진동수가 v인 복사 에너지는 기본 에너지 양자 $\varepsilon=hv$의 정수배로만 방출 또는 흡수된다는 에너지 양자의 가설을 제안했다."라고 쓰고 있다.

토머스 쿤(Thomas Kuhn)은 1978년에 출판한 『흑체 이론과 양자불연속, 1894~1912』에서 막스 플랑크의 에너지 양자화 가설을 양자 이론의 탄생으로 보는 것은 옳지 않다는 견해를 피력했다. 플랑크가 에너지의 양자화를 얻었던 것은 순전히 고전 열역학의 맥락에 서였으며, 플랑크 자신은 1900년 무렵에 (심지어는 그 이후에도) 자신이 한 연구의 의미를 제대로 이해하고 있지 못했다는 것이다.

쿤은 1906년에 플랑크의 가설을 실제적인 의미로 이해하고 해석하여 광전 효과를 설명했던 알베르트 아인슈타인이나, "빛 양자" 가설이 흑체 복사 이론에 어떤 본질적인 역할을 했는가를 설득력 있게 논의한 파울 에렌페스트(Paul Ehrenfest)야말로 진정한 의미에서 양자 이론의 창시자라고 본다. 여기에 동의하는 과학사학자들은 플랑크의 논문 자체와 1948년까지 계속 나왔던 플랑크 자신의 강의록이나 회고록을 바탕으로 플랑크의 아이디어는 철저하게 고전적인 통계 열역학의 맥락에서 제시된 것에 지나지 않으며, 그 혁명적인 의미는 1908년 이후에야 비로소 인식되기 시작했다고 주장한다. 즉, 플랑크는 동역학 법칙에 혁명을 불러일으킬 의도가 전혀 없었고 실제로 혁명적인 것도 아니었다는 것이다.

이 두 주장의 중간 정도로서, 플랑크는 자신의 공식이 큰 혁명을 부르리라는 것을 몰랐고 그것을 원하지도 않았지만, 실제로 그 자신은 혁명을 가져왔다는 견해를 지지하는 학자들도 많다. 그래서 플랑크는 곧잘 17세기 과학 혁명의 도화선과 상징이 되었지만, 혁명을 원하지 않았던 니콜라우스 코페르니쿠스(Nicolaus Copernicus)에 비견되기도 한다. 1920년대 중반 이후에 생겨나 점점 더 힘을 얻게 된 양자 역학에 플랑크는 끝까지 불신의 눈길을 거두지 않았다. 여기에서 유명한 "과학사의 플랑크 원리"가 등장한다. 과학의 역사에서 새로운 이론이 낡은 이론을 대치해 가는 것은 특별한 합리적 기준에 따른다기보다는 오히려 낡은 이론을 믿는 세대가 새로운 이론을 믿는 세대로 대체되기 때문이라는 것이다.

플랑크가 양자 이론의 실마리를 제공할 무렵, 영국의 물리학자 윌리엄 톰슨(William Thomson, 켈빈 경)은 이른바 '두 구름'을 말하고 있었다. 새로운 세기가 밝은 1900년 초, 톰슨은 물리학에 대한 전망을 말하면서 물리학자의 하늘은 아주 쾌청하며, 단지 마이켈슨-몰리의 실험과 흑체 복사라는 작은 두 조각의 구름이 있을 뿐이라고 평가했다. 플랑크 자신은 언제나 새로운 과학을 만들기보다는 기존의 과학을 잘 이해하고 다듬어 나가는 데 더 큰 관심을 가졌다는 점에서, 그의 구름이 20세기 물리학에 폭풍우를 가져온 것은 역사의 아이러니일 것이다.

그러나 더 비극적인 폭풍우는 전쟁이었다. 가족과 대학교에 대한 의무를 가장 중요하게 여기면서 살아가던 플랑크에게 제1차 세계 대전의 발발은 깊은 고뇌의 시작이었다. 피셔가 플랑크의 일생을 여섯 부분으로 나누면서 교수 자격을 취득한 1880년까지를 첫 번째 시기로 나누고 다시 양자 이론의 시초가 되는 1901년을 세 번째 시기의 시작으로 삼은 것은 자연스러운 일이다. 플랑크의 일생에서 1914년과 1945년이 시기를 나누는 기준이 된다는 것은 격동의 역사 속에서 살아가던 그의 삶을 잘 반영한다. 1913년 베를린 대학교의 총장으로 선출된 직후 제1차 세계 대전이 터졌을 때에도 전쟁에 대해 직접적인 언급을 피하고 과학과 학문의 발전만을 이야기하던 플랑크가 아돌프 폰 하르나크(Adolf von Harnack), 파울 에를리히(Paul Ehrlich), 에밀 피셔(Emil Fischer), 프리츠 하버(Fritz Haber), 펠릭스 클라인(Felix Klein), 빌헬름 뢴트겐(Wilhelm Röentgen) 등과 더불어 독일 지식인과 예술가들이 독일의 군사적 행동과 정치적 목적에 동참한다는 '지식인 93인 성명(Manifest der 93: Aufruf an die Kulturwelt)'에 서명한 것을 어떻게 평가해야 할까?

『막스 플랑크 평전』

1930년 카이저 빌헬름 협회 의장에 취임한 이후 플랑크의 남은 인생은 이 협회를 지키는 데에 바쳐진 것처럼 보인다. 종전 뒤 그 이름이 막스 플랑크 협회로 바뀐 것은 너무나 자연스런 일이었다. 1935년 카이저 빌헬름 협회를 위한 하르나크 하우스 연설에서 세 번이나 망설이다가 간신히 오른손을 들어 "하일, 히틀러!"라고 인사해야 했던 플랑크는 그가 믿었던 세계에 대한 합법칙적인 원리를 다음과 같이 피력했다.

"작거나 크거나 할 것 없이, 그 안에서 자연의 법칙들이 확고하고 일관성 있게 작용하는 것과 마찬가지로, 인간의 공동생활도 높든 낮든, 고귀하든 보잘것없든 모두에게 동일한 법칙을 요구합니다. ……그러한 성향 안에서 프로이센과 독일은 위대해졌습니다. 모국을 사랑하는 모두가 이러한 성향을 보존하고 심화시키기 위해 함께 노력할 성스러운 의무가 있습니다."

피셔의 평전에서 플랑크와 관련된 수많은 사람들 중에서도 두드러지는 두 사람이 있다. 아인슈타인과 프리츠 하버이다. 1905년 출판된 아인슈타인의 논문의 가치를 알아본 첫 번째 물리학자가 바로 플랑크이고, 1913년에 아인슈타인을 베를린으로 불러들인 장본인이다. 플랑크는 아인슈타인에게 강의의 권리는 있으나 의무는 없는 베를린 대학교 정교수 자리, 프로이센 과학 학술원 정회원 자리와 더불어 1912년 카이저 빌헬름 협회가 신설한 카이저 빌헬름 연구소의 소장 자리를 제안했고, 플랑크가 카이저 빌헬름 협회와 관계를 맺기 시작한 계기가 되기도 했다. 플랑크의 위대한 발견 두 가지가 바로 양자와 아인슈타인이라는 말이 과장만은 아닐 것이다.

1918년에 막스 플랑크와 더불어 노벨상 수상자로 선정되었던 화학자 프리츠 하버는 제1차 세계 대전 중에 군사용 독가스 개발의 책임자였고, "평화 시에는 인류를 위해, 전시에는 모국을 위해."라는 모토를 갖고 있었다. 그는 유대인이었지만 일찍 기독교로 개종했고, 스스로를 명실상부한 독일인으로 여기고 있었다. 그러나 히틀러 치하의 나치에서는 그의 혈통이 더 큰 문제였고, 독일 화학의 자부심은 1934년 망명지에서 쓸쓸한 최후를 맞이해야 했다. 앞에서 인용한 1935년의 플랑크의 연설은 다름 아니라 프리츠 하버의 서거 1년을 추모하는 자리였고, 피셔는 플랑크가 느꼈을 슬픔과 비분을 강렬하고 적절하게 묘사하고 있다.

이 책은 영어가 아니라 독일어에서 번역된 막스 플랑크의 평전이라는 점에서 중요한 의미를 지닌다. 다만 몇몇 용어의 번역에서 오류가 발견된다. 사소한 것은 '보편 함수'를 '우주적 기능'(91쪽)으로, '최소 작용의 원리'를 '최소 작용의 법칙'(326쪽)으로, '파동장' 또는 '파동 마당'을 의미하는 'wellenfeld'를 '진동수 영역'(128쪽)으로 옮긴다거나, 파장(wellenlange)과 파동(wellen)을 혼동(130쪽)하는 것이다. 플랑크 상수의 값이 10^{-27}이 아니라 10^{27}로 되어 있는데(336쪽), 이는 원문에서도 잘못되어 있다. 진동수를 나타내는 그리스 문자 ν 대신 v이 사용된 것은 편집상의 중요한 오류이다. 플랑크 상수의 단위를 줄초(J·s)가 아니라 줄(Js)이라고 표기하거나, "공간은 무한하지만 경계는 없다"(249쪽)는 내용을 잘못 적은 것이나, "에너지와 시간 사이의 상보성"을 "보완성"으로, "닫힌 계"를 "완결된 계"(163쪽)로 옮긴 것은 물리학을 전공하지 않은 역자의 사소한 실수일 것이다.

『막스 플랑크 평전』

플랑크가 베를린 대학교에서 자리를 얻을 때 첫 직책이었던 'extraordinariat'는 실험실을 가지고 있고 하나의 학과를 개설하거나 닫는 권한을 지니는 정교수(ordinariat)와는 다르다. 그러나 이는 독일에서 실험실을 따로 갖지 않았던 이론 물리학자를 가리키며, 미국의 'associate professor'나 영국의 'reader'에 준하는 제도였으므로, '정원 외 교수'라기보다는 '부교수'라 하는 것이 적절할 것이다.

그런데 플랑크가 과학을 대하는 태도에서 가장 중요한 문제였던 실재론(realismus)의 문제를 여러 곳에서 '현실주의'로 옮기면서 한국어권 독자들에게 큰 오해를 주게 되었다.(185~187쪽, 191~192쪽, 286쪽, 317쪽 등) 플랑크가 젊을 때에는 감추어진 실재보다 눈에 보이는 현상을 더 중시 여기는 '현상론자'(102쪽)였다.(현상론은 에드문트 후설(Edmund Husserl)이 제안한 철학적 '현상학'과는 전혀 다른 입장이다.) 그러나 20세기 이후의 플랑크에게 과학 이론, 특히 물리학 이론은 세계의 참된 모습에 대한 서술이며, 이는 현실에서 현상으로 나타나는 것 때문에 잘못 보아서는 안 되는 실재(realität)였다. 그런 점에서 실재론자(realist)인 플랑크는 현실주의적인 태도와 정반대에 서 있다. 원칙을 철저하게 지키면서 자신의 본분을 다하려 했던 플랑크의 삶의 태도는 현실주의자가 아닌 실재론자의 자세였던 것이다.

막스 플랑크에게 모국은 무엇이었을까? 첫째 아들은 제1차 세계대전 중에 전사하고 둘째 아들은 히틀러 암살에 연루되어 1945년에 처형된 플랑크의 인생에서 모국과 전쟁은 어떤 의미였을까? 지금을 살아가는 과학자들에게 모국은 어떤 의미를 가질까? 원칙과 합법칙적 기준을 중시 여기면서 가족과 과학에 대한 의무를 다하려 평생 애썼던 막스 플랑크에게 새로운 과학은 실재에 대한 진리를 말해 주고 있었을까?

김재영 KAIST 부설 한국 과학 영재 학교 교수

서울 대학교 물리학과에서 이학 박사 학위를 받은 뒤, 독일 막스 플랑크 과학사 연구소 연구원, 서울 대학교 강의교수, 이화 여자 대학교 HK 연구 교수 등을 거쳐 현재 KAIST 부설 한국 과학 영재 학교에 재직하고 있다. 물리학과 연관된 철학적 문제 및 역사적 문제를 주로 연구하고 있다. 공저로『뉴턴과 아인슈타인』,『불확실한 세상』,『과학 윤리 특강』등이 있고, 공역으로『에너지, 힘, 물질』,『새로운 뇌 과학』,『인간의 인간적 활용』등이 있으며, 주요 논문으로「한계로서의 확률: 양자 역학과 통계 역학의 예」,「양자장 이론과 인과의 비대칭성」등이 있다.

최형섭
『아메리칸 프로메테우스』

국형태
사회자

김재영
『막스 플랑크 평전』

국형태 서평에서도 강조되었지만 이 두 책은 과학자로서의 플랑크와 오펜하이머에게 초점을 맞추기보다는 이들이 당시의 사회적, 역사적 상황 속에서 어떤 삶을 살았는지 등을 조명하는 데 더 비중을 둔 책이라고 생각되는데요. 하지만 기본적으로 플랑크와 오펜하이머는 대단한 과학자입니다. 그래서 두 분의 과학적 업적을 먼저 이야기하고 지나갈 필요가 있을 것 같습니다.

20세기 물리학의 모든 것을 만든 사람

김재영 막스 플랑크는 1900년에 논문을 씁니다. 이 논문은 사실상 양자 역학이라는 학문을 처음 만든 것으로 평가 받습니다. 막스 플랑크는 양자 역학 혁명에서 주역 배우였고요.

두 번째 업적은 좀 다른 맥락인데 그는 아인슈타인을 만들었습니다. 1905년 '기적의 해'에 아인슈타인은 혁명적인 논문을 다섯 편이

『아메리칸 프로메테우스』 대 『막스 플랑크 평전』

나 쑵니다. 하지만 학계의 반응은 무관심에 가까웠습니다. 그러던 와중에 플랑크가 찾아옵니다. 아인슈타인을 1913년에 베를린으로 데려가서 지금의 위치에 오르게 한 장본인이 바로 플랑크입니다. 양자 역학이라는 것과 상대성 이론을 공론화했다는 의미에서 20세기 물리학의 모든 것을 만들었다고 해도 과언이 아니죠.

국형태 아인슈타인을 발굴했다는 것은 정말 대단히 중요한 의미가 있죠. 당시 아인슈타인의 논문을 이해하지 못하거나 무시하는 사람들이 대부분이었으니까요. 그런데 흑체 복사 실험 결과의 설명, 그게 결국 양자 역학이라는 새로운 학문을 시작하게 한 대단한 업적이었다고 평가하고 그래서 양자 역학의 창시자다 이런 말까지 하는데, 그것 말고도 평전에서 지적하는 업적은 또 없나요?

김재영 막스 플랑크의 진정한 역할은 바로 통계 물리학입니다. 제일 대표적인 것으로 포커-플랑크 방정식이 있어요. 19세기의 통계 물리학이라고 하는 것은 세상 만물을 기본 요소로 분해한 다음에 요소들 사이에 대한 통계적인 또는 확률적인 계산으로 바꿔 치기하는 접근인데, 최초의 창시자는 영국의 제임스 맥스웰이었습니다. 그 뒤를 이어서 오스트리아의 루트비히 볼츠만이 있었는데 둘 다 주목을 못 받고 있었을 때 플랑크가 이를 종합해서 통계 물리학의 초석을 닦았고요. 그의 제자들이 결국은 통계 물리학을 다 만들었다고 볼 수 있습니다.

또 하나 말씀드릴 것이 요즘 여분 차원, 10차원 끈 이론, M 이론 이야기를 하는데 이 모두에 플랑크가 등장합니다. 왜냐하면 플랑크가 길이와 물리량을 근본적으로 고찰해서 플랑크 길이, 플랑크 시간, 플랑크 질량, 플랑크 에너지로 정리했거든요. 물리학의 모든 것을 통일하려고 하는 통일 물리학의 시초라고 볼 수도 있습니다.

시대가 플랑크에게 요구한 것

국형태 플랑크와 오펜하이머 둘 다 어려운 시기, 사회적 격동기에 살았던 분들입니다. 과학자도 순수한 호기심으로 과학만 하고 살면 좋겠지만 사회 일원으로서 그렇게만은 안 되잖아요? 더구나 두 분은 많은 사람의 주목을 받는 유명한 학자였기 때문에 어려움이 더 컸을 것으로 생각됩니다. 시기적으로 앞섰던 플랑크부터, 먼저 플랑크가 어떤 시기에 살았으며 그 시대가 과학자에게 뭘 요구했고 어떤 식으로 처신했는지, 이런 것을 좀 소개해 주시면 좋겠어요.

김재영 플랑크에게 가장 큰 사건이라면 역시 제1차 세계 대전입니다. 1913년에 자칭 세계에서 가장 뛰어난 대학이라고 이야기하던 베를린 대학교 총장으로 플랑크가 취임합니다. 그런데 그 직후인 1914년에 전쟁이 일어나거든요. 이 전쟁에 독일 지식인이 어떻게든 개입해야 한다는 분위기가 조성됩니다. 그러면서 유명한 '지식인 93인 서명'이 등장합니다. "우리 독일 지식인은 이 전쟁을 지지한다." 거기에 플랑크의 이름이 들어 있습니다. 집안 전부가 목사, 신학자, 법학자일 정도로 굉장히 군건한 집안이었는데 어쩔 수 없는 면이 있었겠지만 적극적으로 찬성하지요.

『아메리칸 프로메테우스』 대 『막스 플랑크 평전』

그리고 종전 30년 후인 1933년에 카이저 빌헬름 협회의 회장이 되는데요. 요즘 말로 하면 모든 과학 분야의 총책임자이죠. 이즈음 히틀러를 만나게 됩니다. 히틀러를 만난 직후에 사람들 앞에서 강연을 했는데 당시에는 누구나 손을 들어 나치식 경례를 해야 했습니다. 기록에 의하면 처음에 손을 들었다가 내려놓습니다. 다시 들다가 내리기를 세 번 반복하고 나서야 모기만 한 소리로 "하일 히틀러." 말하고 강연을 시작했다고 합니다. 아마 이 일화가 제1차 세계 대전 때 지식인 서명을 하게 된 것과도 연관이 있지 않을까 하고 1947년생인 에른스트 피셔는 플랑크를 옹호하는 서술을 하고 있습니다.

국형태 제1차 세계 대전 때하고 제2차 세계 대전 때하고 플랑크의 처신이 좀 달랐다는 이야기네요. 제1차 세계 대전 때는 국가에 충성한다는 명분이 어느 정도 있었던 것 같은데 제2차 세계 대전 때는 사실 그러고 싶지 않았던 것이잖아요. 나치 치하에 있었던 독일을 국가라고 생각하지 않았던 것 같아요. 어떤 강요로, 떠나지도 못하고 협조할 수밖에 없었던 상황이 좀 달랐던 것 아닌가요?

김재영 두 번째에서 행동을 달리했던 부분은, 이 사람은 과학자로서 또 더 나아가서는 지식인으로서 어찌 되었든 간에 카이저 빌헬름 협회라는 굉장히 중요한 협회의 장이었고 자신의 처신이 바로 자신이 지키려는 목표에 직접적인 해악이 될지도 모른다는 사실을 알고 있었다는 겁니다. 자기가 생각하는 원리와 원칙에 어긋나더라도 어쨌든 학문만은 지켜야 한다는 믿음을 갖고 있었던 게 아닌가 생각합니다.

시대가 오펜하이머에게 요구한 것

국형태 오펜하이머는 어땠나요? 원자 폭탄 개발 프로젝트를 이끌었던 사람으로 알려졌는데, 전후에는 반공주의가 유행하면서 변절자로 몰리고 불행한 말년을 보냈잖아요?

최형섭 오펜하이머는 캘리포니아 대학교 버클리 캠퍼스를 중심으로 미국의 양자 역학/이론 물리학 공동체를 만들어 나갑니다. 제2차 세계 대전이 일어나자 그의 제자들은 거의 맨해튼 프로젝트에 참여했고요.

1945년에 미국이 처음으로 원자 폭탄 개발에 성공했는데 4년 만인 1949년에 소련도 원자 폭탄 실험에 성공합니다. 그 4년 사이에 미국의 정책 결정자들은 핵 독점이 4년보다는 훨씬 길 것이라고 예상하고 그것에 맞추어서 국제 전략을 수립했죠. 소련을 원자 폭탄으로 통제할 수 있다고 본 것이죠. 그런데 그것이 4년 만에 끝나니까 에드워드 텔러 같은 과학자들이 원자 폭탄보다 훨씬 위력이 센 수소 폭탄을 개발해야 한다고 주장하기 시작합니다. 로스앨러모스에 있는 과학자들을 다시 불러 모으는 상황에서 오펜하이머는 반대 의견을 내죠. 그것이 꼬투리가 되어 1955년에 최종적으로는 그의 비밀 취급 인가 취소를 결정하는 청문회가 열립니다.

국형태 오펜하이머가 수소 폭탄 개발에 반대하고 참여하지 않게 된 이유가 개인적으로 옛날에 자기가 좌익 활동을 한 전력이 있을 정도로 어떤 공감대를 갖고 있었기 때문인지, 아니면 원폭이 실현된 이후

『아메리칸 프로메테우스』 대 『막스 플랑크 평전』

에 핵무기를 부정적으로 생각하게 돼서인지 확실한 근거가 있나요?

최형섭 오펜하이머는 원자 폭탄이 성공한 직후부터 핵 비밀이라는 건 없다는 입장이었습니다. 기본적인 과학 원리는 과학자들에게 널리 알려져 있었고, 핵심은 우라늄과 플루토늄을 어떻게, 얼마나 정제할 것이냐, 그리고 그것을 얼마만큼 정제해야 폭탄을 만들 수 있을 것이냐는 기술적, 공학적 능력이었습니다. 물론 원료를 어떻게 만들어낼 것이냐가 큰 부분을 차지하지만, 1940년대 초 당시에 그 정도 규모로 우라늄과 플루토늄을 정제할 수 있는 산업적 능력을 갖춘 나라는 미국밖에 없었다는 거죠. 독일에도 폭탄 전문가가 있었고 일본에도 있었습니다만 그 두 나라에서는 미국만큼 그렇게 많은 양의 우라늄, 플루토늄을 만들 수가 없었기 때문에 아무리 과학 연구를 열심히 해도 당시로서는 불가능한 상황이었습니다. 그런데 그게 가능한 또 하나의 나라가 소련이었습니다. 결국은 우라늄과 플루토늄을 얼마나 만들어 내느냐가 문제였기 때문에 소련이 금방 따라올 것은 명약관화하고 그 시일이 3년이냐, 4년이냐, 7년이냐 하는 상황에서 평화를 지킬 방법은 원자력이라는 이 거대한 힘을 국제적인 통제하에 두어야 한다는 것이 오펜하이머의 핵심 주장이었죠. 폭탄 개발을 더는 하지 말고 국제기구를 통해 원자력을 평화적으로 이용할 수 있는 공동 연구 프로그램을 진행하고 그 결과를 나눠 가지자는 게 오펜하이머의 어떻게 보면 이상적인 해결책이었습니다. 수소 폭탄에 반대하는 것은 그 의견의 연장선상에서 나온 것이고요.

과학자의 사회적 책임

국형태 그런 이야기를 할 수가 있을 것 같아요. 플랑크는 국가에 충성하고 — 물론 나치에게까지는 아니었겠지만 — 카이저 빌헬름 협회 의장으로서 독일 과학을 지키기 위해서 노력했던 사람이고 그래서 본의 아니게 경례도 하지 않았을까. 그래도 결국은 해피 엔딩이 되었죠. 현재 노벨상 수상자를 스물 몇 명인가 낸, 흔히 노벨상의 산실이라는 말도 들을 정도로 세계적인 권위를 인정받는 막스 플랑크 연구소의 초석을 만든 인물이기 때문에 결국은 과학자로서 사회적인 책임을 잘한 경우가 아니었느냐라는 생각이 드는데요.

그런데 오펜하이머는 좀 애매한 것 같아요. 원자 폭탄 개발을 실제로 이루었고 나중에 면죄부는 받았지만 자기가 주력하고 공헌했던 과학 행정 정책 분야에서 더 이상의 공헌을 할 수가 없었잖아요. 그런 점에서 좀 다른 결과를 맞았다고 생각이 됩니다. 연관 지어서 이런 질문을 드릴 수 있을지 모르겠는데 과학자가 과학 외에 사회에서 어떤 역할을 해야 하는지. 과학자는 대개 자연에 대한 호기심이라거나 문제 풀이에 대한 호기심에서 연구하고 그 결과에 대해서는 고민하지 않는 경우가 많단 말이에요. 그런데 원자 폭탄 같은 것을 보면 호기심 충족에서 끝내면 안 되고 사회적인 책임을 일정 부분 생각해야만 한다는 거죠. 이 두 분의 삶을 조명하면서 전기 작가들이 그와 같은 부분에 대해서 자기주장을 표명한 적은 없나요?

최형섭 '과학자(scientist)'라는 표현이 나오기 시작한 게 19세기 초입니다. 이 시기는 과학자 집단이 전문화·세분화가 되고 하나의 직업

『아메리칸 프로메테우스』 대 『막스 플랑크 평전』

277

으로 탄생하게 되는 시점과 맞물리는데, 그러다 보니까 과학자들이 과학 외적인 것들에 대해서 거리감을 두기 시작합니다.

제 생각에는 플랑크도 전문화된 과학자로 활동한 사람으로 보입니다. 그런데 오펜하이머는 굉장히 늦게까지도 자신이 전문 과학자가 아니라 지식인, 그러니까 사회의 나아갈 바를 제시하는, 유교식으로 이야기하면 선비적이고 지사적인 이미지를 갖고 있었던 것 같습니다. 1955년 청문회로 추락하기 직전까지 그는 나름 미국 사회 내에서 큰 영향력을 가진 영웅이었죠. 오펜하이머의 중절모가 미국 과학의 상징이었을 정도로 말이죠. 사람들이 중절모만 보면 오펜하이머, 오펜하이머 하면 원자 폭탄을 연상할 정도로 전설적인 영향력이 있었습니다. 또한 당시는 물리학자들이 엄청나게 많은 권위를 갖고 사회적인 발언을 하는 게 당연시되는 특이한 시기였습니다. 사교계 파티를 하면 물리학자 한 명쯤은 있어야지 파티라고 했을 정도였지요. 물리학자들은 전쟁을 끝낸 전문가 집단으로 대우 받았습니다.

물리학자들의 권위가 굉장히 높았던 그 시기에 오펜하이머는 사회적 책임을 다하려 했지만 너무 많이 나간 것이죠. 너무 많이 나가기도 했고 오만했다고 마틴 셔윈과 카이 버드는 서술하고 있습니다. 이들이 오펜하이머를 영웅 서사적으로, 즉 쭉 올라갔다가 성공에 취해서 추락을 하는, 고대 영웅 신화 내러티브로서 그리고 있는데, 아마도 오펜하이머 스스로가 원자 폭탄의 아버지이자 조국을 전쟁의 승리로 이끈 자신을 누구도 건드리지 못할 것이라는 생각을 가지고 있었던 것 같아요.

개인적으로 만나면 굉장히 친근하고 상냥한 사람이었다고 해요. 하지만 권력을 지닌 사람과 만났을 때는 굉장히 특이한 행동들을 보였다고 합니다. 당시 대통령인 해리 트루먼(Harry Truman)을 만났을 때 "내 손에 피가 묻어 있습니다."라고 말한 것은 꽤 유명하죠. 이것이 트루먼의 심기를 결정적으로 건드립니다. 트루먼은 원자 폭탄을 쏘라고 최종 결정을 한 인물이잖아요? 그런데 과학자가 와서 피가 묻어 있다고 이야기를 하니 확 기분이 상해서 다시는 자기 사무실에 데려오지 말라고 이야기합니다. 정치적인 비호에서 비켜나기 시작하면서 오펜하이머의 몰락이 시작되었다고 봅니다. 오펜하이머는 정치력이 없었던 것 같습니다. 권력자들을 이용할 줄도 몰랐고요. 그게 어떻게 보면 오만함의 표현이 아니었나 생각할 수 있을 것 같네요.

국형태 플랑크는 국가관 같은 데서 확실한 소신 같은 게 느껴집니다. 그런데 오펜하이머는 그런 것 같지 않다는 생각이 들거든요.

최형섭 그런 면도 있죠. 미국이라는 나라에 애국심이 충만했으면서 또 결혼할 때는 사회주의 사상에 공감했고, 그런 게 어떻게 보면 역사의 아이러니죠. 소련이라는 나라가 처음에는 정당성이 있었죠. 제2차 세계 대전에서는 대전 중 전사자의 거의 절반을 내면서 나치 독일과 싸워 준 우방국이었다가 불과 10년 후에는 적국이 되어 버렸잖습니까. 그런 상황으로 인해 나타난 현상이었다고 봅니다.

국형태 지금까지 과학자의 사회적 책임과 관련해서 이야기를 나눠보았는데요, 마무리를 하기 전에 덧붙일 이야기가 있으면 들려주셨으면 합니다.

『아메리칸 프로메테우스』 대 『막스 플랑크 평전』

최형섭 과학자가 사회에서 얼마만큼 발언을 할 수 있는가, 그리고 얼마만큼 사회가 그것을 용인하는가. 앞에서도 말씀드렸습니다만 과학자라는 집단이 세분화되면서 직업화되어 버린 측면이 있습니다. 미국에서는 제2차 세계 대전 직후에 물리학자의 권위가 올라가는 시기가 있었고 그 시기에 오펜하이머가 주도적인 역할을 하죠. 그 결과 원자 과학자 협회(Federation of Atomic Scientists)가 생기기도 했습니다. 이 협회가 하는 일 중에 가장 유명한 게 신문이나 책에서 가끔 보셨을 세계 종말 시계입니다. 세계 종말까지 몇 분 남있는지를 조정하지요. 1945년 이후 냉전이 절정에 달했을 때 이런 식으로 사회적 발언을 하는 과학자 집단이 생겨났고 쭉 이어져서 오늘날까지도 저널이 나오고 있습니다.

한국 사회는 (미국 사회도 마찬가지만) 과학자들이 자신의 정치적인 발언을 하기가 모호한 사회적 분위기가 있습니다. 여러 가지 사회 논쟁들, 광우병 사태, 천안함 사태 때 과학자가 발언을 하면 '정치적인 입장에서 발언하는 것'이라는 비난을 들었습니다. 과학적인 부분과 사회·정치적인 부분을 칼로 자르듯 뚝 자르지 못한다는 걸 이해하고 같이 논의하는 분위기가 형성되어야 하는데, 너무 양분해서 '너는 과학이냐?' 아니면 '정치냐?' 양자택일하게 하는 분위기가 문제라는 생각이 듭니다. 과학이 항상 100퍼센트 정답을 제시할 수는 없으니까요. 어느 정도는 가치 판단이 개입할 수밖에 없는 부분이 있는데 그런 의견들을 잘 모아 내는 과정을 어떻게 만들어 내느냐가 사회적 갈등의 감소에 도움이 되지 않을까 생각합니다.

김재영 이 이야기를 하고 싶습니다. 지금 과학과 정치를 분리해서 과학이냐, 정치냐, 선택하게 하는 분위기가 문제라고 말씀하셨는데 재미있는 것이 가령 '예술과 정치', '카메라와 정치' 이런 식으로는 말하지 않거든요. 그 이야기는 현재 과학이 굉장히 강한 힘을 가졌음을 증명하는 것이기도 하고요. 막스 플랑크에 관한 이야기를 드린다면 플랑크는 한 사람의 과학자이기 전에 지식인이었고요. 독일 사회, 유럽 사회의 일원으로서 자기가 어떻게 살아야 하고 무엇이 필요한지를 정확히 알고 있던 사람입니다. 과학 교육보다도 인문학적인 교육을 제대로 받은 사람의 대표 격일 겁니다. 최근 과학 교육을 보면 문제 풀이만 시키고 그게 무엇을 의미하는지 전혀 고려하지 않아도 되는 것처럼 가르치고 있습니다.『막스 플랑크 평전』에서 볼 수 있는 플랑크의 모습은 모든 것을 다 아는 팔방미인은 아니지만 최소한 과학자이기 이전에 한 나라의 국민이고 시민임을 먼저 고민했습니다. 이런 고민을 하게 했던 요소들이 굉장히 중요한 것 같습니다. 그런 것들이 결국 과학의 가치관에 대한 문제를 넘어 더 나아갈 수 있는 출발점이 되지 않을까 생각합니다.

『아메리칸 프로메테우스』 대 『막스 플랑크 평전』

09

금세기 최대의 과학 논쟁, 과연 승자는 누구?

『그림으로 보는 시간의 역사』

『블랙홀 전쟁』

그림으로 보는 시간의 역사
스티븐 호킹 | 김동광 옮김
까치 | 2001년 12월

블랙홀 전쟁
레너드 서스킨드 | 이종필 옮김
사이언스북스 | 2011년 8월

시공간과 우주의
장엄한 일대기

이종필

고려 대학교 BK21 플러스 휴먼웨어 정보 기술 사업단 연구 교수

엄밀하게 말하자면 『그림으로 보는 시간의 역사(*The Illustrated Brief History of Time*)』(이후 『시간의 역사』)와 『블랙홀 전쟁(*The Black Hole War*)』은 함께 대결을 펼치기에 안성맞춤은 아니다. 『블랙홀 전쟁』은 그 제목에서 적나라하게 드러나듯 뭔가 한 가지 뚜렷한 입장을 내세워 싸움을 걸고 논쟁을 하기 위한 책이지만 『시간의 역사』는 우주와 삼라만상에 대해 우리가 지금까지 알고 있는 모든 것을 개괄적으로 해설한 책이다. 그럼에도 이 두 책이 하나로 묶인 것은 블랙홀 전쟁의 '주범'이 바로 『시간의 역사』를 쓴 스티븐 호킹이었기 때문이다. '전쟁 주범'의 대표 저작을 추적해 보면 그가 블랙홀 전쟁을 일으킨 배경을 알 수 있지 않을까?

내가 이 책을 처음으로 읽은(또는 읽었다고 기억하는) 것은 20여 년 전인 1990년, 대학 신입생 때였다. 마침 그해 스티븐 호킹이 한국을 방문했고 나는 그의 강연을 들을 기회가 있었다. 당시 나는 그의 강연이나 『시간의 역사』를 거의 이해하지 못했다. 그 뒤 10년이 지난 뒤 나는 박사 학위를 받았고, 그로부터 또 10년이 지나서야 이 책을 다

시 읽게 되었다. 지금 시점에서 20년 전을 되돌아보면 대학 신입생이『시간의 역사』를 이해한다는 것은 지나친 욕심이었다. 대학 신입생뿐만 아니라 심지어 물리학과 대학원생이더라도 전공자가 아니면 이 책의 내용을 온전히 이해하기란 쉽지 않으리라는 것이 내 판단이다.『시간의 역사』를 읽고 조금이라도 좌절감을 느꼈다면, 그것은 여러분 탓이 아니다. 말하자면 한글로 쓰인 외국어 내지 외계어를 이해하는 일에 가깝지 않을까. 그럼에도 불구하고 이 책이 전 세계적인 베스트셀러가 됐다는 사실은 분명 미스터리한 일이지만, 물리학을 전공한 입장에서는 대단히 유쾌한(?) 일이기도 하다.

『시간의 역사』는 20세기 현대 물리학의 위대한 성과를 고스란히 정리했다. 그렇다고 물리학의 모든 분야를 다룬 것은 물론 아니다. 물리학은 말 그대로 만물(萬物)의 이치(理致)를 따지는 학문이다. 만물에는 이 세상 모든 것이 포함된다. 가장 작게는 양성자나 중성자를 구성하는 쿼크 혹은 전자에서부터 크게는 관측 가능한 우주의 저 끝까지 모든 것이 물리학이 다루는 대상이다.『시간의 역사』는 그중에서 역설적이게도 가장 작은 것(즉 쿼크나 전자 같은 기본 입자)과 가장 큰 것(대우주)을 다룬다. 그 중간 단계에 해당하는 영역은 고체 물리학이나 통계 물리학일 수도 있고, 또는 분자 수준에서의 현상을 다루는 화학일 수도 있으며 생물학이나 지질학, 지구 과학일 수도 있다.

놀랍게도 가장 큰 스케일의 우주와 가장 작은 스케일의 기본 입자는 현대 물리학의 두 기둥이라고 할 수 있는 상대성 이론과 양자 역학을 통해 서로 연결돼 있다. 아인슈타인의 일반 상대성 이론과 여러 관측 결과들에 따르면 우주는 아인슈타인이나 그 이전의 여러 과학자들이 생각했던 것처럼 영원히 정적으로 머물러 있지 않고 시간에 따라 팽창한다는 사실이 밝혀졌다. 팽창하는 우주의 발견은 20세기의 가장 위대한 발견 중 하나라고 할 수 있다.

만약 우주가 시간에 따라 계속 팽창하고 있다면, 시간을 거꾸로 돌렸을 때 우주는 아주 작았을 것이다. 이런 생각을 끝까지 밀고 나가면 우주는 태초에 상상할 수 없을 만큼 높은 밀도를 가진 하나의 점에서 시작했다고 추론할 수 있다. 우리가 살고 있는 우주는 여기서 시작되었다. 이것이 빅뱅 이론이다. 우주가 태초에 밀도가 높은 하나의 점에서 시작했다는 것은 우주의 공간과 시간조차도 그때 함께 태어났다는 말이다. 따라서 지금 우리가 경험하는 시간과 공간의 개념을 가지고서 빅뱅 '이전'을 논하기에는 무리한 점이 있다. 만약 우주보다 더 큰 '범우주'라는 것이 있어서 범우주의 여기저기에서 빅뱅을 통해 새로운 우주들이 생겨난다면, 그렇게 생겨난 우주의 시간과 공간이 우리 우주의 시간이나 공간과 꼭 같을 이유는 없을 것이다.(심지어 시공간이라는 개념 자체가 있을지도 모르고, 모든 물리 법칙조차 다를지도 모른다.) 스티븐 호킹이 '시간의 역사'라는 다소 역설적인 제목으로 이 책을 쓴 것은 우리가 일상에서 경험하는 시간이 빅뱅과 함께 시작되었고 그 역사를 과학적으로 추적할 수 있음을 보이기 위함이었다.

원자 크기 이하의 미시 세계를 들여다보는 인식의 도구는 양자 역학이다. 양자 역학은 1900년 독일의 막스 플랑크가 흑체 복사를 성공적으로 설명한 것에서부터 시작되었다. 이후 1905년 아인슈타인이 플랑크의 가설(광양자 가설)을 받아들여 광전 효과(금속에 빛을 쬐면 전자가 튀어나오는 현상. 아인슈타인은 이 공로로 1921년 노벨상을 받았다.)를

『그림으로 보는 시간의 역사』

분석하였고, 1925년과 1926년 하이젠베르크와 슈뢰딩거가 각각 행렬 역학과 파동 역학을 완성하였다. 반면 상대성 이론은 1905년 아인슈타인이 특수 상대성 이론을 발표하면서 시작되었고 1915년 역시 아인슈타인이 일반 상대성 이론을 발표하면서 완성되었다. 일반 상대성 이론은 뉴턴의 만유인력의 법칙을 대체한 현대적인 중력 이론이다.

만약 초기 우주가 원자보다 작은 크기였을 때가 있었다면, 그 시기를 설명하는 올바른 과학 이론은 기본적으로 양자 역학일 수밖에 없을 것이다. 한편 이때에는 매우 작은 부피에 엄청난 질량과 에너지가 집중돼 있을 것이기 때문에 중력 또한 무척이나 중요할 것이다. 따라서 초기 우주는 양자 역학과 일반 상대성 이론을 모두 동원해야만 과학적인 분석이 가능하다. 그러나 불행하게도 아직까지 양자 역학과 일반 상대성 이론은 서로를 배척하는 성질이 있어서 하나의 통합된 이론으로 정립되지 못했다.(특수 상대성 이론은 양자 역학과 잘 결합할 수 있어서 양자장론이라는 성공적인 이론으로 이미 구축되었다.)

꼭 초기 우주가 아니더라도 최근에는 소립자 물리학과 우주론이 활발하게 상호 침투하면서 각자가 서로에게 큰 영향을 미치고 있다. 양자 역학이 지배하는 미시 세계에서 벌어지는 일들이 결과적으로 우주의 구성물 형성과 대우주의 진화에 영향을 주기 때문에 우주에서 관측한 다양한 결과들이 소립자 물리학에 강력한 제한 조건을 주기도 한다. 1970년대 말 이휘소의 말년 작업도 이와 관련이 있었다.

지금까지 말한 이유들 때문에 시간의 역사를 기술하기 위해서는 상대성 이론과 양자 역학, 우주론, 입자 물리학이 총동원되어야만 했다. 상대성 이론과 양자 역학은 모두 20세기를 대표하는 물리학적 쾌거로 인간 인식의 혁명적 단절을 가져왔다. 그래서 『블랙홀 전쟁』에서 서스킨드가 적절하게 지적했듯이 거시 세계에서의 생존에 적합하게 진화해 온 우리가 이 둘을 이해하기 위해서는 신경 회로를 재구성할 정도의 혁신적인 사고의 전환이 있어야만 한다. 『시간의 역사』 독자들이 이 책을 어렵게 느낀 근저에는 이런 이유가 자리 잡고 있다.

그리고 『시간의 역사』에서도 블랙홀은 빠질 수 없다. 블랙홀은 아마도 인간이 찾아낸 (이론적으로든 실험적으로든) 가장 독특한 천체일 것이다. 호킹의 가장 중요한 업적 가운데 하나가 블랙홀이 열을 내며 복사한다는 사실을 밝혀낸 것이다. 이 현상은 호킹의 이름을 따서 '호킹 복사(hawking radiation)'라고 부른다. 호킹 복사는 블랙홀과 양자 역학을 결합시킨 결과이다. 호킹에 의하면 블랙홀로 빨려 들어간 정보는 호킹 복사를 통해서도 온전히 그대로 빠져나오지 않고 블랙홀 안에서 손실된다. 그러나 양자 역학에 의하면 정보는 언제나 보존된다. 블랙홀에서의 정보 역설(information paradox)은 그렇게 시작되었다. 블랙홀 주변에서의 양자 효과를 통해 호킹 복사를 발견한 당사자가 양자 역학의 기본 원리에 반하는 정보 손실을 주장했다는 사실 자체도 역설이라면 역설이지 않을까. 아쉽게도 『시간의 역사』에서는 블랙홀에서의 정보 손실 및 그와 관련된 역설을 깊게 다루지는 않았다. 일반 독자들에게 시간의 역사를 개괄하는 책에서 그런 골치 아픈 문제까지 내던지기는 싫었기 때문일지도 모르겠다.

『시간의 역사』는 초판이 1988년, 개정판이 1996년에 나왔기 때문에 그 이후의 엄청난 과학적 성과를 반영하지는 못하고 있다. 우선 1998년 초신성을 분석한 결과 우리 우주는 가속 팽창하고 있음

『그림으로 보는 시간의 역사』

이 밝혀졌다.(2011년 노벨상) 가속 팽창이란 우주가 팽창하는 정도가 시간에 따라 점점 더 빨라지는 현상이다. 이 결과는 이후의 다른 관측에 의해서도 뒷받침되었다. 그리고 과학 관측용으로 2001년 발사된 WMAP 위성이 수년간에 걸쳐 모은 우주 배경 복사에 대한 데이터를 분석한 결과 그 이전에 알 수 없었던 많은 사실들이 밝혀졌고 또한 새로운 의문들도 함께 생겨났다. 먼저, 우주의 나이는 약 137억 년(2013년 플랑크(Plank) 위성의 관측결과에 따르면 우주의 나이는 138억 년이다.)으로, 이 오차는 1퍼센트도 채 되지 않는다. 2000년대에 들어서 우주 과학은 바야흐로 정밀 측정의 시대로 접어들고 있다. 또한 우리 우주 속의 에너지 분포는 매우 절묘해서 그 밀도는 중력에 의한 수축이 다시 일어나지 않는 최소한의 밀도와 거의 같은 것으로 밝혀졌다. 이 또한 예전에는 상상할 수 없을 정도의 높은 정밀도(1퍼센트 이내의 오차)로 측정되었다. 중력 수축이 일어나지 않는 최소한의 밀도를 임계 밀도라고 하는데, 이때 우주의 공간은 평평하여 곡률이 0이다. 만약 에너지 밀도가 임계 밀도보다 높다면 중력 수축으로 인해 우리 우주는 공처럼 곡률이 양인 공간이 될 것이며 임계 밀도보다 낮다면 말안장처럼 곡률이 음인 공간이 될 것이다.

이보다 더욱 놀라운 사실은 그 에너지 밀도의 구성 성분이다. 우리가 아는 물질은 그중에서 전체의 4.6퍼센트 정도밖에 되지 않는다. 물질임에는 분명하나 그 정체를 알 수 없는 물질, 즉 암흑 물질이 전체의 23.3퍼센트에 달하며 나머지 72.1퍼센트는 반중력의 효과를 내는 암흑 에너지임이 밝혀졌다.(플랑크 위성에 따르면 이 수치는 각각 4.9퍼센트, 26.5퍼센트, 68.5퍼센트이다.) 우주가 가속 팽창하는 것은 바로 이 암흑 에너지 때문이다. 암흑 에너지의 유력한 후보 가운데 하나는 우주 상수이다. 우주 상수는 아인슈타인이 정적인 우주를 만들기 위해 자신의 방정식에 임의로 집어넣은 항으로서 우주 공간 자체가 가지고 있는, 음의 압력을 가진 에너지 밀도에 해당한다. 우주 상수는 말 그대로 시간에 대해 항상 일정한 값을 가지는 상수이므로, 암흑 에너지가 과연 시간에 대해 일정한 값을 가지는가를 따져 보면 "우주 상수=암흑 에너지"인가에 대한 단서를 잡을 수 있을 것이다.

이론적인 면에서 보자면 1997년 후안 말다세나(Juan Maldacena)가 AdS/CFT를 발표한 것이 가장 큰 사건이라고 할 수 있다. AdS/CFT는 반 드 지터(anti de Sitter) 공간에서의 중력 이론과 그보다 한 차원 낮은 표면에서의 등각장론(conformal field theory) 사이의 대응 관계로서, 『블랙홀 전쟁』에서 소개됐듯이 블랙홀 전쟁을 종결시키는 데에 큰 역할을 했다. 이에 따르면 중력 이론과 양자장 이론은 근본적으로 동등하기 때문에 블랙홀에서 일어나는 모든 현상은 양자 역학적 이론으로 기술이 가능하다.

20세기 말에서 21세기 초의 이런 엄청난 과학적 성과들 때문에 나는 『시간의 역사』 개정판이 몇 년 뒤에 나왔으면 얼마나 더 흥미진진했을까 싶은 아쉬움이 있다. 호킹도 아마 새로운 성취들을 잘 알고 있었을 테니까 『시간의 역사』의 저자로서 무척이나 할 말이 많지 않았을까?

과학적 활동은 한마디로 말해 무엇을(What) 어떻게(How) 그리고 왜(Why)에 대한 답을 찾는 과정이다. What은 어떤 현상이나 대상의 정체에 대한 답이고 How는 그런 현상이 어떻게 일어나는지에 대한 답이며 Why는 왜 그런 현상 혹은 대상이 존재하는가에 대한 답이다. 예컨대 암흑 물질이나 암흑 에너지는 What에 대한 답이 우선 필요한 대상이며 초기 우주의 빅뱅이나 급팽창은 어떻게 그런 일들이 일어났는지 How에 대한 답이 필요한 현상들이다. 아마도 종국적으로 우리가 대답해야 할 질문은 "왜 우주라는 것이 존재하는가?"일 것이다. 호킹이 『시간의 역사』 결론에서 이 질문을 던진 것도 같은 맥락이다.

21세기 물리학이 풀어야 할 가장 중요한 문제도 이 질문에 답을 구하는 일일 것이다. 아마도 이 질문에 만족할 만한 답을 얻으려면 우주의 시초라고 여겨지는 빅뱅을 더 잘 이해하는 것이 필수 불가결할 것이다. 그러기 위해서는 앞서 말했듯이 중력을 양자 역학적으로 완전히 이해할 필요가 있다. 최근 이 분야(양자 중력(quantum gravity))에 대한 연구가 그 어느 때보다 활발하게 진행되고 있으므로 머지않은 미래에 획기적인 돌파구가 마련되지 않을까 조심스레 기대해 본다. 시간의 역사를 온전히 재구성하는 문제는 그래서 여전히 물리학의 가장 중요한 과제 가운데 하나이다.

"우주와 관련해서 가장 이해하기 힘든 것은 우주가 이해 가능하다는 점이다."
— 아인슈타인

이종필 고려 대학교 BK21 플러스 휴먼웨어 정보 기술 사업단 연구 교수

1971년 부산에서 출생했다. 서울 대학교 물리학과 박사 과정을 졸업하고 같은 대학교 대학원에서 입자 물리학으로 석사, 박사 학위를 받았다. 한국 과학 기술원(KAIST) 부설 고등 과학원(KIAS), 연세 대학교 연구원으로 재직했으며, 현재 고려 대학교 BK21 플러스 휴먼웨어 정보 기술 사업단 연구 교수로 재직하고 있다. 저서로는 『대통령을 위한 과학 에세이』, 『신의 입자를 찾아서』, 『물리학 클래식』이 있고, 번역서로 『최종 이론의 꿈』, 『블랙홀 전쟁』이 있다.

블랙홀 전쟁
승전 잔치로의 초대

이창환
부산 대학교 물리학과 교수

깊이 파려면 넓게 파라는 말이 있다. 기초가 튼튼해야 한다는 말과도 일맥상통한다. 레너드 서스킨드의 『블랙홀 전쟁』은 블랙홀의 호킹 복사와 정보 보존이라는 특정 주제를 깊이 있게 다룬 책인 동시에 양자 역학, 상대성 이론 및 초끈 이론의 폭넓은 내용을 넓은 통찰력으로 쉽게 풀어 간 책이다. 또한 이 책은 해결해야 할 문제를 두고 고민하고 노력하는 한 과학자의 삶에 대한 진솔한 이야기를 담고 있다. 때로는 오만해 보이기도 하는 저자의 자기 확신은 책을 읽어 갈수록 오히려 치열한 고민과 노력의 산물임을 깨닫게 된다. 중간 중간 소개된 물리학자들에 대한 에피소드는 책을 읽는 재미를 더해 주었다. 이 점이 스티븐 호킹의 『시간의 역사』와 크게 대조를 이루는 점이다. 『시간의 역사』가 블랙홀, 호킹 복사, 빅뱅 우주, 시간의 탄생 및 흐름과 같은 우주론의 주요 문제를 모두 다룬 조금 건조한 교양입문서에 해당한다면, 『블랙홀 전쟁』은 호킹 복사와 정보 역설을 둘러싼 학자들의 논쟁을 다룬 한 편의 다큐멘터리에 해당한다. 『블랙홀 전쟁』을 읽으면서 블랙홀 전쟁의 승전 잔치에 초대된 느낌을 받았다.

내 전공 분야는 중성자별(neutron star)이다. 중성자별에 질량을 더하면 블랙홀로 붕괴할 수 있으므로 블랙홀이 전공에 포함이 되어 있지만 『시간의 역사』나 『블랙홀 전쟁』에서 다루는 양자 중력이나 초끈 이론의 관점에서 바라본 블랙홀은 아니다. 처음 서평을 제안 받았을 때 거절을 한 이유도 그 때문이었다. 하지만 이 책이 일반인을 대상으로 하는 만큼 양자 중력이나 초끈 이론을 전공하지는 않았지만 연관된 분야에서 연구하는 과학자의 의견을 듣는 것도 도움이 되리라 믿는다.

대학의 콜로키엄(colloquium)이나 중고등학생을 위한 강연을 할 때마다 항상 고민하는 두 가지가 있다. '나는 과연 정확한 과학적 사실을 전달하고 있는가'와 '청중들이 내 강연 내용을 제대로 이해할 수 있는가'이다. 전자가 내용에 관한 고민이라면, 후자는 전달과 소통에 대한 고민이다. 이를 해결하기 위해 종종 비유를 사용한다. 하지만 비유는 언제나 완벽하지 않아서 또 다른 모순을 포함할 수 있으므로 강연 준비의 많은 부분이 적절한 비유를 선택하는 데 사용된다. 서스킨드도 『블랙홀 전쟁』에서 많은 비유를 사용하여 설명을 하고 있다. 비유를 통하여 복잡한 물리 현상을 설명하는 방법을 감상하면서, 나는 물리학 전반에 대한 저자의 통찰력과 대중과 소통하기 위해 노력한 흔적을 엿볼 수 있었다. 난해한 개념들을 그림과 비유로 풀어 가는 명쾌한 논리적 전개에 매료되었다. 깊이와 넓이를 모두 갖춘 학자임을 인정할 수밖에 없었다.

이 책의 모든 내용을 한 번에 이해할 수 있는 독자는 많지 않을 것이다. 이론 물리를 전공한 나로서도 이해하기 어려운 부분이 많음을 인정하지 않을 수 없다. 그럼에도, 이 에세이를 통해 독자들이 블랙홀 전쟁의 승전 잔치에 참석할 수 있기를 희망한다. 역자도 '신경망 재배선'이란 용어를 통하여 강조했듯이, 불완전한 인간의 직관보다는 새로운 것에 대한 열린 마음으로 이 책을 읽으면서 저자가 보고 있는 새로운 세상을 부분적으로나마 경험하기를 바란다.

1974년 호킹은 블랙홀도 빛을 방출하면서 증발(evaporate)할 수 있다는 논문을 발표하여 블랙홀에 대한 기존의 인식을 뒤집었다. 블랙홀에서 빛이 방출되는 현상은 그의 이름을 따서 호킹 복사라고 부른다. 블랙홀과 호킹 복사는 무엇인가.

1915년 발표된 아인슈타인의 일반 상대성 이론에 의해 빛이 중력의 영향으로 휘는 것이 예측되었고, 1919년 개기 일식 때 별빛이 태양의 중력에 의해 휘는 것이 관측으로 확인되었다. 현재는 중력 렌즈(gravitational lens) 효과를 통하여 먼 은하에서 오는 빛이 휘어서 만들어진 아인슈타인 링(einstein ring), 아인슈타인 십자가(einstein cross) 등을 통하여 빛의 휘어짐이 확인되고 있다. 빛이 휘는 정도는 중력의 원인이 되는 천체의 질량에 비례하므로, 질량이 매우 커서 빛조차 빠져나올 수 없는 블랙홀의 존재 가능성이 예측되었다. 빛이 빠져나올 수 없는 블랙홀 경계면을 사건 지평선(event horizon)이라 부르는데, 일반 상대성 이론에 의하면 사건 지평선 안쪽으로 들어간 어떠한 물체도 밖으로 빠져나올 수가 없다.

현재, 위성 탑재 천체 망원경 및 광학 망원경 관측을 통하여 블랙홀의 존재가 확인이 되고 있다. 우리 은하를 비롯하여 대부분의 은하 중심에는 거대 블랙홀이 자리 잡고 있는 것이 확인되었다. 또한, 태양의 약 10배 질량을 가진 블랙홀들도 다수 관측으로 확인이 되었다. 블랙홀의 존재가 확인된 만큼, 블랙홀 주위에서 일어날 것으로 예측되는 현상들은 현대 천체 물리 및 우주론의 핵심 주제가 되었다.

이론적인 측면에서도 블랙홀 연구에 많은 진전이 이루어졌다. 블랙홀은 질량(mass), 전하(charge), 스핀(spin) 외에는 다른 물리량을 가질 수 없다는 무모 정리(no hair theorem)가 제안되었으며, 사건 지평선 면적은 감소하지 않는다는 성질이 제안되었다. 이 제안에 의하면 사건 지평선 면적은 질량에 비례하므로 블랙홀 질량이 감소하지 않는다.

그런데 1974년 호킹의 제안으로 블랙홀에 대한 기존의 인식이 바뀌게 된다. 블랙홀이 빛을 방출하여 증발한다는 그의 제안은 블랙홀 연구의 역사를 바꾸는 계기가 되었다. 모든 것을 빨아들이기만 하는 블랙홀이 어떻게 증발할 수 있을까. 그 답은 양자 역학에 있다.

상대성 이론이 빛의 속도로 달리는 물체나 별, 은하, 우주와 같이 거대 세계에 적용되는 법칙이라면 양자 역학은 핵 및 전자와 같은 매우 작은 세계에 적용되는 법칙이다. 양자 역학에 의하면 진공은 입자-반입자 쌍의 생성(creation)과 소멸(annihilation)이 끊임없이 반복되는 공간이다. 이 진공의 변화들은 매우 작은 공간에서 너무 빠르게 일어나 인간 인식의 한계를 벗어난 것이다. 호킹의 위대한 업적은 양자 역학적 진공(vacuum)의 성질을 블랙홀 주위 진공에 적용한 것이다. 사건 지평선 근처의 진공에서는 지평선으로부터 거리가 조금만 차이가 나도 중력 차이가 매우 크다. 사건 지평선 근처에서 생성된 입자-반입자 쌍 중의 한 입자 또는 반입자가 블랙홀의 강한 중력에 의해 블랙홀로 빨려 들어가고, 남은 하나가 블랙홀을 벗어날 수 있다는 것이 호킹에 의해 밝혀졌다. 이때 블랙홀은 진공의 입자-반

입자 쌍을 깨는 데 에너지를 소모하여, 결국 블랙홀을 벗어난 입자 또는 반입자의 에너지에 해당하는 만큼 질량이 줄어들게 되는 것이다. 빛이 가장 가벼운 입자이므로(빛은 입자인 동시에 반입자이다.) 블랙홀은 대부분 빛으로 에너지를 방출하면서 질량이 줄어서 결국에는 증발하게 되는 운명을 타고 난 것이다.

1983년 샌프란시스코의 한 학회에서 호킹은 "블랙홀이 증발할 때 정보가 사라진다."는 폭탄선언을 함으로써 '호킹 복사와 정보 소실'을 둘러싼 블랙홀 전쟁이 시작되었다. 무엇이 문제인가.

블랙홀로 빨려 들어간 물체는 많은 정보를 포함하고 있다. 호킹의 이론에 의하면 호킹 복사는 진공의 성질에 의해 무작위로 일어나므로 특정한 정보를 포함할 수 없다. 즉, 블랙홀이 호킹 복사를 통해 증발하는 과정에서는 블랙홀로 빨려 들어간 물체의 어떠한 정보도 외부로 방출될 수 없다. 궁극적으로 호킹 복사로 블랙홀이 사라진다면, 블랙홀로 들어간 정보 자체가 우리 우주에서 사라진다. 이것이 '호킹 복사와 정보 소실'이다. 블랙홀의 존재가 확인된 만큼, 호킹의 이론이 맞다면 우주 어딘가에서 정보가 조금씩 사라지고 있는 것이다.

『시간의 역사』에서는 호킹 복사와 정보 소실 문제를 크게 부각시키지는 않았다. 블랙홀로 빨려 들어간 우주 비행사의 운명과 관련하여, "우주 비행사가 가지고 있는 특성 중에서 (호킹 복사로 블랙홀이 증발된 후에) 유일하게 살아남을 수 있는 것은 그의 질량과 에너지뿐이다."라는 표현을 통하여 정보 소실 문제에 대한 그의 견해를 밝히고 있다. 호킹 스스로가 전쟁을 일으킨 당사자인 만큼 승리의 확신에 차서, 문제점을 부각시킬 필요성을 느끼지 못했을 수도 있다.

1996년 개정된 호킹의 『시간의 역사』에서는 실시간(real time)을 사용하면 빅뱅의 시작이나 블랙홀의 중심에 특이점(singularity)이 존재하고 이 특이점에서는 우리가 알고 있는 물리 법칙이 적용되지 않는다고 주장한다. 양자 역학에 기초한 에너지 보존 법칙을 특이점에서는 적용할 수 없다는 것이다. 하지만 유한한 에너지를 특이점과 같은 좁은 공간에 가두어 둘 수 없는 양자 역학의 불확정성 원리는 중력과 양자 역학을 통일하고자 하는 호킹의 이론에서는 반드시 해결해야 할 문제였다. 호킹은 특이점 문제와 양자 중력의 불확정성 문제를 동시에 해결하기 위하여 허수 시간(imaginary time)을 도입하였다. 허수 시간을 도입하면 특이점이 사라지게 되는 것이다. 하지만 (허수는 제곱해서 음이 나오는 수로서 직접 측정이 가능한 물리량은 허수가 아니므로) 호킹이 도입한 허수 시간의 물리적 의미를 명확하게 이해하기란 매우 어렵다.

호킹 복사를 통해 정보가 사라질 수 있다는 호킹의 주장은 이론 물리학자들 사이에 많은 논란을 일으켰다. 서스킨드는 호킹에 반기를 든 대표적인 학자이다. 엑스선 망원경을 통하여 블랙홀의 존재가 확인된 시점에서, 블랙홀을 통하여 정보가 사라질 수 있다는 호킹의 이론을 받아들일 수가 없었던 것이다. 모든 물체의 운동은 반응 전후에 정보가 보존된다는 양자 역학에 근거하고 있다. 양자 역학에 의하면, 블랙홀도 우주에 존재하는 한 물체이므로, 호킹 복사를 통해서도 블랙홀로 빨려 들어간 물체의 정보가 보존되어야만 한다. 호킹 복사를 통해 정보가 사라지면 양자 역학의 기본 법칙이 깨어지기 때문이다. 하지만 호킹의 이론에 모순이 있음을 밝히는 것은 쉬운 작업이 아니어서 오랜 투쟁을 거쳐야만 했다.

20여 년의 전쟁 끝에 2007년 호킹은 호킹 복사의 정보 소실에 관한 패배를 공식적으로 인정했다. '정보를 잃어버린 호킹 복사'가 아니라 '정보를 보존하는 호킹 복사'가 가능하다는 초끈 이론의 결과에 결국 항복한 것이다. 『블랙홀 전쟁』은 이 전쟁의 역사를 승자의 입장에서 명쾌하게 기술한 책이다. 『시간의 역사』는 블랙홀 전쟁이 끝나기 훨씬 전에 쓰인 고전으로, 호킹 복사가 그림과 함께 쉽게 요약되어 있다. 하지만, 블랙홀 정보 소실과 같은 특이점에서의 문제를 해결하기 위해 도입된 허수 시간은 독자들이 가장 이해하기 어려운 부분 중의 하나이다. 이런 점에서 2008년에 출판된 서스킨드의 『블랙홀 전쟁』은 보다 명확하고 이해하기 쉬운 방법으로 해답을 제시하고 있다. 2007년 호킹이 공식적으로 패배를 인정한 만큼, 전쟁이 끝난 뒤 승리자에 의해 쓰인 『블랙홀 전쟁』이 명확한 해답을 제시하는 것은 어쩌면 당연한 결과이다.

『시간의 역사』에서 10년 뒤 호킹이 스스로 패배를 인정한 결정적인 계기가 된 초끈 이론의 가능성을 소개하고 있다는 점은 주목할 만하다. 이 부분과 비교하면서 『블랙홀 전쟁』의 후반부에 소개된 초끈 이론에 관한 최근 연구 동향을 읽는다면, 『시간의 역사』가 쓰인 이후의 초끈 이론의 발전사를 엿볼 수 있을 것이다. 『블랙홀 전쟁』을 읽으면서 초끈으로 뒤덮인 채 나타난 블랙홀을 보는 것은 내겐 너무나 큰 즐거움이었다. 정보를 가지고 있는 이 끈 조각들이 지평선에서 분리되면서 호킹 복사를 하고 있는 것이다. "다차원 이론인 끈 이론을 멋지게 시각화하는 비유들만으로도 이 책의 가치는 충분하다."는 《로스앤젤레스 타임스(Los Angeles Times)》의 리뷰에 전적으로 공감하는 바이다. 승리의 무기가 된 초끈 이론의 이중성(duality), 홀로그램(hologram) 등에 대해서는 독자 스스로 『블랙홀 전쟁』을 읽으면

『블랙홀 전쟁』

서 그 의미를 발견하는 기쁨을 누리기를 바란다.

에세이를 써야 하는 의무감에서 출발하긴 했지만 이 책의 독자가 된 것은 행운이었다. 내 인식의 폭을 넓히는 계기가 되었다. 한편으로는, 위대한 두 물리학자 호킹과 서스킨드의 책을 읽으면서 아쉬움이 남았다. 한국인 중에서 이들처럼 세계를 뒤흔들 학자들은 언제 나타날까. 이휘소 박사가 살아 있었다면 한국 물리학계의 역사가 달라지지 않았을까 등등.

블랙홀을 둘러싼 전쟁은 아직도 끝나지 않았다. 책에 소개된 전쟁 외에도, 감마선 폭발 천체(gamma-ray bursts), 극초신성(hypernovae), 중력파 검출(gravitational wave detection) 등 새로운 관측 결과를 둘러싼 크고 작은 전쟁이 오늘도 끊임없이 일어나고 있다.

우리의 젊은 과학자들을 위한 블랙홀 승전 잔치를 꿈꾸어 본다.

이창환 부산 대학교 물리학과 교수

중성자별의 내부 구조에 관한 연구로 1996년 서울 대학교 물리학과에서 박사 학위를 받았으며, 미국 스토니브룩 소재 뉴욕 주립 대학교 연구원을 역임하였다. 고등 과학원과 서울 대학교 BK21 사업단을 거쳐 2003년부터 현재까지 부산 대학교 물리학과 교수로 재직 중이며 중성자별 및 쿼크-글루온 플라즈마와 관련된 천체 물리 현상을 연구하고 있다.

이종필
『그림으로 보는
시간의 역사』

김상욱
사회자

이창환
『블랙홀 전쟁』

김상욱 이번에 다룰 두 권의 책은 『블랙홀 전쟁』과 『시간의 역사』입니다. 먼저 두 저자에 대한 소개를 좀 부탁드립니다.

이종필 저는 고등학교 때 물리를 거의 못 배운 상태에서 물리학과에 들어갔기 때문에 사실 물리를 전혀 몰랐어요. 그런데 친구들은 물리학과 들어갔다니까 막 물어봐요. "호킹이 누구냐?" 내지는 "『시간의 역사』가 뭐냐?" 그래서 어쨌든 물리학과 학생이니까, 읽어 봐야겠다 싶어서 봤어요. 당연히 전혀 이해를 못 했습니다. 이 책은 한마디로 말하면 우리가 물리학에서 다루는 가장 근본적인 것들에 대한 연대기라고 볼 수 있어요. 제목 자체에도 의미가 있습니다. 시간에 역사가 있다는 거예요. 까마득한 옛날부터 시간이 그냥 선험적으로 주어져 있는 것이 아니라, 시간도 우리 우주의 탄생과 함께 어느 순간 태어났다는 거죠. 우리 우주가 어떻게 생겨났는지, 그리고 우주가 어떻게 진화를 해 왔고 진화하면서 지금의 삼라만상을 이루는 가장 기본적인 입자들과 그들의 상호 작용이 어떻게 생겨나고, 그리고 그들이 어떻게 별과 은하와 행성을 만들었는지 그 연대기를 죽 쓴 것이죠. 비교적 짧은 분량 안에 굉장히 잘 썼습니다. 필요 없는 내용이 하나도 없어요. 제 전공이 입자 물리 이론이라서 교양 수준으로 알고 있는 우주론 지식으로 보더라도 굉장히 모든 분야에서 간결하게 아주 잘 쓰여 있고요. 입자 물리 부분도 핵심을 짚어서 아주 정리를 잘한 책입니다. 하지만 책이 1996년에 나왔기 때문에, 1998년 이후에 우주론에서 일어난 혁명적인 사건들은 담겨 있지 않죠. 20세기 근본 물리학을 한 권으로 정리했다고 보셔도 됩니다. 1998년 이후의 성과들이 정리된 것은 호킹이 최근에 쓴 『위대한 설계(*The Grand Design*)』란 책이죠. 두 권을 같이 보시면 20세기 물리학의 최전선과 21세기 물리학의 최전선을 동시에 접할 좋은 기회가 될 걸로 생각합니다.

김상욱 이창환 교수님께는 블랙홀 전문가로서 이번 대담에서 우리 논의의 가장 기반이 될 블랙홀이란 무엇인지 설명을 부탁드립니다. 물리에 대한 지식이 고등학교에서 멈춰 있는 대다수의 분들을 염두에 두시고 설명해 주시면 좋겠습니다.

이창환 책에서 다루고 있는 이론적인 블랙홀하고는 거리가 좀 있긴 하지만, 제 연구 분야는 관측으로 확인되는 중성자별과 블랙홀입니다. 블랙홀이 이론 물리학에 처음 등장한 계기는 아인슈타인의 상대성 이론입니다. 상대성 이론에 의해 빛이 휘어지는 것이 예측되었고, 저명한 영국 천문학자 스탠리 에딩턴(Stanley Eddington)은 개기일식 때 남아프리카 공화국 케이프타운에서 별빛이 휨을 관측으로 확인했습니다. 빛이 휘는 것이 관측으로 확인된 후 학자들이 던진 다음 질문은 "빛은 어디까지 휠 수 있을까?"였습니다. 빛이 특정 천체 주위에서 너무 많이 휘면 그 천체 안으로 빨려 들어가 빠져나올 수가 없겠죠. 이것을 블랙홀이라고 이름을 붙였습니다. 블랙홀이 진짜 존재하느냐를 놓고 논란도 많았지만, 현재 과학자들은 블랙홀이 존재한다고 믿습니다. 블랙홀의 존재는 엑스선 관측으로 확인합니다. 엑스선은 다 아시죠. 엑스선 촬영할 때 우리 몸까지 뚫고 들어가는 빛이 엑스선이거든요. 위성 탑재 엑스선 관측 망원경으로 아주 강한 엑스선을 내는 천체들이 많이 발견되었습니다. 지구에서 관측 가능한 엑스선이 나오려면 천체 표면이 매우 뜨거워야 합니다. 별 표면이 약 1000만 도가 되면 엑스선이 나옵니다. 그런데 태양 표면도 6,000도밖에 안 되거든요. "어디에서 1000만 도나 되는 뜨거운 환경을 만들 수 있을까?"라는 질문에 대한 답을 이론적으로 찾다 보니까 "블랙홀밖에 없다."라는 결론에 도달하였습니다. 이렇게 간접적으로 블랙홀의 존재를 확인하고 있습니다. 우리 은하 내에도 수십만 개의 블랙홀이 있는 것으로 추정됩니다.

김상욱 그러면 블랙홀이 우주 전체를 빨아들이나요?

이창환 그건 아닙니다. 우주는 생각보다 넓거든요. 블랙홀은 매우 작으므로, 많이 만들어지더라도 우주 전체에서 차지하는 부피는 무시할 만합니다. 더군다나 우주는 팽창하고 있습니다. 우주의 진화에서는 블랙홀이 주위의 물체를 빨아들이는 것보다 팽창하는 우주의 역할이 훨씬 중요합니다.

『그림으로 보는 시간의 역사』 대 『블랙홀 전쟁』

김상욱 결국엔 몇 십만 개가 있어도 크게 걱정될 것은 없다는 말씀이시죠?

이창환 전혀 걱정 안 하셔도 될 것 같습니다. 그리고 대담에서 논의가 될 호킹 복사까지 생각하면 블랙홀은 나중에 사라질 수도 있거든요. 블랙홀이 증발돼 버리고 나면 블랙홀이 존재하지 않게 됩니다.

김상욱 블랙홀이 사라진다고 하니까, 이 대담의 주제가 바로 블랙홀에서 벌어지는 물리적 현상을 두고 스티븐 호킹과 레너드 서스킨드가 벌인 논쟁인데요. 왜 싸웠나, 전쟁의 논제가 도대체 무엇이었나에 대해서 이종필 교수님부터 설명해 주셨으면 합니다.

블랙홀 안에 들어간 정보는 사라지는가?

이종필 이창환 교수님이 말씀하신 대로 블랙홀은 중력이 너무 세서 빛도 탈출하지 못하는 시공간의 영역입니다. 블랙홀 안으로 들어가는 것은 빠져나올 수가 없어요. 뭐든지. 그런데 호킹이 1974년에 양자 역학적 효과를 고려했을 때 블랙홀의 표면이 빛을 방출한다는 아주 놀라운 결과를 발표합니다. 이것을 호킹의 이름을 따서 호킹 복사라 하죠. 일단 이것을 그냥 잠깐 받아들입시다. 블랙홀 표면을 사건 지평선이라 해요. 그 선을 딱 넘어서면 밖으로 못 나가고 그냥 끝없이 빨려 들어가는 겁니다. 이 사건 지평선이 블랙홀의 크기를 결정합니다. 그런데 그 사건 지평선 주변에서 양자 역학적인 어떤 과정이 있어요. 다 설명할 수는 없지만 양자 역학적으로 순간적으로 입자들이 쌍으로 생겨났다가 그 쌍 중의 하나가 블랙홀 안으로 들어가고, 나머지 하나가 밖으로 나가는 경우가 있어요. 그러면 멀리서 봤을 때 블랙홀이 그냥 입자를 뱉어 내는 것으로 보입니다. 호킹이 이것을 1974년에 발표를 했습니다. 그렇게 블랙홀이 빛을 내면 나중에는 이게 증발을 해 버립니다. 에너지를 계속 내면서 질량이 줄어들어서 아침 햇살에 이슬이 말라 버리듯 증발해 버려요.

호킹은 여기서 문제를 제기했습니다. 블랙홀 안에 어떤 정보가 들어간다면. 예를 들어서 내 스마트폰에 저장된 엄청난 정보들이 들어간다고 해 봅시다. 그런데 블랙홀이 호킹 복사를 통해서 증발해 버렸다면 그 정보가 다 없어집니다. 스마트폰의 정보가 나올 길이 없어요. 왜냐면, 블랙홀 안에서 무언가 나오려면 광속을 초월해야 해요. 그런 일은 일어나지가 않죠. 그냥 안에 있는 거예요. 그러면서 호킹 복사로 증발해 버리는 겁니다. 정보가 사라지는 거죠. 그런데 양자 역학에 의하면 정보가 사라질 수가 없어요. 이건 양자 역학의 가장 중요한 성질 중 하나입니다. 블랙홀과 관련된 일련의 과정들을 보면 마치 정보가 사라지는 것처럼 보이니까, 양자 역학이 틀렸을 수도 있다는 거죠. 그게 호킹의 주장입니다. 중력이 아주 센 블랙홀 같은 이상한 괴물이 있으면, 거기서 정보가 사라지고 양자 역학이 적용되지 않는다는 게 호킹의 주장입니다. 레너드 서스킨드하고 책에 나오는 헤라르뒤스 토프트(Gerardus 'tHooft) — 1999년에 노벨상을 받으셨죠. — 는 "말도 안 되는 소리다. 양자 역학이 틀릴 리가 없다." 그래서 맞짱을 뜬 겁니다.

김상욱 정보가 없어지면 왜 안 되죠?

이창환 블랙홀에서 왜 정보가 보존되어야 하느냐. 이를 다른 말로 하면 정보 보존의 바탕이 양자 역학이므로 블랙홀에서 왜 양자 역학이 적용되어야 하느냐는 물음인데, 이러한 근본적인 질문에 답을 하는 것은 쉽지 않습니다. 현재도 많은 물리학자들이 "실험으로 검증 가능한 범위를 벗어나므로 블랙홀과 같은 특이점에서도 양자 역학이 보존되지는 잘 모르겠다."는 의견을 가지고 있습니다. 하지만 서스킨드와 같은 이론 물리학자들은 "양자 역학은 우주 어디에서도 보존되어야 한다."는 강한 의견을 가지고 있습니다. 우주의 아무리 작은 영역에서라도 양자 역학이 깨진다면, 현재 우리가 살고 있는 세상을 지배하고 있는 양자 역학이 뭔가 완벽하지 못한 이론이 되는 것이 아니냐는 것이지요.(참고로, 우리가 매일 사용하는 스마트폰과 같은 전자 제품도 양자 역학 이론을 기반으로 하고 있습니다.) 아무리 블랙홀이 작다고 해도 블랙홀에 의해 정보가 사라질 수 있다면, 우리가 살고 있는 세계의 정보가 보존될 것이라고 어떻게 확신하느냐. 이런 식으로 생각한 것 같아요. 그래서 블랙홀과 정보 보존을 동시에 설명하는 이론을 찾으려고 노력했고요.

김상욱 제가 이렇게 표현을 해 볼게요. 저에게 『블랙홀 전쟁』이 있는데요. 책이 불타서 안에 있는 정보를 다 잃어버렸어요. 지금 정보가 보존된다는 말이 맞았다면, 어떻게 하는지는 쉽지 않겠지만 원리적으로는 그 과정을 거꾸로 해서 우리가 책을 복원할 수 있다는 뜻이라고 저는 이해했는데요. 맞습니까? 이때 다시 정보가 복원될 거라고 믿는 사람이 서스킨드고요. 정보가 없어졌다고 믿는 사람이 호킹인 거죠. 처음에는 다수가 호킹을 지지했죠. 복원될 리가 없다. 지금도 복원될 것 같지 않은데요.

이종필 양자 역학의 원리적으로 가능하다는 것이죠. 정보 손실을 믿는 사람들도 일상 세계에서 양자 역학이 적용이 되는 걸 죽 봐 왔기 때문에 양자 역학의 원리는 받아들였습니다. 다만, 중력이 워낙 세고 또 한가운데에서 중력이 무한대가 되는 특이점이라는, 우리가 알고 있는 모든 물리 이론들이 적용이 안 되는 뭔가 이상한 곳이 있는 블랙홀에서는 적용이 안 될 수도 있지 않나 하는 게 호킹 측의 생각이었습니다.

정보는 손실되지 않는다

김상욱 이 전쟁의 본질을 잘 말씀해 주신 것 같습니다. 이 정도면 문제가 뭔지에 관해서는 공유가 된 것 같고요. 그다음에는 전쟁이 어떤 식으로 진행되었는지를 이야기해 봐야 할 것 같습니다.

이종필 결론은 '정보가 손실되지 않는다.'로 났습니다. 한마디로 이야기하면 이렇습니다. 블랙홀을 양자 역학 이론으로 설명해 버린 거예요. 양자 역학은 아까 말씀드렸듯이 원래 단계별로 정보가 항상 보존되게끔 구축된 이론입니다. 그걸로 블랙홀과 같은 현상을 다 설명한 거예요. 그러면 당연히 블랙홀에서 무슨 일이 일어나든지 양자 역학의 테두리 안에서 일이 벌어질 테니까 당연히 정보가 어디로 가지 않겠죠. 그 과정에서 도입했던 이론이 바로 끈 이론입니다. 원래 끈 이론은 1970년대 핵물리를 설명하기 위해서 도입이 되었는데 핵물리학 쪽에선 잘 안 맞고 별로 재미를 못 보다가, '아, 이게 혹시 중력을 설명하는 이론이지 않을까?' 하면서 1980년대부터 급속하게 발전해 왔거든요. 끈 이론이 왜 각광을 받았냐면 우리가 알고 있는 거의 유일한 '중력에 대한 양자 이론'입니다. 끈 이론이 맞는지 틀리는지는 아직 확실하게 모르지만, 가장 유력한 후보 중 하나입니다. 블랙홀 열역학의 여러 가지 성질들을 끈 이론으로 설명을 해 버렸으니 그럼 블랙홀이 양자 역학적으로 설명되는 거잖아요. 그래서 양자 역학이 맞는 거라고 사람들이 생각하게 된 겁니다.

그게 결정타를 맞은 게 1997년이에요. 이게 참 아쉬운 게 『시간의 역사』가 나온 게 1996년이잖아요. 97년에는 이론적으로 아주 어마어마한 논문이 하나 나옵니다. 후안 말다세나의 AdS/CFT라는 논문이 나와요. 책에도 나오는데, 이게 뭐냐면 5차원의 중력 이론이 그 5차원의 표면에서의 양자 작용하고 똑같다는 겁니다. 그래서 이것을 홀로그래피 이론이라고 그래요.

수학의 언어로 차원에 새로운 시각을 주는 것이 홀로그래피

이창환 먼저 새로운 차원에 대한 이해가 필요할 것 같은데. 문제를 조금 단순하게 해 보겠습니다. 제가 지금 손에 들고 있는 이 가족사진은 몇 차원인가요? 사진은 분명히 2차원이죠. 그런데 이 사진 속에서 우리가 몇 차원을 보고 있나요? 3차원을 보고 있습니다. 그것은 뇌가 하는 일인데, 어떤 논리가 사용되는지 봅시다. 얘는 얼굴에 주름이 없고 머리 크기하고 몸 크기를 비교해 보니까 머리가 너무 크다, 그러니까 어린아이다. 이렇게 판단을 하거든요. 그런데 뒤쪽에 앉은 사람은 머리/몸 비율을 보니까 나이가 많은 사람 같은데 어떻게 아이보다 훨씬 작으냐는 거죠. 논리적으로 모순이죠. 그래서 뇌가 순간적으로 판단합니다. 아! 저 작은 사람은 나이가 많지만 뒤에 있으니까 작게 보이는 거다. 이렇게 뇌가 2차원 사진에서 3차원 정보를 얻어 내는 것이지요. 여러분 눈의 시신경에 순간적으로 저장되는 정보는 몇 차원 정보입니까. 양쪽 눈으로 들어오는 2차원 사진 두 장입니다. 2차원 사진 두 장의 정보를 바탕으로 뇌가 해석을 해서 거리를 판단하고 3차원 공간을 보는 거죠. 우리는 매일매일 이 같은 경험을 하고 있습니다.

여기서 차원을 하나 늘여 봅시다. 과학자들이 블랙홀을 3차원 공간 이론으로 이해하려고 하는데 논리적 모순이 생겼습니다. 3차원 공간에서는 블랙홀 같은 특이한 곳에서 정보도 소실이 되는 것 같고, 양자 역학도 안 맞는 것 같다는 거죠. 그런데 초끈 이론을 이용하여 새로운 차원을 도입하면 블랙홀을 양자 역학적으로 이해하는 데 아무 문제가 없다는 것을 발견한 것이죠. 사진 자체는 2차원이지만 3차원 공간을 가정하니까 사진 속에 있는 모순점들이 해결되는 것처럼 말입니다. 2차원 사진 속에 숨겨진 3차원 공간의 이해를 가능하게 하는 것이 우리 뇌가 가진 능력이라면, 3차원 현상 속에 숨겨진 4차원 세계의 발견을 가능하게 하는 것은 수학적인 논리입니다. 홀로그래피는 이처럼 차원에 대한 새로운 해석을 가능하게 하는 이론

『그림으로 보는 시간의 역사』 대 『블랙홀 전쟁』

입니다. 이 이론에 의하면 3차원 (시간까지 포함하면 4차원) 세계의 물리 현상은 4차원 (시간까지 포함하면 5차원) 세계의 한 표면에서 일어나는 겉보기 효과일 수 있다는 것입니다. 우리가 일상적으로 경험할 수 없는 새로운 차원에 대해서는 이렇게 생각하시면 도움이 될 것 같습니다.

이종필 홀로그래피 아이디어는 1990년대 초반에 서스킨드와 토프트가 처음 제시했습니다. 그런데 그게 조금 더 정교해진 모양으로 나타난 게 1997년의 말다세나 논문입니다. 더 직접적으로 예를 들까요? 이 방 안에 있는 사람들은 지구하고, 혹은 자기네들끼리 서로 중력을 주고받지요. 여기서 일어나는 중력과 관련된 효과들을 이 방의 표면, 겉 표면에서의 어떤 양자 역학 이론으로 완전히 대치할 수 있다는 거예요. 직관적으로 이해가 안 되죠? 굉장히 놀라운 이론이고 말다세나 논문은 끈 이론 40년 역사상 가장 위대한 논문으로 평가받는 논문입니다. 그러니까 중력 이론하고 양자장론하고 똑같은 거예요. 블랙홀도 중력 현상이잖아요? 내가 스마트폰을 던지기 전과 던지고 나서 블랙홀이 증발한 그 상태를 어떤 가상의 표면에서의 양자 역학적 과정으로 재구성할 수 있다는 겁니다. 홀로그래피 이론대로라면 말이지요. 양자 역학 이론으로 대체되니까 그 과정에서는 정보가 손실될 이유가 없습니다. 결정적으로 그 때문에 블랙홀 전쟁은 종지부를 찍게 되었죠. 호킹도 나중에 2005년 논문에서 보면 AdS/CFT를 언급해요. 자기 논문에서 언급하면서 자기 식으로 그걸 다시 해석해서 정보가 손실되지 않는다는 걸 이야기하는데 거의 항복했다고 봐야죠.

김상욱 결국은 끈 이론 때문에 전쟁이 종결된 건가요?

이종필 그렇게 보셔도 됩니다.

김상욱 블랙홀도 잘 모르겠는데 끈 이론까지 나오니까 이제는 설상 가상이네요.

이종필 핵심은 그거예요. 끈 이론은 중력에 대한 거의 유일한 양자 역학 이론, 중력을 양자 역학으로 설명하는 거의 유일한 이론이에요. 양자 역학적으로 설명한다는 건 — 제가 맨 처음에 말씀드렸듯이 양자 역학은 정의상 정보를 보존합니다. — 중력을 기술하는 데 정보를 보존하는 방식으로 다 기술하는 거예요. 블랙홀을 정보의 손실 없이 설명할 수 있다는 거죠.

김상욱 중력과 양자 역학이 한꺼번에 정합적으로 만나는 이론이 없기 때문에, 블랙홀같이 중력이 큰 곳에서는 그게 적용이 안 될지도 모른다고 호킹은 생각하지 않았을까 합니다. 하지만 끈 이론이 나왔을 때 항복한 이유는, 끈 이론은 중력과 양자 역학을 정합적으로 결합시키는 현재까지 알려진 거의 유일한 이론이기 때문에 여기서 나온 답은 믿을 수 있다고 생각한 게 아닐까요?

이종필 거의 맞는 이야기입니다.

김상욱 마지막으로 이창환 교수님께 이런 질문을 드리고 싶습니다.

실컷 블랙홀 이야기를 해 놓고서 이런 질문을 한다는 게 좀 이상하기도 한데, 도대체 이 블랙홀 같은 것을 연구하는 게 우리 생활에 무슨 영향이 있을지 일반 사람들은 궁금해 할 것 같습니다. 블랙홀 전문가로서 한마디 해 주시면 어떨까 싶습니다.

이창환 블랙홀 연구가 우리 일상생활에 도움을 주지는 못합니다. 하지만, 인류가 우주에 대해 가지고 있는 근본적인 물음에 부분적이긴 하지만 답을 줄 수 있고, 나아가 인류가 그러한 질문에 답을 할 수 있는 능력을 갖추고 있다는 점을 보여 준다고 생각합니다. 물론 간접적으로도 도움이 되는 것은 많이 있습니다. 블랙홀을 연구하는 데 필요한 인공위성, 엑스선, 망원경 등의 제작과 운용은 항상 최첨단 기술을 요구하거든요. 이런 기술이 실생활에 활용되는 데 시간이 좀 걸리기는 하지만 결과적으로는 인류에게 많은 도움을 줍니다.

김상욱 이종필 교수님께는 좀 더 우아한 방법으로 질문을 드리겠습니다. 서평을 보면서 특히 인상 깊었던 게 맨 마지막에 아인슈타인의 글을 인용하셨더라고요. "우주와 관련해서 가장 이해하기 힘든 것은 우주가 이해 가능하다는 점이다." 왜 이 글을 인용하셨는지 직접 들으면 정리가 잘 되지 않을까 싶습니다.

이종필 사실 저도 잘은 모르는데 멋있어 보여서……. 하하하. 아인슈타인이 한 말이기도 하고요. 인류가 사바나에서 생겨나서 스스로를 자각하면서 제일 먼저 든 생각이 무엇이었을까요? 그것은 아마도 세상이 도대체 무엇으로 만들어졌는가. 그러니까 '무엇을'에 대한 질문이었을 거예요. 밤하늘에 엄청나게 많은 별들을 보면서 도대체 저게 뭐지? 그런 질문을 가졌을 때부터 저는 물리학이 시작되었다고 생각을 해요. 놀랍게도 지금 21세기에 오니까 그것이 단지 몇 줄 안 되는 굉장히 단순한 수학으로 너무나 많은 것을 설명하고 있거든요. 몇 줄 안 되는 수학을 가지고 그렇게 광활한 우주 전체에 대해서 이렇게 많이 설명을 할 수 있다니 굉장히 놀라운 것이거든. 결국에는 '왜'입니다. 왜 이게 존재하느냐. 『시간의 역사』에서 마지막으로 던진 질문도 같아요. 우주라는 게 도대체 왜 존재하느냐. 결국 물리를 한다는 것은 그것에 대한 답을 찾아 나가는 것이거든요. 그래서 이걸 항상 잊지 말아야 한다는 생각에서 써 봤습니다.

아직 우주에는 해결 안 된 문제가 굉장히 많습니다. 하지만 수많은 과학자들은 앞으로도 그런 질문에 이끌려서 똑같은 대답을 하려고 노력할 거예요. 그 여정에 우리가 있고, 지금 과학의 패러다임을 바꿀 수 있을 정도의 놀라운 결과들이 쏟아졌거나 쏟아지려고 하고 있어요. 그래서 무엇을, 왜, 어째서에 대한 답변들이 바뀔지도 모르는, 아니면 옛날에 답하지 못했던 문제들에 대해서 새로운 답을 줄지도 모르는 그런 굉장히 중요한 시기를 지나가고 있기 때문에 여러분들이 넓은 관점으로 세상을 바라본다면 우리 21세기 과학과 인간 사회에 대해서 조금 더 폭넓은 이해를 할 수 있지 않을까 생각합니다.

3부

이론
대
이론

10

신의 입자,
지상에 내려오다

『LHC, 현대 물리학의 최전선』

『신의 입자를 찾아서』

LHC, 현대 물리학의 최전선
이강영
사이언스북스 | 2011년 2월

신의 입자를 찾아서
이종필
마티 | 2008년 8월

과학의 역사에 길이 남을 2012년을 기억하기 위해 꼭 필요한 이 책

이종필
고려 대학교 BK21 플러스 휴먼웨어 정보 기술 사업단 연구 교수

2012년은 과학의 역사에서 아주 중요하게 기억할 만한 한 해로 기록될 것이다. 2012년 7월 4일, CERN은 자신이 보유한 LHC에서 지금까지 발견되지 않은 새로운 입자를 '거의' 발견했다고 발표했다. 이 입자는 현대 입자 물리학의 표준 모형에서 가장 중요한 퍼즐 조각인 힉스 입자와 부합하는 성질을 보이는 것으로 관측되었다. 엄밀하게 말해서 이날 CERN의 발표는 새로운 입자의 '발견'이 아닌 '관측'이지만, 대부분의 과학자들은 힉스 입자가 '사실상 발견'된 것으로 간주하고 있다. 이듬해인 2013년 노벨 물리학상은 이 입자를 최초로 제안했던 벨기에의 프랑수아 앙글레르(François Englert)와 영국의 피터 힉스(Peter Higgs)에게 수여되었다. 이것이 어떤 역사적인 의미를 가지는지를 제대로 이해하기 위해 지금 딱 한 권의 책을 읽어야 한다면 이강영의 『LHC, 현대 물리학의 최전선』(이하 『LHC』)을 추천하고 싶다.

표준 모형은 '세상이 무엇으로 만들어졌을까'라는 인류의 유구한 질문에 대한 20세기의 모범 답안이라고 할 수 있다. 지금으로부터

약 2,600년 전에는 그리스의 탈레스(Thales)가 만물의 근원이 물이라고 주장하였다. 그의 후예들은 흙, 불, 공기를 더해 4원소를 주장하기도 했고 더 이상 쪼개지지 않는 원자를 제안하기도 했다. 20세기의 관점에서 보자면 자연에 대한 이런 설명이 다소 유치해 보일지도 모르겠지만, 세상이 무엇으로 만들어져 있는지를 만물의 근원을 탐구함으로써 설명하려고 했던 노력은 20세기에까지 이어져 표준 모형으로 그 결실을 맺었다.

그리스 철학자들이 기껏 네댓 개의 물질로 세상 만물을 설명하려고 했던 것에 비하면 20세기의 과학자들이 표준 모형에서 무려 17개의 입자를 필요로 한다는 사실은 어쩌면 퇴보로 보일지도 모르겠다. 하지만 표준 모형은 지금까지 무수한 실험적 검증을 거쳐 오면서 인류가 이룩한 가장 정확한 과학 이론으로 평가 받고 있다. 그런데 그 17개의 입자들 가운데 아직까지 완전히 발견되지 않은 유일한 입자가 바로 힉스 입자이다. 이런 이유로 힉스 입자를 찾기 위한 과학자들의 피나는 노력은 지난 수십 년 동안 언제나 과학의 최전선일 수밖에 없었다.

과학은 한마디로 말해 인간 인식의 최전선이다. 그곳에서는 매일매일 치열한 전투가 벌어지고 있으며 그 결과에 따라 인간 인식의 경계선이 정해진다. 현대 문명을 흔히 과학 문명이라고 말할 수 있는 것은 최전선에 선 과학이 전투에서 매번 혁혁한 전과를 올린 덕분이다. 인간 인식의 최전선이 왜 중요한지는 실제 전장에서의 최전선이 어떤 의미인지를 한 번 떠올려 보면 쉽게 알 수 있다.

만약 여러분이 전성기의 고구려나 로마 제국의 영토를 갓 물려받은 황제라면 제일 먼저 무슨 일부터 하고 싶은가? 취향에 따라 여러 가지이겠지만, 자신의 광활한 영토가 어디까지 뻗어 있는지 그 경계선부터 확인하는 것도 훌륭한 황제가 되기 위해 꼭 해야 할 일들 중의 하나일 것이다. 경계선을 확인하기 위해서는 현재 경계선을 확정 짓기 위해 치열하게 전투를 치르고 있는 최전선이 어디인가를 먼저 알아야 한다. 지금의 최전선이 어디인지 확인을 해야 우리가 어디까지 와 있으며 앞으로 어디로 나아갈지를 가늠할 수 있기 때문이다.

21세기의 과학 전장에서 포탄과 총알이 빗발치는 최전선 중의 최전선을 꼽으라면 단연 LHC가 돋보인다. LHC는 모든 면에서 인류가 지금까지 시행해 온 과학 실험 중에서 가장 대규모로 진행되고 있는 실험이다. 하지만 안타깝게도 한국에서는 LHC 실험이 무엇인지, LHC가 왜 중요한지를 비전문가들이 쉽게 알 수 있는 안내서가 거의 없었다. 이런 상황에서 나온 『LHC』는 그런 안타까움의 오랜 가뭄 속에 쏟아진 단비 같은 책이라고 할 수 있다. 이 책은 비유적으로 말해서 최전선에서 한창 전투를 치르고 있는 장수가 틈틈이 정리한 난중일기가 장계와 함께 막 한양에 도착한 것과도 같다고 할 수 있다.

LHC는 지하 100미터에 건설된 둘레 27킬로미터짜리 입자 충돌 장치로서, 서로 반대 방향으로 가속시킨 양성자를 자기 질량의 약 7000배 되는 에너지로 충돌시킨다. 규모와 성능 면에서 인류 역사상 최고 최대의 과학 이벤트라고 할 수 있다. 두 개의 양성자가 고에너지로 충돌하면 양성자는 부서져서 양성자를 구성하는 쿼크나 접착자(gluon)가 튀어나와 높은 에너지에서 서로 상호 작용을 한다. 그 결과로 만들어지는 새로운 현상들은 양성자의 충돌 지점을 에워싸고 있는 거대한 입자 검출기에 그 흔적을 남긴다. 이때의 충돌 에너지는 대략 우주가 빅뱅으로부터 태어난 지 약 1000억 분의 1초에서

『LHC, 현대 물리학의 최전선』

1조 분의 1초 되던 때의 상황에 해당한다. 그러니까 LHC는 초기 우주의 상황을 인공적으로 재현해서 들여다보는 일종의 망원경이라고 할 수 있다.

약 400년 전인 1609년, 갈릴레오는 자신이 직접 만든 60배율 망원경으로 달과 우주를 관측하였다. 인류 역사상 최초로 그렇게 달을 가까이서 볼 수 있는 기회가 주어진다면 누구라도 앞다투어 갈릴레오 앞에 줄을 섰을 것이다.(사실 망원경 앞에 줄을 서는 건 지금도 마찬가지이다.) LHC라는 망원경(또는 현미경이라고 해도 좋다.)이 보여 줄 장면은 400년 전보다 훨씬 더 스펙터클하다.

이강영의 『LHC』는 이 스펙터클하고 경이로운 풍경을 감상하기 위한 백과사전식의 매뉴얼이라고 할 수 있다. 1부에서는 물질의 근본을 추구해 온 인류의 역사를 고대 그리스부터 20세기 초 핵물리학까지 개괄한다. 2부는 현대적인 입자 물리학의 세계를 그 주역들을 중심으로 소개하며, 3부에서는 LHC가 있는 유럽의 CERN의 역사를 정리해 두었다. 마지막 4부는 LHC 자체에 대해서 자세히 설명한다.

이 책의 장점은 입자 물리학의 역사가 장면 장면마다 생생하게 잘 살아 있다는 점이다. 게다가 저자가 이론 전공자임에도 불구하고 입자 가속기의 역사와 구조 등을 비교적 상세하게 다루고 있어서 이론과 실험의 균형이 잘 잡혀 있다. LHC가 공식 가동을 시작했던 2008년 나 또한 LHC와 관련된 졸고를 책(『신의 입자를 찾아서』)으로 낸 적이 있었다. 그 책에서는 상대성 이론과 양자 역학, 표준 모형 같은 물리 이론을 중심으로 LHC 실험의 의미를 다루었기 때문에 LHC 자체나 가속기 물리학의 역사, 여러 과학자들의 생생한 이야기 등을 담지 못했다. 그것은 나의 역량을 훨씬 넘어서는 일이었다. 『LHC』는 그런 갈증을 모두 해소해 주기에 전혀 모자람이 없어 보인다.

물리학자들에게는 자기 완결성(self-completeness)에 대한 일종의 강박 관념이 약간씩은 존재한다. 어떤 내용을 전달하려고 할 때 그 내용과 관련된 모든 내용을 다른 데 의존하지 않고서 내용 자체로 완결된 형태를 유지하도록 하려는 경향이 있다는 말이다. 내가 『신의 입자를 찾아서』를 쓰면서 상대성 이론과 양자 역학을 처음부터 다룬 것도 일종의 그런 강박 관념 때문이었다. 『LHC』가 입자 가속기의 역사를 전 방위적으로 방대하게 서술한 것도 마찬가지 이유가 아닐까 싶다.

그런 까닭에 『책 대 책』에서 『LHC』와 함께 나의 졸저 『신의 입자를 찾아서』가 소개되는 것은 개인적으로 대단히 영광스러운 일이다. 『신의 입자를 찾아서』는 LHC가 공식적으로 가동되는 일정에 맞춰 2008년 8월에 출간되었다. 『LHC』는 그로부터 3년이 지난 2011년에 출간되었으니, 두 책을 비교하면 그 시간만큼의 변화와 차이도 느낄 수 있을 것이다. 게다가 앞에서 잠깐 말했듯이 두 책은 서로 상보적인 면도 있다.

저자인 이강영 교수를 개인적으로 알게 된 것이 10년도 훨씬 더 되었기 때문에 평소 그가 과학자나 그와 관련된 에피소드에 대해 무척 해박한 지식을 가지고 있다는 것은 익히 알던 터였다. 저자의 해박한 지식의 근거는 일차적으로 방대한 독서 덕분이다. 과학과 관련된 책은 그에게 문의하면 친절한 해설이 줄을 잇는다. 게다가 그는 기억력도 비상한 면이 있다. 예컨대 어느 해 대학 가요제에서 누가 어떤 상을 받았고 그해 프로야구 개막전에서 누가 활약을 했는데 한국 시리즈 몇 차전 몇 회에서 이런 플레이를 했으며 같은 해 무슨 바둑기전 결승전에서 누가 맞붙어 이런 결과가 나왔다는 식이다. 『LHC』에는 그의 그 모든 이야깃거리가 아주 꼼꼼하고도 풍성하게 널려 있어서 (전공자들도 잘 모를 법한 이야기들도 가득하다.) 읽는 재미가 쏠쏠하다.

사람은 소통의 동물이다. 뭔가 재미있고 신기한 것이 있으면 주위 사람들에게 이야기하고 싶어 한다. 요즘 트위터나 페이스북 같은 SNS가 인기를 끄는 것도 그 때문인지 모르겠다. LHC 실험은 인류 역사상 최대의 과학 이벤트이다. 나도 그랬지만, 아마 이강영도 이 엄청난 구경거리를 주위 사람들과 함께 나누고 싶은 욕망을 주체할 수 없었던 것 같다. 어릴 적 기억을 되살려 보면 동네마다 꼭 한 명씩 척척박사가 있어서 항상 동네 꼬마들이 몰려들어 그로부터 재미난 이야기를 듣곤 했었는데, 『LHC』는 그런 이웃집 형님이 들려주는 신기하고 재미난 과학 이야기책이라고 할 수 있다.

한 가지 안타까운 것은 LHC 실험의 인류사적인 중요성에 비해 일반인들이 그 실험 내용과 의미를 알 수 있는 『LHC』 같은 책이 거의 없다는 점이다. 어느 지인의 평에 따르면 『LHC』는 전혀 한국 사람이 쓴 것 같지 않은, 마치 외국의 저명한 저술가가 쓴 것 같은 느낌이 물씬 풍기는 교양 과학책이라고 한다. 그만큼 『LHC』는 한국에서 보기 드문 수작이라는 의미일 것이다. 뒤집어서 생각해 보면 지금까지 왜 한국에서는 이런 책들이 별로 나오지 못했나 하고 한 번 돌아볼 필요도 있을 것이다.

한 가지 이유를 대자면 한국 사회에서 과학이 전반적으로 푸대접받고 대중화되지 못한 탓도 크겠지만, 일차적으로는 해당 분야 종사자들이 사회 일반과 적극적으로 소통하려는 노력이 다소 부족해서가 아니겠느냐는 생각을 해 본다. 결국 이런 책을 쓸 수 있는 사람은 일차적으로 '업계 종사자'일 수밖에 없지 않은가. 과학자들이 사회나 대중과 소통하는 데에는 대중 교양서를 내는 것 말고도 참 다양한 방법들이 있다. 하지만 적어도 내가 겪어 본 바에 따르면 아직은 학계가 이런 일에 적극적으로 나서지 않는 것 같다. 어느 분야를 막론하고 그 분야가 성장하려면 1차적으로 그 저변이 넓어져서 그 분야로 먹고 사는 사람들이 전체적으로 많아져야만 한다. 기초 과학도 마찬가지이다. 아쉽게도 지금까지 학계가 보여 온 모습은 외연의 확장과 소통이라기보다는 오히려 고립을 자초한 면에 가깝지 않을까 싶다. 소통을 위해서는 우선 그 소통의 대상이 되는 분야의 '언어'를 배울 필요가 있다. 한국의 현실에서 물리학을 잘하기 위해서 최소한의 영어를 익혀야 하는 것과도 비슷한 이치이다. 그런데 대부분의 학계 인사들은 자기와 다른 분야의 언어를 배우려는 노력을 전혀 하지 않은 채 상대방이 자기 분야의 중요성을 이해하지 못한다고 투덜거리기만 하는 모습을 보여 왔다. 이런 분위기 속에서는 누구나 쉽게 과학의 성과와 의미를 부담 없이 음미할 수 있는 좋은 교양 과학서가 나오기 어렵다. 그런 면에서 『LHC』는 학계 전체의 소중한 자산으로 자리매김하리라 기대해 본다.

어디선가 과학은 21세기의 교양이라는 말을 들은 적이 있다. 책한 권 읽는다고 갑자기 교양인이 되지는 않겠지만, 행여 스스로가 현대 과학에 대한 기본 소양이 부족하다고 여기는 사람이 있다면 이한 권의 책이 그 자괴감을 상당히 해소해 줄 것이라고 나는 확신한다. LHC는 2013년부터 업그레이드를 위한 휴지기에 들어가 2015년

『LHC, 현대 물리학의 최전선』

325

재가동할 예정이다. 지금 잠시 짬을 내서 『LHC』를 탐독한다면 여러분들은 앞으로 LHC가 성취할 인류사적 결과들을 보다 쉽게 알 수 있을 것이고 주위 사람들에게도 자세하게 설명해 줄 수 있을 것이다. 21세기 인간 지성의 최전선을 향한 여정에 이 두툼한 『LHC』를 훌륭한 동반자로 추천하는 바이다.

이종필 고려 대학교 BK21 플러스 휴먼웨어 정보 기술 사업단 연구 교수

1971년 부산에서 출생했다. 서울 대학교 물리학과 박사 과정을 졸업하고 같은 대학교 대학원에서 입자 물리학으로 석사, 박사 학위를 받았다. 한국 과학 기술원(KAIST) 부설 고등 과학원(KIAS), 연세 대학교 연구원으로 재직했으며, 현재 고려 대학교 BK21 플러스 휴먼웨어 정보 기술 사업단 연구 교수로 재직하고 있다. 저서로는 『대통령을 위한 과학 에세이』, 『신의 입자를 찾아서』, 『물리학 클래식』이 있고, 번역서로 『최종 이론의 꿈』이 있다.

양자 역학과
상대성 이론 이야기가
듣고 싶다면

이강영
경상 대학교 물리 교육과 교수

과학은 중요하다. 과학은 어렵다. 과학은 세상의 비밀을 밝혀 준다. 과학은 전문가들의 몫이다. 과학은⋯⋯.

과학의 본질은 개별적인 사실들을 관찰하는 일과 그로부터 일반화한 법칙을 추론해 내는 일이다. 이 과정이 적용될 수 있는 범위는 무한하고, 그 과정 역시 무한히 정교해질 수 있기 때문에, 과학이란 무엇인가를 한마디로 표현하기는 쉬운 일이 아니다. 그러나 과학이 이상(理想)으로 삼는 것이 모든 자연 현상을 지배하는 보편 법칙을 발견하는 일임은 명백하다. 보편 법칙을 알게 된다면 우리가 경험하는 모든 현상은 보편 법칙으로부터 유도할 수 있을 것이다. 현실적으로 그러한 모습에 가장 가까운 과학은 물리학이다. 뉴턴의 『프린키피아(*Philosophiæ Naturalis Principia Mathematica*)』는 이런 모습을 아주 잘 보여 주는 예로서, 역학의 기본 원리와 중력의 법칙으로부터 천체와 우주의 모든 현상을 연역적으로 예측한다. 그리스식의 고전적인 완벽함을 염두에 두었던 『프린키피아』를 보면 마치 몇 개의 정의와 공리로부터 모든 사례를 유도해 내는 유클리드의 기하학 책을 보는 것 같다.

학문의 각 단계에는 고유의 법칙이 존재하지만, 적어도 원리적으로 물리학은 과학의 모든 분야에 기초가 되는 법칙을 제공한다. 마찬가지로 물리학 내부에서도 물질의 구조를 이해하는 데는 논리적으로 긴밀한 체계가 요구된다. 현대 물리학의 핵심은 원자다. 원자의 존재를 파악하고 이해함으로써 현대 물리학은 이전과는 비교도 할 수 없게 물질을 깊이 이해하게 되었다. 그리고 그 대가로 현대 물리학은 양자 역학과 상대성 이론이라는 도구를 필요로 하게 되었다. 이들 이론은 인간의 일상적 감각을 넘어서는 일종의 추상성을 필요로 한다. 버트런드 러셀(Bertrand Russell)은 이에 대해 이렇게 말했다. "현대 물리학의 극단적인 추상성은 그 학문에 대한 이해를 어렵게 만들지만, 그 학문을 이해할 수 있는 사람들에게는 전체로서의 세계를 파악하고 세계의 구조와 메커니즘 속에 담긴 의미를 깨닫게 해 준다. 그것은 덜 추상적인 도구들로는 도저히 제공할 수 없었을 지식이다. 추상을 사용하는 힘은 지성의 본질이다."

원자를 기준으로 해서 보면, 물리학은 원자들끼리의 상호 작용을 이해해서 우리가 거시적으로 느낄 수 있는 물질의 성질을 연구하는 분야와 원자의 내부 구조를 연구해서 원자 자체를 이해하는 분야로 크게 나눌 수 있을 것이다. 이 중에서 원자의 내부 구조를 이해하는 일은 곧 원자핵을 이해하는 일이라고 할 수 있다. 그런데 놀라운 것은 원자핵을 연구해 보니 그 안에서 전혀 새로운 물리 법칙이 발견된다는 것이다. 원자핵 속에서 물리학자들은 원자핵을 이루는 강한 핵력과, 입자의 종류를 바꿔 버리는 약한 핵력이라는 전혀 새로운 물리 현상을 발견했고, 원자핵을 이루는 양성자와 중성자, 그리고 강한 핵력으로 만들어지는 수많은 새로운 입자를 발견했다. 게다가 여기서 더 나아가서 이들 입자들은 쿼크라는 더 기본적인 요소로 이루어져 있음이 발견되었다. 그러니까 원리적으로 양성자와 중성자의 성질은 쿼크로부터 유도되며, 원자핵의 성질은 양성자와 중성자로부터 유도되고, 원자의 성질은 원자핵에 의해 결정된다. 그리고 우리가 관찰하는 물질의 성질은 원자의 성질을 통해서 이해할 수 있다. 여기서 볼 수 있는 물질의 계층 구조의 발견은 환원주의의 위대한 승리였다.

기본 입자의 성질과 상호 작용을 연구하는 입자 물리학은 이 연역적 구조의 꼭대기, 혹은 가장 바닥에 있는 분야다. 그래서 사실 입자 물리학이 다루는 현상은 우리가 경험할 수 있는 것이 아니며, 입자 물리학에 적용되는 법칙은 일상에서 형성된 우리의 감각과 가장 거리가 멀다. 따라서 입자 물리학을 설명하는 일은 대단히 어렵다. 반면에, 입자 물리학은 그 논리적 위치가 분명하기 때문에 누구나 궁금하게 생각하고, 그래서 다른 어떤 분야보다도 이론적으로 가장 많은 흥미를 끄는 분야기도 하다. 그러니까 과학에 아무런 전문적인 식견이 없는 사람이라 하더라도, 물질의 가장 기본 요소는 무엇일까? 물질의 어떤 성질이 가장 기본적인 것일까? 시간과 공간의 본질은 어떤 것일까? 등등과 같은 질문을 할 수는 있는 것이다. 이것이 힉스 보손과 같이 우리 삶에 전혀 관계가 없어 보이는 존재를 발견하는 일에 많은 사람들이 관심을 가지는 이유일 것이다.

과학책을 읽기에 척박한 환경인 우리 사회에서도, 그동안 입자 물리학을 소개하는 책들이 없지는 않았다. 그러나 그중에 우리 과학자가 직접 쓴 책은 그리 많지 않다. 게다가 우리나라에서 교육 받은 저

『신의 입자를 찾아서』

자가 쓴 책은 『신의 입자를 찾아서』가 처음이 아닐까 한다. 이 책의 저자 이종필 박사는 한국에서 대학과 대학원을 마치고 박사 학위를 받고, 한국에서 연구 활동을 해오고 있는 과학자이며, 이 책은 오롯이 본인의 지식과 학문적 경험을 바탕으로 쓰인 저술이다. 그런 의미에서 이 책은 한국에서 입자 물리학이 어디까지 왔는가를 보여 주는 한 지표라고 할 수 있다.

자연 과학이 보편 법칙을 이상으로 삼더라도, 거기에는 근본적인 출발점이 있다. 바로 자연 현상 그 자체다. 웅대한 그리스식 형식을 추구한 『프린키피아』조차도 기본 법칙인 중력 법칙만은 다른 어디에서 연역하는 것이 아니라 개개의 사실들을 관찰한 데에서 귀납적으로 얻을 수밖에 없었다. 그래서 자연 현상을 인지하기 위한 실험이라는 행위는 과학 활동의 핵심이 된다. 현재 입자 물리학에서 가장 중요한 실험은 CERN에 건설되어 2008년 가동을 시작한 LHC다. 이 책은 LHC의 가동에 맞추어서, LHC에서 일어나는 현상을 설명하기 위해 저술되었다. 전 세계적으로 중요한 과학적 사건을 맞이해서, 한국에서 공부한 한국의 과학자가 그 과학적 사건을 한국어로 시의 적절하게 소개할 수 있다는 것은 우리의 입자 물리학이 일정한 수준에 도달했다는 것을 알려 주는 책증거라고 하겠다.

입자 물리학이 다루는 쿼크와 렙톤, 힉스 보손과 게이지 대칭성의 세계는 원자핵보다 극히 작은 길이에서 모든 물리 현상이 일어나기 때문에 근본적으로 양자 역학이 지배하는 곳이다. 또한 이들 사이의 기본적인 상호 작용이 중요해지는 높은 에너지 상태에서는 기본 입자들이 매우 빠른 속도로 행동하기 때문에 이들의 움직임을 서술하기 위해서는 반드시 상대성 이론을 적용해야 한다. 사람들에게 입자 물리학을 이야기하기가 어려운 이유 중 하나는 반드시 양자 역학과 상대성 이론을 통해서 모든 현상을 기술해야 하기 때문이다. 즉 입자 물리학은 애초부터 추상성을 통해서만 표현할 수 있다. 그렇기 때문에 입자 물리학의 세계에서 일어나는 현상은 일상적인 감각으로는 받아들여지지 않는다. 예를 들면, 입자가 소멸해서 에너지가 되기도 하고, 에너지에서 입자가 새로 생겨나기도 한다. 아니, 이 세계에서는 물질과 에너지의 구별이 사실상 없다고 해도 좋다. 또한 물리 법칙으로 금지된 일이 아니면, 벽을 뚫고 지나가거나 하나의 입자가 동시에 두 개의 길로 지나가는 등, 아무리 이상한 일도 얼마든지 일어날 수 있다. 이 세계에서 일어나는 일을 이야기하기 위해서 이 책은 상대성 이론과 양자 역학을 설명하는 데 많은 지면을 할애하고 있다. 그것도 적당히 필요한 용어들을 정리하는 수준이 아니라, 현대 물리학 강의를 방불케 할 정도로 구체적으로 설명하고 있다.

특히 아인슈타인-포돌스키-로젠(Einstein-Podolsky-Rosen, EPR) 역설, 위치를 알려 주는 전지구 측위 시스템(Global Positioning System, GPS)에서의 상대론적 효과, WMAP 위성의 암흑 에너지 결과나 LHC의 미니 블랙홀 생성과 같은 최첨단의 과학적 결과를 자연스럽게 덧붙이면서 양자 역학과 상대성 이론 이야기를 풀어 나가는 책은 흔하지 않다. 이런 이야기를 통해 이 책은 20세기 물리학이 발전하는 모습과 입자 물리학의 현재를 저자의 열정과 함께 체험하도록 해 준다.

이제 LHC는 본격적으로 가동을 시작했고, 성공적으로 데이터를 모으고 있으며, 데이터의 분석을 통해 예상을 뛰어넘는 정밀한 결과를 잇달아 발표하고 있다. 2011년 12월에는 2011년의 데이터로부

『신의 입자를 찾아서』

터 힉스 보손이 존재할 가능성이 높다는 것을 시사하는 결과를 공개적으로 발표했고, 2012년 7월 4일에는 마침내 LHC의 주 실험 팀인 ATLAS와 CMS가 힉스 보손으로 보이는 입자를 '거의' 발견했음을 선언해서 전 세계의 매스컴을 달구었다. LHC가 가동하기 직전에 나온 이 책은 바로 이런 결과를 앞둔 설렘으로 끝을 맺고 있다. 이 책의 뒷이야기는 바로 지금 LHC에서 일어나고 있는 사건들 그 자체다.

이강영 경상 대학교 물리 교육과 교수

서울 대학교 물리학과를 졸업하고 KAIST에서 입자 물리학 이론을 전공해서 박사 학위를 받았다. 연세 대학교, 서울 대학교 이론 물리학 연구 센터, 고등 과학원 연구원 및, KAIST, 고려 대학교, 건국 대학교 연구 교수를 거치며 가속기에서의 입자 물리학 현상, 힉스 입자, CP 대칭성, 암흑 물질 등에 대해 연구해 왔다. 현재는 경상 대학교 물리 교육과 교수로 재직하면서 계속 우주와 물질의 근원에 대해 이론적으로 연구하고 있다.

이종필
『LHC, 현대 물리학의
최전선』

장상현
사회자

이강영
『신의 입자를
찾아서』

장상현 먼저 이종필 박사님이 두 책의 주제라고 할 수 있는 입자 물리학이 무엇인지를 간략하게 설명해 주시기 바랍니다.

이종필 물리학이란 말을 좀 풀어서 보자면 '사물의 이치'입니다. 사물이 어떻게 작동하는지, 그 원리가 뭔지 따져 보는 학문이 물리학이고 조금 넓게 보면 바로 과학의 시작이죠. '사이언스'란 말이 나온 것은 17세기 뉴턴 이후이긴 합니다만, 사물의 이치를 따지기 시작한 것은 사실 굉장히 역사가 깁니다. 더 구체적으로 말하면 이런 거예요. 우리 눈에 보이는 이 세상이 도대체 뭐로 만들어졌느냐. 이것이 어떻게 돌아가는 거냐. 이 질문의 답을 찾는 것이거든요. 현생 인류가 지구에 나타난 지가 500만 년 정도 되잖아요. 제 생각에는 인류가 이 행성에 생겨나서 자각을 가지고 제일 먼저 던졌을 질문 다섯 개 중 하나가 이것이었을 것 같아요. '도대체 세상이 무엇으로 만들어졌나?'

나머지 네 개는 뭔지 모르겠지만, 그만큼 저는 물리학 역사가 그

『LHC, 현대 물리학의 최전선』 대 『신의 입자를 찾아서』

때부터 시작되었다고 생각해요. 물론 문자가 없었으니 기록에 남진 않았겠죠. 문헌으로 남은 가장 오래된 고민은 철학의 아버지인 고대 그리스의 탈레스입니다. 기원전 600년경 사람인데 만물의 근원은 물이라고 주장했습니다. 인류 역사로 보면 굉장히 최근의 일이긴 합니다. 탈레스 이후에도 엠페도클레스(Empedoklcles)가 4원소 설을 이야기합니다. 지금 우리 관점에서 보면 만물의 근본이 물이다. 흙, 물, 불, 공기다, 이런 이야기는 좀 어이없어 보이지만, 사실 현대 물리학에서도 근본 이치가 뭐냐를 탐구하는 기본 패턴은 똑같아요. 물이나 4원소가 열 몇 가지의 입자로 바뀐 것뿐입니다. 그것으로 세상이 이루어지고 어떤 자연의 원리로 세상이 돌아간다. 이걸 설명하는 것이거든요. 이 모든 과정이 입자 물리학의 역사입니다. 언어가 생기기도 전에 고민해 왔던, 인류가 가장 근본적이고 본원적으로 찾아온 것이 입자 물리학입니다. 그래서 21세기에도 전 세계에서 수많은 과학자가 LHC에 매달리고 10조 원이나 되는 돈을 쏟아 부으면서 가속기를 만드는 겁니다. 가속기가 어느 날 하늘에서 뚝 떨어진 게 아니라, 인간이 태어나서 본원적으로 가졌던 그 질문에 궁극적인 답을 찾아가는 과정의 일부라는 말씀을 드리고 싶습니다.

장상현 감사합니다. 지금 만물의 근본을 탐구하는 학문이 입자 물리학이라고 말씀하셨는데 두 책의 주제가 사실 LHC거든요. 이 거대 입자 가속기와 이것을 유치하고 있는 CERN이 어떤 기관이고 무엇을 하는지, LHC가 물질의 근본을 탐구하는 데 어떤 관련이 있는지 이강영 박사님께 들어 보겠습니다.

LHC란 무엇인가?

이강영 자연 과학은 인간이 아니라 자연의 원리를 찾는 학문이기 때문에 사람이 자연을 어떻게 보느냐, 어떤 방법으로 보느냐에 따라서 연구하는 분야가 정해집니다. 화학이 발전했던 18세기에는 물질을 태운다든지 섞는 실험을 하면서 그런 현상을 사람들이 많이 보았고 그걸 설명하는 일에서 화학이 발전했습니다. 19세기 말에서 20세기 초에 걸쳐서는 방사선이라는 것이 발견되었습니다. 이 방사선으로 20세기 초에는 원자의 존재를 알았고 시간이 흘러 원자 속에 있는 원자핵의 존재도 확립되었습니다. 원자 속의 미시 세계를 보기 위해서는 더 높은 에너지가 필요합니다. 우리가 물건을 만지는 행동보다 훨씬 높은 에너지를 들여야 원자 속에 들어가서 무엇이 있는지를 알 수 있죠. 입자 물리학은 물체의 근본적인 부분을 보려는 것이기 때문에 우리가 탐구하는 것 중에 가장 높은 에너지의 상태를 연구하는 학문이라고 할 수 있습니다.

장상현 더 작은 것을 쪼개려고 할수록 항상 더 높은 에너지가 필요한가요?

이강영 낮은 에너지에서 우리는 물질의 겉면만 보게 됩니다. 에너지를 높일수록 그 속까지 들어갈 수 있습니다. 핵 이하의 작은 세상을 보기 위해서는 이전 방식의 실험으로는 불가능하고 아주 높은 에너지 상태를 인공적으로 만들 필요가 생기는데 가속기라는 것을 통해서 가능합니다. 가속기로 대상을 가속시켜서 속도가 점점 빨라지면

『LHC, 현대 물리학의 최전선』 대 『신의 입자를 찾아서』

그 물질은 아주 높은 운동 에너지를 갖게 됩니다. 가속된 입자를 물질에 집어넣어서 물질의 속이 어떻게 되어 있는가를 탐구하는 것이 입자 물리학의 가장 보편적인 실험 방법입니다.

가속기는 제2차 세계 대전 이후 미국에서 먼저 발전했습니다. 전쟁으로 폐허가 된 유럽에는 그런 대규모 시설이 존재하지 않았죠. 즉 1950년대에는 가속기란 미국에만 존재하는 것이었습니다. 그러다가 유럽에 남아 있던 학자들, 그리고 전쟁을 피해 미국에 있다가 돌아온 학자들이 다시 모이면서 유럽에서도 이런 대규모 시설을 가질 필요성이 대두합니다. 그런데 시설이 급격하게 대규모가 되니까 각국의 경제로는 도저히 감당할 수가 없었습니다. 그래서 유럽 전체에서 공동의 연구소를 만들어서 대규모 실험을 하자는 움직임이 시작되었고, 현실로 이루어진 것이 CERN입니다. 중립 지역인 스위스 제네바 근교에 설립되어 이제 유럽은 나라별로는 더 이상 대형 가속기를 짓지 않고 모두 CERN 중심으로 대규모 가속기 사업을 하고 있습니다.

CERN 이후로는 미국과 유럽이 경쟁하는 양상으로 가속기 물리학이 발전했는데 LHC는 그런 가속기를 만들려는 연구가 현재 다다른 최전선이라고 할 수 있겠습니다. LHC는 예전 CERN 옆에 만들어졌던 전자-양성자 가속기인 LEP의 후신입니다. LEP는 지금까지 만들어진 가속기 중에 가장 큰 가속기인데, 둘레가 약 26.7킬로미터입니다. 1970년대에 계획을 해서 1980년대에 건설을 했습니다. 건설할 때부터 이 실험을 마치면 그 터널에다 양성자 가속기를 그대로 만들어서 다음 세대의 실험을 하자는 합의가 이미 이루어져 있었습니다. LEP 실험은 10년 넘게 계속되었고요. 2000년 들어서 LEP 실험을 그만두고 그 터널에다 새로운 가속기를 설치해서 이전의 어떤 가속기보다도 고에너지의 가속기를 새로 지은 것이 LHC입니다. 원래 설계상으로는 에너지가 14조 전자볼트 수준입니다. 이전에는 그 미국 시카고 페르미 연구소의 2조 전자볼트를 내는 가속기가 제일 컸으니까 7배 정도 큰 에너지를 내도록 설계된 가속기지요.

장상현 혹시 지금 이해를 못 하시는 분이 있을 것 같아서 잠시 질문을 드리겠는데요. 가속기에서 가속하는 게 전자가 있고 양성자가 있는데 양성자는 수소 원자의 원자핵입니다. 전자는 그 주변을 도는 더 작은 전하죠. 이 둘을 가속하는 이유는 무엇입니까? 다른 것을 가속할 수는 없나요?

이강영 이 세상에는 여러 입자가 존재하지만, 실제로 자연 상태에 두었을 때 안정한 상태로 변하지 않는 입자는 세 가지밖에 없습니다. 전자, 양성자, 빛(광자). 우리가 실험에서 실제로 쏠 수 있는 입자가 그 셋인 셈이죠. 물론 중성자도 있습니다. 중성자는 안정된 원자핵 안에 있을 때는 계속 안정적으로 있는데 따로 떼어 놓으면 몇 백 초 정도 지나면 양성자로 붕괴합니다. 어쨌든 중성자도 이런 식으로 (중성자는 가속기라고 하면 이상하지만) 어쨌든 가속기 실험을 할 수 있습니다. 하지만 우리가 안정적으로 다룰 수 있는 입자는 전자와 양성자이기 때문에 그 두 입자를 가지고 주로 실험을 하죠.

장상현 중성자와 광자 이야기가 나와서 말씀을 드리자면 가속기는 기본적으로 전극하고 자석으로 되어 있습니다. 그걸로 가속을 해

『LHC, 현대 물리학의 최전선』 대 『신의 입자를 찾아서』

요. 그러니까 전하가 없는 중성자나 광자는 가속을 할 수가 없습니다. 전자나 양성자만 되는 거죠.

이강영 광자나 중성자를 가속하려면 이제 특별한 기술이 필요하죠.

장상현 지금까지 입자 물리학과 입자 물리학을 구현하는 최고의 기계, LHC에 대한 이야기를 들으셨고요. 두 분이 쓰신 책은 우리나라에서 유일무이하게 딱 두 권이 나와 있는 거예요. 교양 과학으로 입자 물리학과 LHC를 다룬 책은요.

이종필 유이무삼이라고 해야겠네요.

장상현 네, 그러네요. 그런데 두 책이 쓰인 시점이 『신의 입자를 찾아서』는 6년이 지났고요. 『LHC, 현대 물리학의 최전선』은 3년이 지났습니다. 그 3년 사이에 엄청난 일이 일어났습니다. 아마 여러분도 뉴스를 보셨을 거예요. 신의 입자, 힉스를 찾았다. 그런 기사가 나왔죠. 힉스 입자가 무엇인지 그 짧은 기사로는 이해하기가 힘들 겁니다. 이종필 박사님이 힉스 입자가 무엇인지, 왜 이게 신의 입자라 불리는지 조금 설명을 해 주시죠.

신의 입자

이종필 탈레스 이후의 사람들은 만물의 근본이 뭐냐. 세상이 뭐로 만들어져 있을까를 알기 위해 계속 밑으로 파고 내려갔어요. 분자가 있다는 걸 알게 된 게 20세기입니다. 예상이야 19세기에도 했었지만, 분자를 알고 원자를 알고 원자핵을 알게 되니 그 원자핵은 또 양성자와 중성자로 이루어져 있다는 사실을 알았습니다. 양성자와 중성자도 다시 내려가 보니까 하나의 입자가 아니라 안에 뭔가 하부 구조가 있었고요. 그것을 사람들이 쿼크라고 부르기 시작했죠. 지금 우리가 가진 최소 단위가 쿼크입니다. 쿼크가 모여서 양성자나 중성자 같은 원자핵, 핵자를 만들고 그 주변에 음의 전하량을 가진 전자가 있고. 전자는 아직은 하부 구조가 없는 걸로 알고 있어요. 그렇게 우리가 알고 있는 기본 입자가 쿼크가 한 여섯 개 있고 전자 같은 놈들이 여섯 개 있어요. 그것이 직접적으로 물질을 구성하는 입자예요. 현대 물리학에서는 이 입자들이 상호 작용하는데, 양자 역학적 관점에서 이 과정을 기본 입자들이 힘을 매개하는 새로운 입자를 주고받는 것으로 생각합니다. 힘을 매개하는 입자는 네 개 정도 알려져 있습니다. 대표적인 것이 빛입니다. 나머지 세 개는 강한 핵력을 매개하는 입자, 그리고 약한 핵력을 매개하는 입자입니다. 강한 핵력과 약한 핵력은 20세기 이후에 알려진 힘이에요.

이 16개의 입자에도 뭔가 규칙이 있어요. 과학자들이 자연에 반드시 존재해야만 한다고 믿는 일종의 수학적 대칭이에요. 자연이 아무렇게나 존재하는 게 아니라 그 안에 독특한 수학적인 관계가 있어야만 잘 설명된다고 과학자들은 믿습니다. 그런데 대칭 때문에 안 좋은 점이 뭐냐면 이 소립자들이 질량을 가질 수 없어요. 말이 안 되죠. 전자도 아주 작긴 하지만 당장 질량이 있으니까. 실험하고 어긋나요. 그렇다고 수학적인 대칭, 이걸 포기하기에는 또 너무 아까운 거예요.

『LHC, 현대 물리학의 최전선』 대 『신의 입자를 찾아서』

그래서 사람들이 어떻게 했냐면 대칭을 살짝 깨뜨리면서 질량을 만들어 내는 방법을 연구합니다. 그중 한 분이 피터 힉스예요. 에든버러 대학교에 계시고 이제 연세가 여든이 훨씬 넘으신 분인데, 이 분이 대칭성을 깨면서 많은 소립자에 질량을 주는 입자를 새로 도입하는데 그게 힉스 입자입니다. 그 과정은 힉스 메커니즘이라고 합니다.

이름은 힉스 입자지만 관련된 분이 여섯 분 계십니다. 이 입자가 반드시 있어야 한다고 힉스가 논문을 쓴 게 1964년이고 여섯 명이 논문 쓴 것도 다 1964년 여름이었어요. 그것을 차용해서 세련되게 입자 물리학을 재구성한 논문이 스티븐 와인버그의 손으로 1967년에 나옵니다. 그 이후로 이것을 입자 물리학의 표준 모형이라고 불러요. 1970년대 넘어가면 강한 핵력도 비슷한 수학으로 포섭해서 표준 모형이 완성됩니다. 1970년대 중반부터는 표준 모형의 예측들을 실험으로 확인하는 과정이었고요. 1979년에 와인버그하고 두 사람이 노벨상을 받고. 그렇게 다른 16개 모든 입자를 실험으로 보는데, 마지막 17번째의 힉스 입자가 50년 동안 없었습니다. 이것이 가장 중요한 포인트였고 표준 모형에서 마지막 남은 퍼즐 조각이었기 때문에 LHC를 가동한 가장 큰 이유가 다른 무엇보다도 일단은 힉스 탐색이었죠. 이게 별명이 신의 입자(god particle)라고 하는데 일화가 하나 있어요. 레온 레더만(Leon Lederman)이라고 중성 미자 실험을 하는 물리학자가 계십니다. 1988년에 색다른 종류의 중성 미자가 있다는 사실을 발견해서 노벨상까지 받은 분인데 이분도 힉스 입자를 당연히 찾고 싶겠죠? 그런데 너무 안 보이니까 열 받잖아요. 열 받아서 1993년에 책을 냅니다. 책 제목을 처음에 'god damn particle'이라고 지었대요. 출판사에서는 이런 이름으로는 안 된다.

장상현 제목에 욕이 들어갔으니까요.

이종필 그래서 편집자가 damn을 빼 버립니다. 그래서 신의 입자가 되었어요. 이름을 짓고 보니까 나름 멋있잖아요? 그리고 책 제목에 신이 들어가면 판매량이 좀 올라간대요. 몇 퍼센트 정도. 아무튼 이 신의 입자를 2012년 7월 4일, 약간의 기술적 문제는 있지만 실제 발견합니다. 힉스 논문이 1964년이니까 거의 50년 걸린 거잖아요. 반세기 만에 발견했으니 세계 과학계가 들썩거리는 것이고, 표준 모형이 실험으로도 완성되었다는 겁니다. 2012년은 과학사에 기록으로 남는 해가 될 거예요.

장상현 지금 표준 모형 이야기가 나왔는데 표준 모형은 입자 물리학의 가장 표준적인 모형이란 뜻이죠. 쿼크와 경입자가 어떻게 이 세상을 구성하는가를 설명하는 이론이에요. 이론 이야기를 하면 너무 딱딱해지니까, 이강영 박사님께 이 이론의 역사적인 배경과 가능하면 힉스가 50년 동안 노벨상을 못 받았는데 왜 나머지 사람들은 상을 받았나, 이런 이야기를 설명해 주시면 재미있을 것 같네요.

이강영 말씀하신 대로 표준 모형은 정말로 기본인 입자가 뭐고 그게 어떻게 상호 작용하는지를 말해 주는 이론입니다. 그런데 기본 입자가 무엇이라는 것은 사실 이론이 할 말이 아닙니다. 실험으로 찾아낸 거예요. 현상을 봤더니 전자, 쿼크 그런 것이 기본 입자더라. 실험으로 아는 겁니다. 다음으로는 그 입자들이 어떻게 상호 작용하는가가 문제가 되겠죠. 그런 상호 작용 이론을 만드는 데 기본이 되는 이론을 게이지 이론이라고 합니다. 게이지 이론은 전자기 이론의 구조에서 온 내용입니다. 전자기 이론은 이미 19세기에 맥스웰이 전자기 방정식으로 정리해 놨어요. 그 안에 보면 게이지 대칭성이란 특별한 성질을 만족한다는 것이 알려져 있습니다. 알베르트 아인슈타인이 상대성 이론을 내놓고 다시 전자기 이론을 보니까 그 이론이 다른 것까지 다 만족하는 굉장히 훌륭하고 좋은 이론임을 알게 되었습니다. 그래서 1950년대쯤 되면 전자기 법칙에 대해서는 우리가 양자역학적으로 또는 상대성 이론적으로 완전히 이해하는 이론을 쓸 수 있게 됩니다. 워낙 이론이 성공적이니까, 다른 종류의 상호 작용도 이 방법을 본떠서 해 보자는 생각을 합니다. 전자기 상호 작용은 우리 눈에 보이는 현상 대부분을 이루고 있습니다. 원자를 이루는 것 자체가 원자의 핵은 전기적으로 +의 성질을 띠고 전자는 −의 성질을 띠고 있어서 순전히 전기적인 힘으로 만들어진 겁니다. 원자끼리 상호 작용해서 물질을 이루는 것도 마찬가지입니다. 그러니 우리 눈에 비치는 모든 현상을 그냥 다 전기적인 현상이라고 보면 되겠습니다.

그런데 원자핵의 존재를 알면서부터 전기적인 현상으로 해석이 안 되는 부분이 나타납니다. +의 성질을 가진 양성자와 중성인 중성자가 원자보다도 훨씬 강하게 뭉쳐 있는 것이 원자핵입니다. +끼리 뭉쳐 놓으면 당연히 엄청난 반발력으로 튕겨 나와야 하는데 아주 작은 크기로 뭉쳐 있으니까 이 핵을 만드는 힘은 전자기력보다 훨씬 강한 무엇이라는 걸 알 수 있죠. 그 힘을 우리는 강한 핵력이라고 합니다. 전기 말고도 새로운 힘이 있는 거죠. 그다음에 지구상에서 흔히 볼 수 있는 현상은 아닙니다만 물질의 종류가 변하는 현상이 있습니다. 방사성 베타 붕괴란 것이 있는데, 베타 붕괴를 하고 나면 원자가 원자 번호가 바뀌게 됩니다. 중성자가 양성자로 바뀌는 현상인데 그런 식으로 입자의 종류가 바뀌는 일이 있습니다. 이것도 전자기력도 아니고 핵력도 아니고 뭔가 새로운 힘인데 전자기력보다는 굉장히 약합니다. 그래서 약한 핵력이라고 합니다. 이런 이론이 유럽에서 나왔다면 이름이 좀 더 멋있었을 텐데, 미국에서 나오다 보니까 정말로 단순한 이름을 갖게 되었어요.

자, 이런 힘들을 알았으니 이제 약한 상호 작용과 강한 상호 작용을 게이지 이론이란 형식으로 만들어 보자. 1960년대에 많은 사람이(이런 작업을) 시도했습니다. 그리고 스티븐 와인버그의 1967년 논문에서 약한 상호 작용을 게이지 이론으로 만드는 일에 성공합니다. 약한 상호 작용은 전자기 상호 작용과 복잡하게 얽혀 있는데 그 얽힌 구조까지 정확하게 설명하는 방정식을 썼습니다. 강한 상호 작용 방정식은 몇 년 뒤에 쿼크를 발견한 머리 겔만이 최종적으로 썼고, 그걸 다 합쳐서 표준 모형이라 부르고 있습니다. 그런데 중요한 문제가 남아 있었습니다. 게이지 이론은 본질적으로 입자에 질량이 있으면 안 됩니다. 그래서 게이지 이론의 형태를 유지하면서 입자들이 질량을 갖게 하는 방법이 힉스 메커니즘입니다.

이제 이론적으로 1960년대 초에 별개의 방법, 별개의 과정을 거쳐서 알고 있었던 건데 그 이론을 와인버그가 방정식을 쓰면서 성공적으로 적용합니다. 와인버그의 방정식은 전자기와 약한 상호 작용을 하나의 게이지 이론으로 쓰면서 질량은 힉스 메커니즘을 통해서 주는, 그런 방정식입니다. 이 방정식의 구조는 1970년대와 1980년대를 거치면서 계속 검증이 되었고, 검증될 때마다 입자들이 상호작용하는 현상을 점점 더 정밀하게, 그리고 한 치의 오차도 없이 정확하게 알려 줍니다. 최종적으로는 표준 모형의 구조를 이루는 입자들이 다 밝혀지고 그들의 관계가 정확히 방정식에 쓴 그대로임을 확인하게 되었죠. 그때까지 발견되지 않은 유일한 중요 입자가 힉스 입자입니다. 그래서 힉스 입자를 찾는 일이 표준 모형을 확인하는 가장 중요한 과제로 남았죠.

장상현 표준 모형을 만드는 데 이바지한 거의 10명 넘는 분들이 노벨상을 받았는데요. 힉스 메커니즘을 만든 사람은 한 사람도 못 받았어요.

이강영 힉스 메커니즘 자체는 실험으로 확인된 것이 아니니까요.

장상현 표준 모형의 다른 부분은 다 실험으로 확인되었는데 그 부분만 안 되었다는 거죠. 지금 정리를 다시 해 보면요. 몇 십 년이 지나도록 가장 중요한 입자, 물질을 무겁게 만드는 입자인 힉스를 발견하지 못합니다. 2012년까지. 그것을 위해서 사람들이 많은 노력을 했지만 결정적인 게 LHC의 건설입니다. 두 분의 책이 나온 때가 『신의 입자를 찾아서』는 건설이 거의 마무리된 2008년이었고요. 사실은 이때 가동을 했어야 했어요. 그런데 고장이 났죠. 큰 고장이 나서 다시 이강영 박사님 책이 나올 때인 2010년에야 비로소 가동되어서 데이터를 모으기 시작했어요. 그러니 두 책 다 제대로 실험 결과가 나오기 전에 나왔거든요. 책을 쓰실 때 어떤 결과가 나올지 어느 정도 예측하셨을 텐데요. 그때 예측이 어떠셨으며 지금 얼마나 잘 맞았다고 생각하세요?

이종필 제가 2001년에 입자 물리학으로 박사 학위를 받았는데 학위를 받고 나니까 나는 별로 바뀐 걸 모르겠는데 사람들에 대한 책임감이 완전히 달라져요. 뭘 물어보면 내가 답을 해 줘야 합니다. 입자 물리로 박사 학위를 받았다고 하니까 주위 사람들이 막 물어보는 거예요. 전공자 말고 같이 모여서 술 먹던 사람들, 서클 선후배들이 막 물어봅니다. 입자 물리학이 뭐냐. 가속기 저게 도대체 앞으로 뭘 하려는 거냐. 그럼 제가 계속 이야기를 해야 하잖아요. "신의 입자라는 게 있는데 말이지. 이게 얼마나 좋은 기계냐면……" 이러면서 무게 잡고 이야기를 하는데 똑같은 말을 수십 번 하려니까 힘들더라고요. 그래서 차라리 이걸 그냥 책으로 써야겠다.

장상현 귀찮아서.

이종필 네. 귀찮으니까 책으로 쓰자. 궁금하면 이거 일단 읽어 봐라. 그런 마음으로 썼어요. 마침 그때 출판사 하는 친구가 "너 책 하나 낼 생각 없냐?" 그런 이야기를 하기도 했고요. 그래? 그러면 한 번 해 볼까? 마음을 먹었는데 결국 다른 출판사에서 출간하게 되었습니다. 다행히 LHC 일정이 계속 늦어져서 저도 원고를 더 가다듬을 여유가 생겼고, 최종적으로 책이 나온 게 2008년 8월 말이었어요. LHC가 공식 가동한 게 2008년 9월 10일이니까 가동 보름 전에 책이 나온 셈이죠. 그때 정확한 예측을 한 건 아닌데 어쨌든 힉스 입자가 4년 안에 발견되리라고는 생각 안 했어요. 중간에 말씀하셨듯이 가동 열흘 만에 대형 사고가 하나 터져서 1년 동안 가동 중단에 들어가거든요.

『LHC, 현대 물리학의 최전선』 대 『신의 입자를 찾아서』

장상현 대형 사고가 터졌다고 하셨는데요. LHC가 인간이 만들어 낸 가장 큰 기계 중 하나죠. 게다가 정밀 기계에요. 세상에서 가장 정교한 기계를 27킬로미터로 늘여서 만들었으니 이게 사고가 안 나고 그냥 돌아갔으면 기적이었을 겁니다. 1년 만에 고친 것이 오히려 대단할 지경이고요. 그 사고의 자료 수집을 할 무렵에 이강영 박사님의 책이 나왔는데요. 이종필 박사님은 귀찮아서 책을 썼다고 하셨는데, 이강영 박사님께서는 무슨 계기로 책을 쓰게 되셨나요?

이강영 저는 물어보는 사람이 별로 많지는 않았으니까 귀찮을 건 없었습니다. 어쨌든 LHC라는 게 그때까지의 입자 물리학을 모두 테스트하는 결정적인 실험이기 때문에 저도 제가 알고 있는 입자 물리학을 정리하는 책을 쓰려고 했습니다. 사실 LHC가 가동되면 그런 책이 많이 나오리라고 생각은 했습니다만 우리나라에서 누가 쓸 것 같지는 않더라고요. 저는 또 박사 과정 때 CERN에서 실험을 1년 정도한 개인적인 인연이 있기 때문에 이런저런 이유로 LHC가 뭔지를 설명하는 책을 써야겠다고 2006년부터 준비하고 있었습니다. 그런데 2008년에 이종필 박사님이 책을 쓴다고 하기에, 처음에는 기회를 놓쳤다고 생각했죠. 이종필 박사님 책이 나올 때쯤에 한 번 상의를 했더니 출판사를 소개해 줘서 제 책이 나오게 되었습니다.

저는 책에서 뭔가를 예언하지는 않았습니다만, 당시 사람들이 어떻게 생각하고 있었냐면 LHC가 정상적으로 가동된다면 질량이건 뭐가 어떻게 되건 10년 안에는 판정이 난다고 생각했습니다. 그런데 힉스 입자가 이렇게 빨리, 일이 년 사이에 발견되리라고는 사실 생각을 못 했습니다. 지금 모든 성능을 다 내지 못하고 절반 정도 되는 에너지로 가동되는 걸 생각하면 예상보다 기계가 훨씬 잘 돌아가고 있는 거죠.

장상현 예상하신 것보다 먼저 발견되었다는 이야기죠. 그런데 빨리 발견되었다고는 하지만 50년이 걸렸잖아요? 다른 사람들은 10년, 길어야 15년이면 예측을 입증하는데 상당히 괴로웠을 거예요. 이렇게 오래 걸릴 거라고는 생각을 못 했겠죠? 힉스의 질량을 몰랐기 때문에 이렇게 된 걸까요?

이강영 이론의 구조로부터 예측되는 값이 있고, 구조와 상관없이 우리가 측정해야만 알 수 있는 값이 있는데 힉스의 질량은 후자였습니다. 이론 안에서 예상된 값이 아니기 때문에 우리가 측정을 해야만 했죠.

장상현 두 분이 쓰신 책을 보면 구성이 상당히 다릅니다. 이종필 박사님은 양자 역학과 상대론이라는 기본을 바탕으로 쓰셨고 이강영 교수님은 역사적인 관점에서 심지어 한국과 중국 역사까지 비교를 하면서 죽 쓰셨죠. 이렇게 다르면서 또 같은 주제를 다룬 책을 보실 때 서로의 장점과 특징이 어떻다고 보시는지, 처음에 잠깐 이야기했지만 간략하게 부탁드립니다.

이종필 『LHC 현대 물리학의 최전선』의 장점이라면 역시 디테일이겠네요.

장상현 두껍죠.

이종필 전공자가 봐도 잘 모르는 이런 이야기들이 나와요. 챙겨서 정리해서 보지 않으면 모르는 것이거든요. 전공 분야와 관련된 교양을 쌓는 데 상당히 도움이 됩니다. 가속기 역사가 이게 만만한 주제가 아닌데.

장상현 외서에도 별로 없죠?

이종필 많지는 않아요. 있더라도 굉장히 전문적인 내용이죠.

장상현 불친절하죠.

이종필 이렇게 접근성이 높고 디테일이 살아 있으면서 전공자들에게도 도움이 되는 책이 없어요. 개인적으로도 다 잘 아는 사이이기는 한데 보면 이강영 교수님은 평소에도 디테일에 강하신 분이에요. 자기가 좋아하는 분야에 디테일이 정말로 강해요. 그 장점이 굉장히 잘 드러난 책입니다. 이것저것 세세한 것까지. 그런 재미가 상당한 거죠. 제가 읽으면서 '참 평소하고 똑같네.' 좋은 말인지는 모르겠는데, 그런 생각을 하면서 굉장히 유쾌하게 읽었어요. 여러분 주변에도 분명히 그런 분들이 계실 텐데, 캐릭터를 떠올리면서 읽으시면 훨씬 더 생생하게 느껴질 거예요.

장상현 힉스가 발견되기 전까지의 역사를 생생하게 알 수 있는 책이

군요. 두꺼운 책은 두꺼운 책의 장점이 있고, 얇은 책은 얇은 책의 장점이 있는데 이강영 박사님은 이종필 박사님 책을 어떻게 보십니까?

이강영 『신의 입자를 찾아서』는 사실 내용의 많은 부분이 상대성 이론과 양자 역학을 설명하는 데 들어가 있습니다. 상대성 이론을 설명하는 책은 사실 여러분이 서점에 가서 죽 봐도 한 보따리 들고 나올 수 있을 정도로 많습니다. 어차피 그런 책은 대부분 설명하는 패턴이 있습니다. 『신의 입자를 찾아서』는 그런 패턴을 안 따른다는 게 아니라 그것을 본인이 소화해서 이야기하는 데 힘쓴 책입니다. 어떤 의미에서는 우리나라에서 나온 책 중에서 상대성 이론과 양자 역학을 가장 친근하고 읽기 편하게 설명하는 책이라고 할 수 있습니다. 그런 의미에서 굉장히 가치가 있다고 생각합니다.

한국의 교양 과학서, 새로운 시대를 맞다

장상현 둘 다 굉장히 좋은 추천인데요. 사실 이 책들이 주제는 같지만 내용은 거의 다르고 서로 보완이 될 수 있는 책인데 또 다른 공통점이 뭐냐면 다 힉스가 발견되기 전에 쓴 책이라는 거예요. 그렇다면 개정판을 내야 할지 모르는데 만약 서로 개정판을 낼 때 이것을 좀 보완해 줬으면 좋겠다 하는 점이 있다면 말씀 부탁드립니다.

이종필 『LHC 현대 물리학의 최전선』은 분량이 좀 되기 때문에 가필하기가 안 좋을 것 같고, 새로 후속편을 내는 편이 어떨까요. 저 책이 제가 원고 초고를 읽은 뒤로 출판되기까지 2년 넘게 걸렸는데 그 기간이 묘하게도 LHC가 가동되면서 우여곡절을 겪은 시기와 맞물려서 중간 중간에 업데이트를 하는 과정을 겪은 책이라 뭘 더하기가 사실 좀 그래요.

제 생각에는 좀 지나고 나면 입자 물리학의 역사도 힉스를 발견하기 전과 후가 확연하게 갈릴 것 같아요. 『LHC 현대 물리학의 최전선』은 힉스 발견 이전까지를 완전히 그린 책으로 남고, 이제 힉스가 발견되었으니까 그것을 이어받아 힉스 발견 이후의 물리학을 조망하고 이야기를 해야죠. 물론 지금 책의 기조와 호흡을 유지하면서. 요즘 새로운 가속기 이야기가 많이 나오잖아요? 『LHC 현대 물리학의 최전선』이 과거 역사를 죽 정리한 완결편이었다면 앞으로 미래의 사람들이 생각하는 것이나 한국에서 기여하고 있는 것들에 주안점을 두면서 힉스 발견을 분기점으로 그렇게 구성하는 게 낫지 않을까 생각합니다.

장상현 힉스 발견 시점에서부터 미래를 쓰는 책으로. 기대해 볼 만한데요. 이강영 박사님은 어떻게 생각하세요?

이강영 『신의 입자를 찾아서』를 보면 이미 후속편을 쓴다고 되어 있습니다. 어떤 내용을 가지고 쓴다고 예고되어 있으니까 우리는 기대만 하면 되지 않을까 합니다.

이종필 제가 잠깐 설명하자면요. 물리학 하는 사람들은 자기 완결성에 대한 강박이 약간 있습니다. 무얼 이야기할 때 처음부터 끝까지

한 번에 다 설명해야 하고, 다른 곳에서 참조를 구하지 않고 그 자체로 완결적인 구조를 가져야 합니다. 이강영 교수님도 그런 적이 있을 것이고요. 그런 면에서 『LHC 현대 물리학의 최전선』도 자기 완결적이죠. 저는 제 책의 완결성을 상대성 이론과 양자 역학에서부터 구현하려고 했어요. 저한테 현대 입자 물리를 물어보는 사람들이 결국에는 상대성 이론과 양자 역학이 뭐냐를 물어보기 때문에 이 사람들 입을 완전히 틀어막기 위해서는 상대성 이론과 양자 역학을 일단 제 나름대로 완결하는 게 중요했습니다. 현대 물리학의 가장 큰 기둥이니까. 이 둘을 설명하는 부분에 개인적으로 공을 많이 들였어요. 상대성 이론과 양자 역학을 정말 모르는 사람도 이 책 하나로 완전하게 끝낸다. 그것에 기반해서 입자 물리학의 맛을 본다. 이게 의도였는데 그러다 보니까 입자 물리학에 큰 기대를 걸었던 분들에게는 좀 아쉬울지도 모릅니다. 입자 물리학 부분이 전체의 40퍼센트 정도거든요. 원래 계획은 표준 모형까지 하고 후속편에서 표준 모형을 다시 정리하면서 표준 모형을 넘어서는 물리학, 대표적인 게 초대칭 이론인데 그것도 나온 지 40년 됐죠. 아니면 우주론 같은 여러 최신 이론이 많은데 굉장히 SF 같은 내용도 있어요. 그런 것을 엮어서 속편을 내겠다고 생각하고 있습니다.

양자와 정보가 만난 순간,
새 우주가 열리다

『물리법칙의 발견』

『프로그래밍 유니버스』

물리법칙의 발견
블라트코 베드럴 | 손원민 옮김
모티브북 | 2011년 9월

프로그래밍 유니버스
세스 로이드 | 오상철 옮김
지호 | 2007년 10월

정보란 과연 무엇인가:
양자 정보가 말해 주는
세상 이야기

손원민
서강 대학교 물리학과 교수

정보화 시대의 한복판을 살아가고 있는 현대인은 '정보'라는 개념을 어떻게 알고 있을까? 오늘날의 우리는 현대 과학의 발전으로 정보에 무차별적으로 노출되어 있다고 해도 과언이 아니다. 웹과 SNS의 폭발적인 성장으로 대중 매체에 의한 정보 전달의 효용은 과거의 이야기가 되어 버린 지 오래다. 정보의 홍수 속을 헤엄치며 정보 없이는 아무것도 할 수 없는 무기력한 존재가 되어 버린 현대인에게 정보라는 존재는 이미 '모든 것'이 되어 버렸다. 그런데 이토록 정보가 중요한 세계에 살고 있는 현대인은 세계를 이해하는 데 정보를 얼마나 활용하고 있을까? 과연 정보의 개념을 잘 알고 있을까? 누군가에게 정보가 무엇이냐고 질문을 해 본다면 대부분은 주저 없이 책상 앞에 놓인 서류 꾸러미나 컴퓨터 디스크에 저장되어 있는 파일들을 가리킬 것이다. 혹자는 정보의 개념을 왜 답해야 하는지, 그것이 왜 중요한지를 물을지도 모르겠다. 하지만 정보의 개념을 통해 우리가 세상을 다르게 이해할 수 있다면 이야기는 달라질 수 있다. 이 책 『물리법칙의 발견(*Decoding Reality*)』은 바로 그러한 질문으로부터 우리가 진정 능동적인 정보화 시대의 인간으로 거듭나는 데 도움을 줄 수 있도록 기술되어 있다.

이 책의 저자인 블라트코 베드럴(Vlatko Vedral)은 최신 물리학 이론인 양자 정보 이론을 통한다면 일상에서 수없이 제공되는 피상적인 개념인 정보의 일반적인 의미를 쉽고 명쾌하게 설명할 수 있는 방법을 제시할 수 있다고 이야기한다. 또한 그러한 정보의 개념을 통해서 자연과 우주 만물의 법칙을 이해할 수 있다고 우리에게 이야기해 준다. 물리학적 개념이라고 해서 반드시 물리 영역에만 적용되는 것은 아니다. 우리가 정보의 진정한 의미를 이해하고 나면 그 개념을 통해 경제학에서부터 사회 과학, 생물학 그리고 과학적 방법론에 이르기까지 여러 학문의 경계선을 넘나드는 학문의 광범위한 새로운 이해를 할 수 있다는 것도 책 속에서 보여 준다. 나아가 정보가 만물을 구성하는 근본적인 실체이고, 세계에 대한 더 나은 이해를 돕는다고 이 책은 설명하고 있다. 이제 중력 이론이나 열역학 법칙들을 부여잡고 뉴턴의 시대를 계속 살아갈 필요는 없다. 정보라는 개념으로 세계를 이해하고 발전시키는 진정한 정보화 시대가 도래했기 때문이다.

정보가 세계와 우주를 구성하는 궁극적인 실체라는 주장은 사실 새로운 견해는 아니다. 컴퓨터가 나타나기 훨씬 전인 20세기 초부터 정보 이론을 기초로 하는 암호학이나 정보 통신의 연구 분야들은 이와 같은 관점을 견지하며 계속적인 발전을 거듭해 왔다고 이야기할 수 있다. 그러한 정보의 개념은 궁극적인 면을 가지고 있으며 객관적인 의미가 부여될 수 있다. 정보화 시대에 우리가 가진 많은 문제들은 일과 열을 거슬러서 정보를 최적화하는 문제로 직접 연결될 수 있으며 그러한 과정은 비트라고 하는 이진수의 기본적인 단위로 이루어질 수 있음을 책에서 설명하고 있다. 결국 비트로 표현된 정보는 엔트로피의 개념을 통해 우리가 알고 있는 정보를 계량화하고 객관화한다는 것이다.

그렇다고 해서 이 책이 정보 이론을 소개하는 다른 책처럼 물리학적 전통을 그대로 옮겨 놓은 것만은 아니다. 저자는 클로드 섀넌(Claud Shannon)의 정보 이론으로부터 시작하여 다른 여러 이론의 발전의 단초들을 연결해 가며 우리를 다양한 정보의 세계로 인도하여 나아간다. 그는 정보라는 개념을 물리적 양의 개념으로 정의 내리지만, 그러한 정보가 다시 새로운 관점에서 다양한 자연 현상과 사회 현상들을 해석하는 데 사용될 수 있다고 이야기한다. 다양한 예를 통해 정보라는 양적 개념이 어떻게 다양한 현상을 해석하는 질적 사고를 포함할 수 있는지를 명쾌하게 보여 준다. 결국 정보란 자연이 메시지를 전달하는 데 사용하는 하나의 언어이며 그러한 언어들의 조합이 결국 자연을 형성하고 사회 현상을 설명하는 데 사용되게 된다는 것이 이 책의 주된 관점이다.

먼저 저자는 자연의 다양한 실재성을 나타내기 위해 이탈로 칼비노(Italo Calvino)라는 이탈리아 소설가가 그린 '카드 게임' 이야기를 비유로 쓰는데 게임의 참가자들은 각각 생물학, 열역학, 경제학, 사회 과학, 컴퓨터 과학 등 자연의 다양한 측면을 관찰하고 개입하는 영역들로 비유될 수 있다고 이야기한다. 이들로부터 얻어지는 메시지의 조합이 우리에게 자연이 어떻게 형성되었는지를 보여 주는 것이다. 예를 들어, 생물학의 주요 문제인 생물 진화에서 볼 수 있는 DNA 정보의 암호화 과정은 생명체가 가지고 있는 정보를 어떻게 높은 신뢰성을 가지고 확산시키는가 하는 과정으로 이해될 수 있다고 이야기한다. 또한 정보의 관점에서 살펴보면, 우리는 자기 복제의 문제를 정보가 없었던 곳에서부터 어떻게 정보가 생성될 수 있는지, 즉 무(無)에서 존재가 어떻게 창조될 수 있는지와 같은 심오한 철학적 논의와 연결시킬 수 있다는 점도 흥미롭다.

그러한 질문은 비단 생물학의 영역에만 국한되는 것이 아니다. 저자는 경제학의 주요 문제인 이윤의 극대화, 카지노에서 딜러를 이기는 방법, 그리고 주식 투자의 기본 원칙으로 알려진 분산 투자의 방법까지 정보 이론의 엔트로피 개념을 따라 설명한다. 사회 과학의 고전적 문제들인 부익부 현상, 승자 독식의 원리와 사회 변혁의 가능성뿐만 아니라 최근 일어나고 있는 세계화 현상에 대해서도 정보의 일관된 관점으로부터 해석될 수 있다고 이야기한다. 사회는 상호 연결된 개인의 네트워크이며, 상호 정보를 공유하고 있는 개체 혹은 사회가 어떻게 더 오래 살아남을 수 있는가를 간단한 비유와 예시로 풀어내는 저자의 논의는 놀랍기까지 하다. 이처럼 저자는 일이나 에너지가 아니라 정보가 자연의 궁극적인 실체인 이유는 경제나 사회적 현상에도 성공적으로 적용될 수 있기 때문이라고 설명한다.

이 책은 정보 이론이 서로 다른 자연의 실재성을 잘 기술할 수 있다는 가능성을 이야기하는 것에서 그치지 않는다. 한 발짝 더 나아가 양자 물리학과 정보 이론의 문제의식이 결합되어 탄생한 양자 정보 이론이라고 하는 새롭고 신비로운 정보의 세계로 우리를 인도한다. 사실상 고전 물리학과 고전 정보 이론은 명확한 결과가 존재한다는 결정론적 우주관에 기대고 있는데, 양자 정보 이론은 이러한 결정론을 해체시키고 우주에 대한 기존의 이해를 반전시키며 우주의 기원에 대한 새로운 관점을 제공한다. 또한 양자 정보 이론이 어떤 이론보다도 현실의 새로운 요소들을 발견해 내는 데 용이성을 가진다는 것도 저자의 설명이다.

양자 정보 이론이 진정 놀라운 것은 이론적이고 추상적인 관념을 벗어나 실용적인 측면에서도 새로운 세계의 발전에 기여할 가능성을 충분히 갖는다는 데 있다고 할 수 있다. 특히 양자론을 정보 처리 과정에 응용한다면 어떠한 방법으로도 도청할 수 없는 양자 암호화가 가능하다고 이야기하고 있다. 양자 암호는 절대적인 보안을 제공하는데 이는 양자 역학적 상태가 가지고 있는 고유한 속성을 이용하여 통신을 하는 경우에 가능한 일임을 이 책에서는 설명하고 있다. 양자적인 입자는 측정을 통해 그 본질이 바뀌어 버리기 때문에 아무리 뛰어난 기술로도 양자 통신을 도청할 수 있는 방법은 존재할 수가 없기 때문인 것이다. 그러한 양자적인 기묘함을 고전적인 개념으로는 설명하고자 한다면 여러 가지 모순이 생기게 될 것이고, 이 모순이 새로운 물리적 법칙을 발견하게 되는 근간이 되는 것이다. 그러한 다양한 예들이 이 책에서 자세히 설명되고 있다.

그러한 양자적 기묘함이 새로운 개념의 컴퓨터를 디자인하는 데 응용될 수 있다는 것은 참으로 놀라운 일이다. 양자 컴퓨터는 우리가 현재 도달할 수 있는 것보다 훨씬 더 높은 정도의 정보 처리를 할 수 있도록 도와준다. 현재 우리가 가지고 있는 물리 법칙으로 만들 수 있는 어떤 것보다도 작고 빠르며, 고전 컴퓨터가 풀 수 없는 중요한 문제들을 해결할 수 있다. 그중 가장 중요한 문제는 소인수 분해 문제와 빠른 검색 문제이다. 전자는 보안과 관련된 중요한 문제이고 후자는 다양한 최적화 기술에 적용될 수 있는 문제인데 양자 컴퓨터가 실제로 개발된다면 정보 처리 과정에 혁명적인 변화를 줄 수 있다. 양자 컴퓨터는 허황된 먼 미래의 이야기가 아닌 세계 곳곳에 있는 실험실에서 연구되고 있는 최신 기술이라는 점도 책에서 소개되고 있다.

또한 저자는 미시적인 물체의 움직임을 기술하면서 시작한 양자 역학의 주요 개념을 재미있는 개인적 경험과 사례를 들어 소개하고 SF, 과학 영화에서나 등장했던 일들이 어떻게 가능해질지를 이야기하며, 그러한 일들의 실현 가능성을 제시함으로써 우리를 양자 세계 속으로 끌어들인다. 특히 저자는 양자 세계의 기괴함을 실제로 보여주는 최신의 실험 결과들을 소개하며, 미시적 물체들에만 적용 가능하다고 알려진 양자 역학이 거시적인 세계로 확장될 수 있다는 가능성에 무게를 두고 있다. 특히 다양한 거시적인 생물학적 과정 중에 양자 현상이 개입될 수 있다는 최신의 보고도 매우 흥미롭다.

저자의 견해에 따르면, 자연과 우주는 양자 컴퓨터로 묘사될 수 있으며, 양자 역학의 발전을 통해 우리는 더 빨라진 정보 처리 기능을 가진 더 작은 컴퓨터를 멀지 않은 미래에 이용할 수 있을 것이다. 그는 양자 역학과 고전 역학의 주된 차이점은 하나의 물체가 동시에 서로 다른 상태와 위치에 존재할 수 있다는 것이며, 이는 양자적 움직임들이 내재적 무작위성을 토대로 하기 때문이라고 설명한다. 자연에는 무작위성과 결정론의 측면들이 모두 내재되어 있으며, 무작위성과 결정론이 대결이 아니라 공존하는 것이 곧 자연의 법칙이라는 점을 각인시켜 준다. 양자 역학적 무작위성을 이용한다면 「스타 트렉(Star Trek)」 영화에서 이야기되었던 양자 전송이 가능하다. 양자 전송은 수만 광년 떨어진 먼 곳으로 양자적인 물질을 빛의 속도로 원격 전송 할 수 있는 기술이다. 이는 자연에 존재하는 양자적인 개체들이 그 안에 진정한 무작위성을 내재하고 있기에 가능한 일이며 이는 엔트로피의 개념인 무질서도와 밀접한 연관성을 갖고 있다.

그렇다면 과연 우주를 구성하는 정보의 조각들은 어디로부터 왔을까? 이 책의 관점에서 다시 질문하자면, 양자 정보 이론으로부터 도출되는 법칙들이 진정으로 우주를 설명할 수 있는 궁극적인 법칙이 될 수 있을까? 이 질문은 책을 관통하며 저자가 해결하려는 근본적인 질문이다. 이러한 '무에서의 창조'와 '법칙 없는 법칙'의 가능성은 내재적 무작위성이라는 양자론의 관점에서 설명될 수 있다. 저자는 무작위성이 자연과 우주에 내재된 성질이며, 신(神)이나 창조자가 없이도 최초의 정보가 생성될 수 있고, 궁극적인 법칙으로의 무한 회귀에서 벗어나 법칙 없는 법칙이 성립될 수 있다고 설명함으로써 천지 창조의 고르디우스 매듭을 끊어 낸다. 그러나 무작위성이 결정론과 완전히 위배되는 것은 아니다. 양자 역학의 논리에 따라 무작위성과 결정론은 동시에 존재할 수 있으며, 동시에 자연과 우주를 만들어 가고 있는 것이다.

이 책의 가장 큰 장점은 저자의 냉철한 '질문'에 있다. 저자는 '우주를 설명하는 궁극적인 법칙이 존재할 수 있을까?', '정보의 조각들은 어디로부터 왔을까?'와 같은 근본적인 철학적 문제들에 대한 질문을 서슴지 않으며, 정보 이론과 양자론, 양자 정보 이론을 발전시킬 수 있었던 근본적인 질문들을 이어 감으로써 논의를 전개해 나간다. 물리학에 아무런 기초 지식을 가지고 있지 않은 독자라도 그가 던지는 질문들의 연결 고리를 따라가기만 하면, 어느새 자신이 신비로운 물리의 세계에 도달해 있음을 알아차릴 수 있을 것이다. 이 책의 또 다른 장점은 친절한 설명에 있다. 현대 물리학의 소개서로서 이만큼 친절한 책이 있을까 싶을 정도이다. 저자는 물리 이론을 쉽고 친절하게 소개하기 위해 칼비노의 카드 게임의 비유에서부터 학생들과의 개인적인 교류의 경험, 사회 경제적 현상의 소개 등 여러 가지 대중친화적인 예시와 비유를 들어가며 독자들의 이해를 돕는다. 물리 이론은 이해하기 어렵다는 통념에 적극적인 반격을 시도하고 있는 것이다. 따라서 이 책의 다양한 질문들의 자취를 따라가다 보면 어느 순간 독자들은 읽던 책을 중간에 덮어 버리는 대신, 쉽게 마지막 책장을 넘길 수 있을 것이다.

손원민 서강 대학교 물리학과 교수

2004년 말 영국 벨파스트의 퀸즈 대학교에서 양자 광학과 양자 정보 이론으로 박사 학위를 받았다. 이후 스코틀랜드 글래스고 대학교, 영국 리즈 대학교, 오스트리아 빈 대학교, 싱가포르 국립 대학교 양자 정보 센터 등에서 연구원으로 일한 경력을 가지고 있다. 영국 외무성 쉐브닝 장학생(British council, Chevening Scholar)과 빈 슈뢰딩거 학회 쥬니에 펠로우(Wien, Schrödinger Institute Junior Fellow)로 선정된 바 있다. 현재 서강 대학교에서 양자 광학 및 양자 정보 연구실을 운영하고 있으며 한국 고등 과학원(KIAS)에서 준회원(associate member)으로 일하고 있다.

11장 양자와 정보가 만난 순간, 새 우주가 열리다

'우주 컴퓨터'가
계산해 내는 세계

정현석
서울 대학교 물리 천문학부 교수

물리학자들은 두 가지 문제에 많은 관심을 가지고 있다. 첫째는 우주가 무엇으로 이루어져 있는가라는 질문이고 둘째는 우주가 어떻게 '작동'하는가에 대한 문제이다. 이 책의 저자인 세스 로이드(Seth Lloyd)도 예외는 아니다. 과연 우리가 사는 우주는 본질적으로 무엇으로 이루어져 있고 어떤 방식으로 작동하는가? 저자는 양자 정보 과학이라는 최첨단 분야에서 수십 년간 활발한 연구 활동을 하며 얻은 통찰을 통해 이러한 질문들의 해답에 접근한다.

현대 정보 과학에 큰 영향을 미친 롤프 란다우어(Rolf Landauer)는 과학자들에게 정보는 물리적이라는 의미심장한 통찰을 전해 주었다. 이 책의 저자는 역으로 물리계인 우주가 정보들로 이루어져 있으며 동시에 우주 자체가 그 정보를 처리하는 정보 처리 장치, 즉 컴퓨터라는 메시지를 전해 준다. 우주는 하나의 거대한 컴퓨터라는 저자의 주장은 『프로그래밍 유니버스(*Programming the Universe*)』라는 제목에서도 잘 암시되어 있다. 이를 뒷받침하기 위해 저자는 하나의 사과 안에는 정보 처리의 최소 단위인 비트로 나타낼 수 있는 유한한 정보가 담겨져 있다고 지적한다. 양자 역학 법칙에 따르면 유한한 공간 안에 있고 에너지가 유한한 물리계는 유한한 수의 구별 가능한 상태들을 가지기 때문이다. 저는 이를 통해 이 우주 전체도 마찬가지라는 점을 암시하며 이 책을 시작한다.

그런데 이 '우주 컴퓨터'가 작동하는 방식은 그리 간단치 않다. 이 컴퓨터가 작동하는 방식을 지배하는 것은 지난 수 세기에 걸쳐 물리학자들이 밝혀낸 물리학 법칙들이다. 그중에서도 핵심에 놓여 있는 것은 양자 역학의 법칙이다. 이 책 전체를 관통하는 사상은 '우주는 양자 역학 법칙에 따라 그 안에 담긴 정보들에 대한 계산을 수행해 나가고 있는 정교한 정보 처리 장치'라는 명제이다. 과학자들은 이미 이러한 장치의 구현 가능성을 연구하고 실제로 실험해 왔으며 이를 "양자 컴퓨터"라고 불러 왔다.

양자 역학의 법칙들은 우리가 사는 세계에 대한 상식적 사고의 틀을 크게 뒤흔들어 놓았다. 저자는 이를 설명하기 위해 남미의 문호 호르헤 루이스 보르헤스(Jorge Luis Borges)의 소설 『끝없이 두 갈래로 갈라지는 길들이 있는 정원』을 인용한다. 이 기묘한 정원에서는 모든 가능한 결과들이 일어나며 각각의 결과는 다음 갈래의 출발점이 된다. 양자 역학적 중첩 상태의 존재는 마치 이와 같아서, 우리가 가능한 모든 결과들이 동시에 일어나고 있는 세계에 살고 있는가에 대한 의문을 던진다.

양자 역학의 개척자 중 한 사람인 에르빈 슈뢰딩거가 제안한 유명한 고양이 역설은 매우 극적인 방식으로 양자 중첩과 측정으로 대표되는 양자 역학의 기묘함을 묘사한다. 양자 역학에 의하면 상자 안에 들어가 있는 고양이를 측정이라는 행위가 일어나기 전에는 동시에 죽어 있기도 하고 살아 있기도 한 상태에 놓여 있도록 구성할 수 있다. 즉 고양이가 50퍼센트의 확률로 죽을 수도 있고 살 수도 있는 과정을 일으키는 장치를 상자 안에 고양이와 함께 넣어 놓고, 고양이의 생사를 확인하는 마지막 단계 이전에는 (정확성을 약간 희생하고 간결하게 표현하자면) 두 과정이 동시에 진행되도록 할 수 있는 것이다.

그렇다면 고양이가 죽어 있는 우주와 살아 있는 우주가 공존한다는 것인가? 원자와 전자의 운동을 기술하는 이론으로서 양자 역학이 정립될 당시의 물리학자 중 상당수는 양자 역학을 고양이와 같은 커다란 대상에 적용하는 자체가 넌센스라고 생각했으며 현재도 적지 않은 물리학자들이 사실상 (적어도 그들의 실험실에서 실험을 계획하고 수행할 때에) 이러한 견해를 취하고 있다. 그러나 저자도 소개하듯 최근의 실험 결과들은 양자 역학이 더 거시적인 물체에 적용되지 못할 이유가 없다는 것을 암시하고 있다. 양자 역학의 다세계 해석은 고양이가 죽어 있는 세계와 고양이가 살아 있는 세계가 공존하고 있다고 말한다. 이 해석에 따르면 지금 이 순간에도 수많은 우주가 양자 역학적으로 중첩되어 있다.

이러한 견해가 어떤 이들에게는 매력적인 환상을 제공해 주기는 하지만, 다른 이들은 과학이 증명할 수 없는 것을 지나치게 대담하게 주장한다고 생각한다. 파동 함수의 붕괴를 받아들이는 오래된 견해에 따르면 고양이의 생사를 확인하기 전에는 이 질문을 하는 것자체가 큰 의미가 없다. 생사를 확인하는 행위가 고양이의 생사를 실재가 되게 하는 것이다. 이러한 견해는 논란을 피해 가기 위해 답하지 않는 것으로 답을 대신한다는 비판을 받을 수 있다. 유감스럽게도 이 견해들 중 어떤 견해도 다른 견해들을 완벽하게 논리적으로 배재하지 못한다. 저자는 파동 함수의 붕괴에 대한 설명을 시도하는 "결 잃은 역사" 접근을 그의 견해로 취한다. 이러한 접근에서 측정된 최후 결과가 아닌 파동 함수의 중첩의 나머지 부분들은 더 이상 실제로 존재하는 세계에 영향을 주지 못하는 것으로 여겨진다. 분명한 것은 양자 역학의 법칙이 고전 역학의 법칙과는 매우 과격하게 다르다는 것이다.

양자 역학의 법칙이 고전 역학의 법칙들과 다르기 때문에 양자 역학 법칙에 의해 지배 받는 양자 컴퓨터 또한 우리가 흔히 접하는 고전적인 컴퓨터와는 현저히 다르다. 잘 알려져 있듯이 정보 처리의 기본 단위는 비트이며 이는 하나의 비트는 0 혹은 1로 가장 적은 정보량을 담고 있다. 그러나 중첩이 가능한 양자 세계의 비트, 즉 양자 비트는 0과 1이라는 결코 동시에 일어날 수 없는 배타적인 사건이 동시에 일어나는 효과를 주는 상태 — 0과 1의 양자 중첩 상태 — 에 존재할 수 있다. 양자 컴퓨터는 이러한 중첩이 가능한 양자 비트들로 주어진 정보들을 처리할 수 있는 능력을 가지고 있다. 즉 양자 컴퓨터는 두 가지의 (사실은 얼마든지 많은) 계산을 한꺼번에 수행할 수 있으며 이는 양자 역학의 본질적 특성에 기인하는 것이다. 양자 병렬성(quantum parallelism)이라고 불리는 이 특성은 양자 컴퓨터에게 소인수 분해나 검색 알고리듬과 같은 문제를 풀어낼 때 고전 컴퓨터와는 비교도 되지 않을 정도로 빠른 속도를 부여한다.

저자는 양자 컴퓨터를 만들기 위한 저자 자신을 포함한 여러 과학자들의 다양한 노력을 소개한다. 저자에게 이것은 우주의 모델을 만들고 시험해 보는 것이라고 할 수 있다. 많은 과학자들이 광자와 원자, 초전도 전자 등을 이용해서 양자 비트를 구현하고 양자 논리 연산을 수행하고자 한다. 그러나 양자 컴퓨터의 구현은 소인수 분해나 검색 알고리듬을 수행하는 데 있어서 아직 고전 컴퓨터를 능가하는 데 이르지 못하고 있다. 양자 중첩 상태에 있는 양자 비트들이 주변 환경과 일으키는 상호 작용이 양자 중첩을 깨뜨리기 때문이며, 이러한 현상은 '결 잃음(decoherence)'이라는 용어로 알려져 있다. 양자 컴퓨터를 외부로부터 효율적으로 격리시키고 또 결 잃음에 의해 깨어진 양자 비트를 보정하는 일은 많은 주의와 고도의 기술이 필요한 작업이며, 양자 컴퓨터를 개발하는 학자들은 계속해서 이 문제들과 씨름하고 있다.

한편 최근 발표되고 있는 양자 시뮬레이션에 대한 결과들은 좀 더 인상적이다. 고전 컴퓨터로 다수 원자들의 양자 동력학을 시뮬레이션하는 것은 매우 복잡한 문제이다. 그러나 양자 시뮬레이션을 통해 어떠한 고성능의 고전 컴퓨터도 사실상 시뮬레이션하기 불가능한 물리계를 시뮬레이션할 수 있다. 저자는 이러한 시뮬레이션을 양자 컴퓨터가 수행하는 양자 계산이라고 주장하며, 양자 컴퓨터의 구현을 위해 분투하는 과학자들의 노력을 매우 낙관적으로 바라본다. 저자의 풍부한 연구 경험에 따른 에피소드가 책을 읽는 재미를 더해 주는 가운데, 말미에 소개된 저자의 경험(이를 소개하면 스포일러가 될 것이다.)은 광활한 우주 앞에서 인간의 짧은 삶에 대한 형언하기 어려운 감정을 느끼게 해 준다.

저자는 우주를 하나의 양자 컴퓨터로 이해하는 계산 우주의 관점이 우주의 복잡성과 질서를 보다 효율적으로 설명해 줄 수 있을 것으로 기대한다. 루트비히 볼츠만의 설명에 따르면 우주의 복잡성은 우연에서 발생했다. 그러나 그것은 현재도 끊임없이 진행 중인 우주

『프로그래밍 유니버스』

의 흥미로운 질서와 복잡성을 설명해 내지 못한다. 저자는 계산하는 우주의 정보 처리 과정에 내재된 풍부함과 복잡성이 이러한 복잡성과 질서를 효율적으로 설명해 낼 수 있을 것이라고 전망한다.

저자의 관점에 따르면 지금 이 순간도 우리가 사는 우주는 양자 역학의 정교한 법칙을 따라 양자 비트로 이루어진 우주 자체에 대한 계산을 끊임없이 수행하며 정보를 처리하고 있다. 나이아가라 폭포나 금강산의 절경을 포함한 자연의 모든 경이로움은 모두 우주의 양자 계산 능력이 표현된 것이다. 볼츠만이 염두에 두었던 우연이 지배하는 세계만으로는 설명할 수 없었던 것을 설명하기 위해서 저자는 '계산하는 우주'라는 관점을 도입하며 이를 새로운 패러다임으로 제시하는 것이다.

뉴턴의 세계가 고전 기계였다면 세스 로이드가 제시하는 세계는 비트들로 이루어진 거대한 정보인 동시에 그 정보를 처리하는 양자 컴퓨터이기도 하다. 여기에는 양자 역학이 가지는 본질적인 요소인 여러 상태들의 양자 중첩과 측정에 의한 확률적 우연이라는 드라마틱한 요소가 더해져 있다. 그리고 이것은 우주를 고전 기계와는 매우 다르게 작동하게 만들며 현존하는 우주의 풍부한 표현을 가능하게 한다. 과연 이러한 '계산하는 우주'에 근거한 자연에 대한 설명이 저자의 기대대로 우주의 기원과 진화에 대한 본질적인 통찰을 더해줄 수 있을 것인지에 대해서는 독자마다 의견이 엇갈릴 것 같다. 그러나 최소한 이러한 접근이 호기심 많은 청중에게 자연을 바라보는 신선한 관점을 제공해 준다는 점은 반론할 필요가 없을 것이다.

정현석 서울 대학교 물리 천문학부 교수

1996년 서강 대학교 물리학과를 졸업하고 2003년 영국 벨파스트 퀸즈 대학교에서 이론 물리학 박사 학위를 받았다. 학위 수여 후 오스트레일리아 퀸즈랜드 대학교 물리학과와 양자 컴퓨터 연구 센터의 박사 후 연구원 및 리서치 펠로를 거쳐, 2008년부터는 서울 대학교 물리학부 교수로 재직하고 있다.《네이처》,《네이처 포토닉스》,《피지컬 리뷰 레터스》등을 포함한 저명 국제 학술지에 60편 이상의 논문을 발표하였고 10여 년간 2,000회 이상 인용되었다. 2004년 영국 물리학회(Institute of Physics) 최우수 박사 학위 논문상(광학 및 양자 전자학 분야)을 수상하였고, 2009년에는 포스코청암재단 신진 교수 펠로로 선정되었다. 양자 얽힘과 비국소성, 거시적 양자 중첩, 광학적 양자 컴퓨터의 구현 등 양자 물리학의 근본적 문제들 및 양자 정보 기술의 구현에 대한 연구를 수행해 왔다. 2010년부터 미래창조과학부 지정 거시 양자 제어 연구단을 이끌고 있다.

『프로그래밍 유니버스』

손원민
『물리법칙의 발견』

김상욱
사회자

정현석
『프로그래밍
유니버스』

김상욱 먼저 정보란 것이 무엇인지부터 시작해야 할 것 같아요.

정보는 확률이다

손원민 정보가 뭘까요?(웃음) 우리는 그야말로 정보 시대에 살고 있지만 그런 물음을 특별히 품고 살아가는 것 같지는 않다고 생각됩니다. 사람들은 정보가 세상을 지배한다고 이야기하면 대부분 머리를 끄덕이긴 합니다. 그러나 대부분의 경우에 정보라고 하면, 컴퓨터의 시대에 자주 보게 되는 0과 1이 점멸하는 그런 이미지만 생각하고 말지요. 정보가 진정으로 무엇인지는 깊이 고민하지 않고 지나칠 때가 많다고 생각합니다.

정보가 무엇인지는 곰곰이 생각해 보면 힌트가 많이 있어요. 역사적으로 보면 정보가 무엇인지를 실제로 심각하게 고민했던 사람들도 많이 있고요. 이중에 절대로 빼놓을 수 없는 분이 클로드 섀넌이라는 분입니다. 이 분은 1990년대 초반 IBM에서 엔지니어로 있었는데 지금에 와서는 물리학자라고 생각할 수도 있을 것 같습니다. 정보를 어떻게 계량화할까 어떻게 통신에 이용하고 부호화할까를 고민하신 분입니다. 그분이 고민한 내용을 직접 말씀드리기 전에 정보가 무엇인지를 한 번 곱씹어 보는 시간을 가질 필요가 있을 것 같아요. 그 편이 훨씬 재미있고 결국에는 섀넌의 정보로 돌아가게 되니까요.

　우리가 정보하고 동등하게 생각하는 것으로 지식이라는 단어가 있어요. 뭔가를 안다. 정보가 있다고 말하려면 내가 뭔가를 알아야 한다는 생각이 있죠. 그런데 아는 게 많음을 정보라고 할 수 있을까요? 정보가 많다는 것이 단순히 지식이 많다는 뜻일까요? 정보는 여러 가지 관점에서 생각할 수 있지만, 두 가지 중요한 요소가 있습니다. 하나는 확률이라는 부분입니다. 그냥 지식이 아니라, 모르던 지식을 알아야 정보라고 하거든요. 내일 해가 뜬다는 사실은 정보로 가치가 없어요. 아무도 놀라지 않아요. 거꾸로 확률적으로 조금 낮은 사건이 있다고 생각해 봅시다. 내일 비가 온다/오지 않는다. 분명치 않은 거예요. 낮은 확률의 어떤 일이 일어나서 그걸 맞닥뜨렸을 때 우리가 놀라게 되는 정도로 우리가 정보를 정의하게 됩니다. 단순한 지식 체계가 아니라 확률적인 사건으로서의 지식이 정보로 연결되는 것이지요. 두 번째는 새로운 놀라움, 기존 지식에 변화를 준다는 점. 이게 중요합니다. 우리가 지금 이 두 가지를 가지고 정보를 정의했는데요. 섀넌도 이런 식으로 정보를 정의해서 확률이라고 하는 것이 실제로 계산 가능한 양이 되었습니다. 지금 우리가 컴퓨터로 정보를 저장하고 읽어 내고 타인에게 정보를 전달하기도 하는 모든 과정은 정보가 확률의 연속체로서 정의되면서 어떤 것이 정보가 많고 적은지 계량화할 수 있기 때문에 가능한 것이고요. 더욱 놀라운 것은 정보 처리 과정 자체도 물리 법칙을 다 따른다는 점입니다.

김상욱 정보는 확률이라고 말씀하셨고요. 지식이 정보가 아니고 정보의 계량화라는 말씀을 하셨잖아요? 이렇게 말이 나오는 이유는 정보를 물리학으로 이해하려다 보니 그렇다고 생각하면 될 것 같은데, 맞나요? 요점은 오늘 이야기하는 정보는 평소 우리가 쓰는 말과 뭔가 조금 다르다. 이걸 인식하시면 되겠습니다. 아직 뭔지 모르겠지만.(웃음)

이제 여러분을 더 괴롭혀 드릴 시간인데, 저희 주제가 정보이기는 한데 양자 정보입니다. 그러니까 양자까지 가야 하는 거죠. 정보를 양자 역학적으로 볼 수 있다는 것이 이 책들의 핵심이기 때문에 저희가 한 단계 도약해서 양자 역학과 양자 정보를 같이 말씀해 주시면 좋을 것 같아요.

양자 정보

정현석 양자 역학은 상대성 이론과 더불어서 현대 물리학의 두 기둥이라고 할 수 있습니다. 굉장히 근본적이고 중요한 이론인데, 이 대담에서는 양자 역학을 이해할 실마리를 양자 역학에 지대한 공헌을 한 위대한 물리학자 폴 디랙이 쓴 교과서에 나오는 '양자 역학의 심장부에는 중첩 원리가 있다.'는 말에서 찾아보겠습니다. 중첩 원리를 이해하는 것이 양자 역학의 핵심에 접근하는 데 상당한 도움을 준다고 생각합니다. 중첩이라는 것은 겹친다는 의미입니다. 우리가 보통 생각하는 고전적인 물체는 어떤 하나의 상태에밖에 있을 수 없습니다. 예를 들어 이 물병은 누워 있거나 아니면 서 있거나 한 상태밖에 존재할 수 없죠. 그러나 양자 역학에 의하면 누워 있는 상태와 서 있는 상태가 겹친 듯한 그러한 상태에 물병이 존재할 수가 있습니다. 이것은 양자 역학 이해에 굉장히 중요하면서도 많은 물리학자들, 심지어 철학자들마저 머리를 감싸 쥐게 한 개념입니다. 지금 우리가 보고 있는 커다란 물체에는 적용되지 않지만 양자 역학이 지배하는 미시 세계에서는 원자와 전자가 여러 상태가 겹쳐서 존재하는 중첩 상태에 놓이게 되거든요. 이 사실은 고전 물리학보다 양자 역학이 지배하는 세계를 풍부하게 하고 우리 상식으로는 이해하기 어려운 기묘한 현상들이 나타나게 합니다.

김상욱 그게 참, 말은 쉬운데요. 정말 가능한 내용인지 납득이 가시나요? 누워 있는 상태랑 아닌 상태가 동시에 존재한다는 게.

정현석 이게 믿어도 되는 이야기인지, 아닌 이야기인지 아무도 모르는데요. 양자 역학에 의하면 여기 있는 이 물병이, 하나의 예입니다만, 누워 있는 상태와 서 있는 상태에 겹쳐서 존재하는 것이 가능합니다. 그런데 정말 그런지 그걸 한 번 보려고 하면 이것이 둘 중 하나의 상태로 슥 변해 버립니다. 이것을 좀 어려운 말로 파동 함수의 붕괴라고 이야기합니다. 파동 함수는 붕괴하면서 겹쳐 있는 모습을 절대 보여 주질 않습니다. 우리가 계산 결과를 통해서 이것이 겹쳐 있다는 사실을 추론해 낼 수 있을 뿐입니다. 마치 이 겹쳐 있는 광경을 아무도 볼 수 없도록 자연이 금지해 놓은 것 같습니다. 더 알면 다친다고 이야기하는 것처럼.

김상욱 이 본다 안 본다가 지식의 문제거든요. 정보의 문제고요. 여기서 다시 정보 이야기를 떠올리실 수 있을 거예요. 이 내용이 정보랑 어떤 상관이 있을까요?

손원민 정현석 교수님께서 잘 설명해 주셨는데 양자 역학에는 아주 중요한 원리 하나가 또 있는데요. 우리말로는 불확실성의 원리라고 번역하는데 제 생각에는 원리는 원리인데 확실하지 않음의 원리죠. 그걸 조금 더 일상용어로 쓰면 '모른다 원리'에요. 어떻게 되어 있는지 모른다는 거예요. 단순히 모른다는 건 아니에요. 물리적인 어떤 객체가 가지고 있는 변수를 하나 알면 그것과 대치되는 어떤 다른 변수들에 대해서 알 수가 없다, 이게 불확실성의 원리 혹은 '모른다 원리'가 적용되는 방식이거든요. 하나를 측정하면 측정한 방식으로 그 상태가 붕괴해 버립니다. 측정했다는 행위 때문에 그 물체가 변화를 일으킵니다. 원래 있었던 다른 상태에 대한 정보는 사라져 버리게 되는 거죠. 본다는 사실 자체가 일으키는 이것은 양자 역학이 가지고 있는 굉장히 특이한 성질입니다. 이것이 정보하고 어떻게 연결되는지는 정현석 교수님께서 계속 말씀해 주시겠죠.

정현석 정보와 아주 밀접한 관계가 있습니다. 컴퓨터가 정보를 처리하는 방식을 생각해 보면 컴퓨터가 이해하는 언어는 우리가 쓰는 자연어가 아니라 0과 1로만 되어 있죠. 정보의 기본 단위는 비트입니다. 0과 1, 1010…… 이런 식으로 이어지는 0과 1의 나열이죠. 둘의 차이는 전기 신호가 다른 거죠. 0 아니면 1입니다. 앞서 물병의 예로 쉽게 이야기하자면 누워 있는 것 아니면 서 있는 것이니까요. 그런데 양자 역학에 따르면 누워 있는 것과 서 있는 것의 중첩 상태, 다시 말해서 겹친 상태가 존재합니다. 그것도 아주 다양하게요. 누워 있는 상태 80퍼센트에 서 있는 상태 20퍼센트가 될 수도 있고, 또는 반대로일 수도 있고. 다양한 방식으로 겹칠 수 있습니다.

그렇기에 양자 정보에서 이야기하는 비트는 0과 1만 가능한 것이 아니라 0과 1이 겹치는 것이 가능하고, 우리는 이것을 퀀텀 비트, 줄여서 큐비트라고 합니다. 사실 우리는 양자 비트가 정보 처리의 최소 단위가 되는 세상에서 살고 있는 거죠. 큐비트를 이용하면 중첩이 가능하기 때문에 고전 비트를 쓰는 것과는 비교할 수 없이 많은 계산을 동시에 행할 수 있고, 이에 따라 훨씬 더 풍부하고 다양한 구조를 가지는 정보 처리 체계가 가능하게 됩니다. 고전 컴퓨터로 해결하지 못하는 문제를 빠르게 처리할 수가 있는 것이지요. 수천만 년짜리 암호 풀이 문제를 단 몇 분 만에 해결한다든지 하는 것입니다. 양자 역학의 큐비트로 묘사되는 세계가 수많은 중첩 상태를 가능하게 해서 훨씬 풍부하고 효율적인 정보 처리 구조를 갖게 되는 것인데, 이것이 양자 컴퓨터입니다.

김상욱 그렇다면 프로그래밍 유니버스, 우주가 컴퓨터라는 말이 무엇을 의미하는 것일까요?

정현석 '우주는 하나의 거대한 양자 컴퓨터이며 우리도 그 일부이다.'가 이 책의 주장입니다. 결국은 우주가 수많은 정보의 집합체라는 거죠. 우주 자신이 계속 정보 처리를 하는데 구조가 굉장히 풍부하고 다양하기 때문에 우연이 아니라 정교한 양자 법칙이 지배하면서 우주의 다양한 풍부함과 신비함이 계속 나타난다는 것입니다. 아름다운 풍경이나 자연의 여러 가지 모습, 태양계의 질서 이 모든 것들이 우주가 양자 계산을 한 결과라는 거죠. 우주가 양자 역학 법칙에 따라서 계속 계산을 수행해 나간 결과물이 우리 눈앞에 펼쳐지고 있다는 것입니다. 우리도 그런 경이로운 우주의 일부라는 거죠. 세스 로이드가 보여 주는 세계관은 끊임없이 자신을 정보 처리하면서 자기 프로그램을 하는 우주, 그래서 프로그래밍 유니버스입니다. 계산의 대상도 우주고 주체도 우주입니다. 자기 자신을 프로그램해 나가면서 경이로운 결과와 광경을 보이는 그러한 세계를 저자는 보았고 우리에게 소개하려 했습니다.

김상욱 우주에서 가장 중요한 것이 정보, 계산 이런 걸까요? 에너지, 질량이 아니라?

우주는 정보다

정현석 관점의 차이라고 생각하는데요. 저자는 그러한 관점으로 바라보는 거죠. 정보와 그 정보를 처리하는 계산 그 둘이 우주의 본질을 설명하는 핵심 키워드라고.

김상욱 그런 결론을 내리게 되는 핵심적인 이유란 뭘까요? 한마디로 할 수 있을까요? 그런 결론에 도달해야만 하는 이유를.

정현석 사실 저는 그런 결론에 저자가 도달하고 싶었던 게 아닐까 생각합니다. 물리학자들이 우주를 바라볼 때 가능한 단순하게 보고 싶어 하거든요. 더는 단순할 수 없을 정도로 단순한 법칙과 가정을 가지고 우주를 보고 싶어 합니다. 그러한 저자의 바람이랄까요? 그 결과라고 할 수 있겠고요. 이 우주를 설명할 방법으로써 아주 난순하고 최소한인 가정과 요소만을 가지고 정보와 계산, 두 가지를 키워드로서 우리에게 제시한 겁니다. 이 두 가지를 근본 요소로 생각한다면 우주의 본질적인 모습 혹은 작동 방식을 우리가 붙잡을 수 있다가 저자의 세계관인 거죠.

김상욱 감사합니다. 이번에는 손원민 교수님께 질문 드리겠습니다. 우주를 기술하는 법칙이 있다고 하는데 그것과 정보가 어떤 연관이 있는지 궁금합니다. 뉴턴 법칙, 슈뢰딩거 방정식 등 많은 법칙이 있는데 이것을 정보로 보겠다는 게 어떤 뜻이죠?

손원민 쉬운 질문이기도 하고 어려운 질문이기도 하네요. 물리학자들 사이에서는 어느 정도 많이 논의도 되어 있는 부분이기도 하구요. 저도 정보로 물리를 공부하는 것이 좋은 해석 방법이고 앞으로 새롭게 우주를 해석하는 하나의 방법이 되리라는 생각을 갖고 있습니다. 실질적으로 물리학자들은 처음부터 모든 정보 처리 과정이 물리학적이라고 생각했습니다. 쉽게 이야기한다면 누군가 말하려면 물리적인 과정을 거치지 않고는 어떤 메시지도 전달할 수 없다는 것을 생각하면 이해가 쉬울 수 있습니다. 모든 것은 물리적으로 생각해야 하고요. 성대에 신호를 줘서, 공기의 떨림을 여러분 귀에 도달하게 해서, 그 떨림이 신호로 변해 뇌에 들어가서, 여러분이 해석해서 받아들이는 것이거든요. 그것이 컴퓨터 같은 정보 처리 과정이든 전화선 같은 정보 처리 과정이든 생물학적으로 하는 정보 교환이든 간에 물리적인 과정을 거치지 않고는 정보의 전달도 처리도 있을 수 없다는 관점에서 사실 모든 정보 처리는 실질적으로 물리적인 과정을 거쳐야 한다는 의미로 정보가 물리라는 생각을 초창기에 많은 물리학자가 했습니다.

거기서 더 나아가서 정보가 처리되는 과정을 지배하는 법칙이라는 것은 결국은 우주를 지배하는 물리 법칙을 벗어날 수 없는 하나의 물리 과정이라는 것이죠. 그것을 반대로 봤을 때도 우리가 모든 물리는 정보라고 볼 수 있습니다. 모든 물리적인 것들을 정보로 치환할 수 있다. 그러한 접근으로도 상당히 많은 연구가 이루어지고 있습니다. 그래서 사실은 물리가 먼저냐 정보가 먼저냐. 어쩌면 닭이 먼저냐 달걀이 먼저냐 같은 질문이기도 하지만 단순한 질문이기보다는 어느 것이 먼저냐, 어느 것이 정말 같은 것이냐는 것도 큰 질문이고요. 그것이 같은 것이 되었을 때 그것으로 우리가 어떤 유용한 일을 할 수 있느냐는 것도 우리가 발전하고 있는 단계에서 심각하게 고민 중인 문제입니다. 그것이 양자 역학의 해석이 되었던 양자 컴퓨터의 개발이 되었던 그런 관점에서 저희가 공부하고 있는 것이고요. 그런 것들을 지면에 담은 이 두 책이 보는 관점이 살짝 다르기는 하지만 핵심은 그런 내용인 것 같고 앞으로 대중의 관심이 좀 더 많아져

『물리법칙의 발견』 대 『프로그래밍 유니버스』

야 하지 않을까 하는 생각입니다.

김상욱 두 분의 많은 말씀 잘 들었고요. 대담을 이제 마무리할 때가 된 것 같습니다. 끝으로 주제가 '태초에 정보가 있었다.'인데 이게 어떤 의미일까에 대해서 한 말씀만 더 부탁드리려고 합니다.

정현석 아주 멋있는 제목인 것 같습니다.(웃음) 아인슈타인이 그런 말을 한 적이 있습니다. "나는 신의 생각을 알고 싶다. 다른 모두는 다 사소한 것들이다." 과연 우주의 본질이 무엇인가. 태초에 무엇이 있었는가. 가장 근원적인 것은 무엇인가. 그것을 알고 싶어 했던 갈망의 표현이 아니었나 생각합니다. 물리학자들은 가장 근본적인, 가장 단순하고, 가장 일관성 있는 방식으로 우주를 설명하고자 합니다. 그러다 보니 자연스럽게 자꾸 도달하게 되는 단어랄까 그런 것이 바로 정보가 아닐까 하고요. 가장 근본적인 것을 가정했을 때 정보로 바라보았을 때 이 우주를 더 일관성 있게 설명할 수 있지 않을까. 그러한 결론에 조금씩 도달해 가는 것 같습니다. 과연 태초에 무엇이 있었는가. 우주의 본질이 무엇인가. 우리가 여기서 잠정적으로 정보란 말을 사용해서 우주의 본질에 조금 더 다가가 보려 하는 것인데요, 자연이 우리에게 얼마나 많이 비밀을 알려 줄지 우리는 잘 모르지만, 자연이 알려 주는 만큼 비밀의 끝까지 다가가 보는 것, 혹은 다가가려고 노력하는 것, 그것은 과학자뿐만이 아니라 상상력과 지적인 모험심을 가진 모든 사람의 특권이 아닐까 생각을 해 보았습니다.

손원민 아주 좋은 말씀을 해 주셨는데요. 이 책, 『물리법칙의 발견』

의 첫 장 제목이 무에서의 창조입니다. 그리고 마지막 장의 제목은 완전한 파괴라고 번역을 했습니다. 태초에 무엇이 있었느냐라고 한다면 사실은 태초에는 정보밖에 없었다는 것이 이야기의 시작인데요. 시작하고 싶은 이야기는 무엇이냐면 지금 말했지만 가장 태초에는 그것들을 지배하는 법칙밖에 존재하지 않았다는 겁니다. 그리고 그 법칙에서 나오는 여러 가지 상황들이 이렇게 조합되고 저렇게 조합되는 것이 발전함으로써 정보의 증가가 일어나고 증가하는 정보에 의해서 우주의 법칙, 물리의 법칙들이 생성되고 그것들이 현재 지금 우리가 보고 있는 세상을 만들어 냈다고 하는 게 사실은 정보적인 관점에서 물리학과 양자 물리학을 하는 사람이 가지는 가장 근본적인 시각이 아닌가 싶습니다. 물론 그것이 유일한 시각은 아니지만, 거의 완벽할 정도로 사고도 많이 이루어졌고 많은 논문도 나왔고 그것에 대한 이야기들이 굉장히 많거든요.

또 거꾸로 보면 그렇게 해서 시작된 우주들은 사실 그것이 파괴되는 과정조차도 정보적인 방법으로 다 쪼개서 나누어 보았을 때 그것이 이루고 있는 정보를 가지고 세상을 전부 다 계산을 해낼 수 있다 그런 이야기로서 이 책은 마무리하게 됩니다. 그래서 사실은 정보라는 것이 생소하고 뜬구름 잡는 소리 같지만 물리학을 하는 저희 같은 사람들에게는 여러분이 매일매일 먹는 밥과 같이 아주 구체적인 양일뿐더러 여러분이 인식하던 인식하고 있지 않던 우리 생활과 굉장히 밀접하고, 조금만 돌아보면 우리 삶을 지배하고 있는 하나의 중요한 요소라는 사실도 같이 생각해 보면 정보라는 것이 얼마나 우리하고 가까운 것인가를 다시 한 번 새삼 느낄 수 있지 않을까. 양자적인 정보라는 것이 얼마만큼 더 나가야 할 것인가를 알 수 있지 않을까 생각합니다.

12

소셜이냐 소설이냐?

『사회적 원자』

『버스트』

사회적 원자
마크 뷰캐넌 | 김희봉 옮김
사이언스북스 | 2010년 8월

버스트
알버트 라즐로 바라바시 | 강병남, 김명남 옮김
동아시아 | 2010년 7월

사회 현상을 이해하는
새로운 시각:
사람은 원자다!

김범준
성균관 대학교 물리학과 교수

사람에게는 다른 모든 것과 구별되는 특별한 무엇인가가 있다는 생각을 우리 대부분은 자연스럽게 받아들인다. 이 책의 제목 "사회적 원자"는 자유 의지의 유무로 사람과 사람이 아닌 것을 구별하는 데 익숙한 많은 사람들에게 모욕적으로 들릴 수도 있다. 아니, 감히 사람을 '원자'에 비유하다니! 사람을 '원자'로 보겠다는 이 낯선 시점(視點)에 익숙하지 않은 사람들에게는 인류가 이룩한 눈부신 과학 발전이 그러한 낯선 시점의 등장으로 일어난 점진적이 아닌 단속적인 발전들로 점철되어 있다는 것을 상기시켜 주고 싶다. 지구가 우주에서 차지하는 위치가 전혀 특별하지 않으며 우주에 존재하는 수많은 행성 중의 하나일 뿐이라는 코페르니쿠스의 낯선 시점, 그리고 사람과 동물을 구별 짓는 어떤 불연속성이 존재하지 않으며 우리는 지구에서 함께 살고 있는 다른 생명체와 같은 조상을 갖는다는 찰스 다윈(Charles Darwin)의 낯선 시점 등이 그것이다. 혁명적인 과학 발전의 계기가 된 이 시점들의 공통점은, 우리가 전혀 특별하지 않으며, 자연을 설명하는 법칙이 인간에게도 적용될 수 있다는 사실을 확실하게 보여 주었다는 데 있다. 사람을 원자로 비유했다고 자존심이 상할 필요는 없다. 왜냐하면, 사람은 단순한 원자가 아니라, 주어진 상황에 스스로 적응하고, 다른 원자들을 흉내 내기도 하며, 또한 다른 원자와 협력하기도 하고 배신하기도 하는, 그야말로 '사회적'인 원자이기 때문이다. 『사회적 원자(The Social Atom)』는 점점 더 중요한 역할을 할 것으로 믿어지는 통계 물리학의 접근법을 사회 현상 이해에 적용하고자 하는 '사회 물리학'의 다양한 연구 성과를 소개한다.

사회 물리학이라 불릴 수 있는 흥미로운 연구 분야가 물리학자들의 관심을 본격적으로 끌기 시작한 것은 길게 보아도 20년 정도 된 것 같다. 19세기 후반에 루트비히 볼츠만 등에 의해 시작된 통계 물리학은 "서로 영향을 주고받는 수많은 입자들로 이루어진 '물리계'"가 연구의 대상이다. 위 문장에서 '입자'를 '사람'으로, '물리'를 '사회'로 바꾸어 "서로 영향을 주고받는 수많은 '사람'으로 이루어진 '사회' 시스템"을 생각해 보자. 그 대상만 바뀌었을 뿐, 이미 100여 년의 오랜 역사 동안 탄탄한 토대를 가지게 된 통계 물리학의 다양한 방법들과 개념들이 성공적으로 적용될 여지가 분명히 있을 것이며, 바로 이것이 사회 물리학이라 불리는 영역이 된다. 사회 물리학에서 답하고자 하는 질문은 사회를 이루는 구성 요소로서 한 사람 한 사람의 개인적인 특징이 아니라는 것이 중요하다. 방안을 채우고 있는 수많은 기체 분자 중 특정한 분자 하나의 위치와 속도를 안다는 것과 이러한 기체 분자들이 상호 작용을 통해서 전체로서 만들어 내는 거시적인 특징으로서의 온도, 압력 등을 안다는 것은 완전히 다른 문제이다. 전통적인 통계 물리학에서 전체 시스템의 거시적인 성질의 이해가 궁극적인 목표이듯이, 사회 물리학에서 달성하고자 하는 이해는 개개인이 아닌, 사회 전체의 '패턴'이 된다. 필자가 사회 물리학에 관련된 내용을 강의할 때 자주 하는 간단한 실험이 있다. 강의를 듣는 사람이 몇 명인지를 세고(x), 또 수강자 전체에서 발견되는 서로 다른 (김, 이, 박과 같은) 성씨가 몇 개인지(y) 세어 보는 것인데, 이 두 숫자의 관계가 우리나라에선 로그 함수 꼴($y \propto \log x$)이 되고, 다른 나라는 멱함수꼴($y \propto x^a$)이 된다. 이 간단한 실험을 어느 나라에서 하는지에 따라서 결과가 물론 달라지지만, 한 나라에서는 어떤 수강생 집단에서라도 상당히 규칙적인 패턴을 얻게 된다. 이처럼 사람의 모임이 전체로서 보여 주는 규칙적인 패턴이 있다는 것이 각 개개인에게 자유 의지가 없다는 이야기는 아니다. 오히려, 개개인이 가지고 있는 자유 의지의 다양함이야말로 집단 전체가 보여 주는 거시적인 규칙성 패턴의 근간이다.

책에 담겨 있는 내용은 실로 다양하다. 미국의 흑백 인종 분리, 1990년대 세르비아인들에 의한 대규모 학살, 인도의 한 시골에서의 문맹률과 출생률의 급격한 감소, 평범한 미군들에 의해 행해진 잔혹한 포로 고문, 강력 범죄의 온상이었던 뉴욕 시 중심가가 어떻게 다시 평화로운 거리로 탈바꿈했는지 등의 흥미로운 사회 현상들을 소개한다. 또한, 이러한 거시적인 사회 현상의 갑작스러운 출현이 사회를 이루는 개개인의 속성 변화로 환원되어 설명될 수 없다는 점을 반복해서 강조하고 있다. 최근 발생한 영국의 폭동 사태에서도 폭동 참여자의 상당수가 사회·경제적인 문제가 심각한 이민자들이 아닌, 평범한 백인 중산층 청소년이라는 것도 마찬가지의 시사점을 가진다. 책에서 소개된 사회학자 마크 그라노베터(Mark Granovetter)의 간단한 모형으로 평범한 사람들 사이에서 급격하게 출현하는 이러

『사회적 원자』

한 난동의 근본적인 작동 원리를 이해할 수 있다. 100명의 주변 사람 중 몇 명이 난동에 가담해야 자신도 난동에 가담하는, 어떤 문턱값이 사람들마다 다르게 주어져 있다 하자. 만약 다섯 명이 난동을 시작했다면, 문턱값이 다섯 명인 사람들이 새로 가담할 테고, 이렇게 늘어난 가담자 수는 더 높은 문턱값을 갖는 사람들을 또 가담하게 한다. 비록 적은 수로 난동이 시작되었을지라도, 외부 영향 없이 난동의 규모가 점점 더 커질 수 있다. 노벨 경제학상을 받은 토머스 셸링(Thomas Schelling)의 간단한 인종 분리 실험 모형에서는, 사람들이 다른 인종과 섞여 사는 것을 아주 심하게 꺼리지는 않아서, 자신과 같은 인종이 30퍼센트보다 적게 되는 경우에만 이사를 간다고 가정했다. 이처럼 이웃사람의 인종에 대한 약간의 선호만 있더라도 두 인종 집단의 거주지가 나뉜다는 것을 셸링의 모형은 명확히 보여주었다. 흑인과 백인이 완전히 구별된 거주지에 사는 도시를 보면 우리는 도시 구성원 개개인이 아주 심각한 인종차별주의자라고 판단하기가 쉬운데, 이러한 판단이 얼마든지 잘못될 수 있다는 것이다.

고전 경제학의 가장 중요한 가정은 소위 제한 없는 합리성(unbounded rationality)이다, 쉽게 풀어 적으면 경제 주체로서의 사람이 무한히 똑똑하다고 가정하는 것이다. 이 책에서는 상당한 지면을 할애해서 사람이 결코 고전 경제학에서 가정하듯 그렇게 이성적인 존재가 아니라는 점을 명확히 설명한다. 책에서 소개된 재미있는 예 하나를 들면, 1,100원에 노트 한 권과 연필 한 자루를 샀다고 하자. 노트가 연필보다 1,000원이 더 비쌌다면 노트의 가격은 얼마인가? 이 질문을 처음 들었을 때 필자는 당연히 노트가 1,000원, 연필이 100원이라고 답했고, 그 답이 틀렸다는 것을 깨닫는 데 약간의 시간이 걸렸다. 아직도 필자의 답이 틀렸는지 모른다면 1,000원에서 100원을 빼 보면 된다. 필자와 마찬가지로 잘못된 답을 냈다고 해서 실망할 필요는 없다. 전체를 큰 것과 작은 것의 두 부분으로 나누는 것과 같은 일은 인류가 숫자를 이용한 계산을 시작하기 훨씬 오래전, 우리의 조상들이 동굴에서 살 때부터 습득한 기술이다. 필자는 (그리고 어쩌면 이 글을 읽는 여러분도) 이 과업을 놀랄 만한 속도로 훌륭하게 해냈을 뿐이다. 이처럼 사람은 빠른 시간 안에 대충의 어림짐작으로 해야 하는 일에는 놀랄 만한 재능이 있다. 고전 경제학에서 주장하는 것처럼 엄청나게 이성적으로 하는 것은 아니지만.

물리학자들이 다른 분야의 학자들보다 잘하는 것이 무엇이냐고 물으면, 필자를 포함한 많은 물리학자들은 '어림(approximation)'이라고 답할 것이다. 예를 들어 보자. 많은 사람들이 중·고등학교나 대학교에서 자유 낙하 운동이라는 것을 배우는데, 이는 손에 들고 있는 물체를 떨어뜨리면 지구가 물체를 당기는 힘에 의해서 물체가 어떻게 움직이는지에 대한 것이다. 교과서에서는 자유 낙하하는 물체를 부피가 없는 하나의 점이라고 어림하고 공기에 의한 저항력도 무시하며, 또한 물체와 지면 사이의 거리가 변함에도 불구하고 지구의 중력 가속도는 변하지 않는다고 가정한다. 즉, 누구나 학창 시절에 배우는 그 간단한 자유 낙하 운동조차도 상당히 많은 '어림'이 들어 있게 되는데, 물리학자들은 주어진 물리 현상을 설명하기 위해서 어떤 것은 무시하고(예를 들어 공기에 의한 저항), 어떤 것은 꼭 필요한 것(예를 들어 균일하다고 가정한 중력)이니까 넣고 하는 일을 상당히 잘한다고 자부하는 사람들이다. 아인슈타인이 남긴 말에 "Things should be made as simple as possible, but not simpler."라는 것

『사회적 원자』

389

이 있다. 여기서 "things"를 문맥에 맞추어 번역하자면, "현상을 설명하는 이론은 단순할수록 좋다. 그러나 그것보다 더 단순하면 안 된다."가 될 터인데, 물리학자들이 사용하는 '어림'의 방법을 아주 명확하게 설명해서 언제 보아도 적절한 표현으로 느껴진다.

고전 경제학에서 경제 현상을 설명하기 위해서 사용하는 '제한 없는 합리성'도 분명히 중요한 '어림' 방법이다. 그러나 자유 낙하 운동을 기술하기 위해서 중력을 무시하고 공기의 저항만을 넣는 것이 올바른 방법이 아닌 것처럼, 제한 없는 합리성의 가정도 올바른 어림이 아니라는 것이 이 책에서 보여 주는 내용이다. 물리학자들은 다양한 방법의 어림을 택하고, 그로부터 결과를 예측하며, 그 예측의 결과가 실험적인 사실에 들어맞는지를 항상 되물어 본다. 만약 실험의 결과가 처음 가졌던 가정에 기반을 둔 예측과 다르다는 것이 명확해지면, 언제라도 첫 가정에서 사용한 어림을 포기할 마음의 준비가 되어 있어야만 제대로 된 물리학자라고 생각한다. 고전 경제학의 '제한 없는 합리성' 가정은 수많은 실제의 사례를 통해서 잘못됨이 명확해졌으며, 따라서 이를 다른 가정(혹은 어림)으로 바꿔야 한다고 책의 저자는 전한다. 그리고 저자의 제안은 "그때그때 주어진 정보의 한계 내에서 대충의 결정을 주먹구구식으로 내리지만, 이후의 경험을 통해서 그 결정을 끊임없이 조정해 나가는 존재"로서 경제 행위자를 상정하는 것이 경제학의 올바른 가정이 되어야 한다는 것이다.

사람들 사이에서 드물지 않게 발견되는 이타성의 설명은 진화 생물학, 게임 이론, 경제학 등의 실로 광범위한 학문 분야에서 가장 많이 토론되는 주제 중의 하나다. 저자는 책의 제목에 걸맞게 이타성의 근원을 인간의 사회성에서 찾는다. 인류 역사의 대부분 동안 우리 조상들은 소규모 수렵 채집 집단 안에서 구성원들과 끊임없이 반복적인 상호 작용을 하며 살았다. 이러한 환경에서 집단 내 이타적인 호혜 행위(reciprocal altruism)는 다른 집단과의 경쟁에서 유리한 위치를 차지하게 했을 것이다. 저자는 한 집단 내의 평화와 그 집단을 성공할 수 있게 하는 이러한 인간의 속성이 양날의 칼처럼 집단 간 적대감의 근원도 된다는 것을 명확히 설명한다. 1950년대 미국 심리학자 무자퍼 셰리프(Muzafer Sherif)가 평범한 소년들을 임의로 두 집단으로 나눈 후 집단 간 적대감이 자발적으로 성장함을 보인 실험, 그리고 몇 년 전 리처드 악셀로드(Richard Axelrod)가 실시한 컴퓨터 모형을 통한 연구도 소개한다. 이러한 연구들의 결과에 의하면 아무런 근거가 없는 편견이라도 편견이 있는 집단이 오히려 성공적일 수 있다는 것인데, 저자는 이를 평화 시 작동하는 건전한 사회적 상호 작용의 메커니즘이 전쟁과 같은 상황에서 붕괴할 때 인류 역사에서 자주 등장하는 야만적인 민족 갈등과 비교한다. 책의 뒷부분에서는, 맹목적인 종교 신앙이 집단 통합의 강력한 무기이지만, 바로 그 이유로 다른 종교 집단을 학살하는 잔혹을 일으킬 수도 있다는 이야기도 덧붙인다. 즉 우리의 종교적 본능은 우리의 가장 위험한 '부적응(maladaptation)'일 수 있다는 것이다.

우리말에 "나무를 보지 말고 숲을 보라."는 격언이 있다. 사회를 이루는 사람을 '원자'로 보자는 발상도 이와 비슷하다. 즉, 전체 숲을 보려면 개별적인 나무들의 구체적인 속성들을 사상(捨象)해야 하듯이, 사람들이 상호 작용을 통해 만들어 내는 사회 현상의 거시적인 '패턴'을 보려면 일단은 '사람'을 '원자'처럼 단순한 존재로 가정해야 한다는 것이다. 이러한 무지막지한 단순화의 방법을 택했음에도 그동안 사회 물리학 분야의 연구들이 거둔 눈부신 성과의 근간에는 통계 물리학의 '보편성'이라는 개념이 있다. 거시적인 현상을 설명하기 위한 모형에 비록 자잘한 차이점들이 있더라도 거시적인 현상의 예측 결과는 '보편적'이라는 것이다. 엄청나게 발전한 컴퓨터와 네트워크 기술 덕분에 최근 엄청난 분량의 자료가 실시간으로 전산화되고 있다. 수많은 사람들이 의식적으로 혹은 무의식적으로 자신이 어디서 언제 무엇을 하고 있는지에 대한 상세한 정보를 남기고 있고, 이와 같은 대규모 자료 분석에 기반을 둔 사회, 경제 현상의 연구가 앞으로 점점 더 중요해질 것은 분명하다. 이러한 방향의 연구에서 '사람'을 '원자'로 보는 낯선 시점은 점점 더 영향력이 확대될 것으로 확신하며, 필자를 포함한 사회 물리학의 연구자들뿐 아니라 다양한 학문 분야의 연구자들이 함께 참여해야 할 과학 발전의 새로운 국면이 이제 시작되고 있다고 믿는다.

이 책의 저자인 마크 뷰캐넌의 『우발과 패턴(Ubiquity)』과 『넥서스(Nexus)』라는 책도 아주 훌륭한 내용을 담고 있어서, 이 책과 함께 읽기를 추천한다.

김범준 성균관 대학교 물리학과 교수

서울 대학교 물리학과에서 박사 학위를 받은 후 스웨덴 우메오 대학교와 아주 대학교 교수를 거쳐, 현재 성균관 대학교 물리학과에 재직 중이다. 통계 물리학의 연구 방법을 이용해 우리 사회에서 벌어지는 일들을 이해하고자 하는 다양한 연구를 수행하였다. 한국 물리학회에서 '용봉상'을 수상하였고, 스웨덴 우메오 대학교에서 수여하는 명예 박사 학위를 받았다. 150여 편의 학술 논문을 발표했고 현재 《주간 동아》에 "물리학자 김범준의 이색 연구" 시리즈를 연재 중이다.

복잡계에서의 예측 가능성 이슈에 대한 논고

윤영수
삼성 경제 연구소 수석 연구원

이 책은 '인간의 행동이 과연 예측 가능한가?'에 관한 흥미로운 주제를 다룬다. 결론부터 이야기한다면 저자 알버트 라즐로 바라바시(Albert-Laszlo Barabasi)는 예측 가능하다고 주장하고 있다. 정확히 이야기하자면 예측 가능성에 대한 실마리를 제공해 주고 있다. 인간의 행동에는 폭발성(burst)이 숨겨져 있으며, 폭발성은 인간의 행동 방식에 '우선순위'가 존재하기 때문에 발생한다는 것이다. 이 암호와 같은 말을 어떻게 해석하고 받아들여야 할 것인가?

예측 가능성이라는 이슈에는 다분히 시간이라는 개념이 함께한다. 『버스트(Bursts)』에서는 시간의 흐름에 따라 인간 행동의 예측 가능성, 즉 휴먼 다이내믹스(human dynamics)에 관한 이슈를 다루고 있다. 예측 가능성과 관련해서는 몇 가지 관점이 있다. 결정론적 세계관에서는 인간의 행동은 정해진 길대로 간다고 이야기한다. 과거를 알면 미래를 알 수 있으며, 미래는 과거의 결정판이라는 것이다. 반대로, 확률적 세계관에서는 인간의 행동은 무작위(random)이기 때문에 어디로 튈 것인지 예측할 수 없으며 확률적 판단만 존재한다. 이 두 시각에 반해 저자는 복잡계적 시각에서 인간 행동의 패턴은 무작위적이지 않으며 확률적으로 행동하지 않고, 단순하고 재현 가능한 패턴에 따라 움직인다고 말한다. 또한, 인간의 행동은 폭발성을 지니고 있으며, 거듭제곱 법칙(power law)에 의해 지배된다는 것이다.

복잡성 과학에서 예측 가능성에 관한 이슈는 난류, 기상 현상 등 자연 과학의 다양한 난제 및 종의 진화를 설명하기 위한 이슈에서 사회 경제 시스템으로 옮겨 오면서 불붙기 시작하였다. 기상 현상, 난류, 생태계, 진화 등의 복잡한 현상을 이해하려던 자연 과학의 다양한 노력들이 사회 과학의 복잡성을 해결하기 위한 이슈로 넘어오면서 부딪쳤던 문제가 '그래서 뭐?(So What?)'이었다. 경제학, 사회학, 경영학, 정치학 등 사회 과학의 다양한 학문에서 복잡한 문제를 이해한다고 해결되는 것은 아무것도 없기 때문이다. 즉, 사회 과학에서 대부분의 이론은 현실 세계의 변화 방향을 예측하고 그것을 바람직한 방향으로 통제하는 데 기여하는 것으로써 그 가치가 평가되기 때문에 경제 시스템의 변화를 미리 예측할 수 없다면 아무런 도움이 되지 않는다는 것이다.

1980년대 이후 샌타페이 연구소를 중심으로 복잡성 과학의 연구자들은 예측 가능성이라는 이슈에 대해서 수없이 많은 도전을 거듭해 왔다. 그중 한 명인 바라바시는 네트워크 과학의 측면에서 인간의 관계를 잘 이해하면 인간의 행동 패턴을 예측하는 것이 가능하다고 주장한다. 저자는 전작인 『링크(Linked)』에서 자연과 생물계, 그리고 인간관계에서 거듭제곱 법칙이 관찰됨을 밝혔다. 거듭제곱 법칙은 x, y의 두 양이 $y=ax^{-k}$의 관계로 주어지는 경우를 의미한다. 가령

지진의 경우 진도 1에서 2의 낮은 지진은 수없이 자주 발생하고 진도 8에서 9는 극히 희박하게 나타나며, 이때 지진의 크기와 빈도의 분포는 거듭제곱 법칙을 따른다. 사람과의 관계에서도 마찬가지이다. 대부분의 사람들이 소수의 사람들과 관계를 형성하지만 수없이 많은 사람들과 관계를 형성하는 마당발도 존재하여 관계의 크기와 각 관계를 가지는 사람 수의 분포가 거듭제곱 법칙을 따른다. 거듭제곱 법칙은 인터넷, 교통 시스템, 주가 변동, 도시의 크기 분포, 기업의 크기 분포, 기업 생태계의 네트워크 등 다양한 시스템에서 관찰된다.

이러한 거듭제곱 법칙이 인간의 이동에도 적용되어, 대부분의 이동은 짧은 거리에서 일어나고 먼 거리 이동은 드물게 발생한다. 즉, 인간의 행동은 대부분 예측 가능한 짧은 거리에서 움직이고 일부 특이한 패턴이 존재한다는 것이다. 쉽게 우리의 일상을 보면 지극히 제한적 범위 내에서 쳇바퀴처럼 움직이고 있으며 매우 낮은 확률로 장거리 여행과 같은 예외적 상황이 발생함을 알 수 있다.

실제 저자는 유럽 휴대폰 사용자 10만 명의 6개월간 위치 정보 데이터를 가지고 휴대폰 사용자의 행동 패턴을 분석하였다. 그 결과 휴대폰 사용자가 특정 시간에 특정 장소에 있을 가능성을 정확히 예측할 확률이 약 90퍼센트 이상이라고 밝히고 있다. 즉, 특정 사람이 다음 주 수요일에 어디에 있을 것인지를 정확히 맞출 가능성이 90퍼센트 이상이라는 것이다. 또한, 특정 사람의 이동 패턴뿐만 아니라 사람과 사람과의 관계를 알 수 있으면 그 확률이 높아진다.

물론 저자가 책에서 이야기하고 있듯이 예외적인 사람도 있다. 바로 하산 엘라히(Hasan Elahi)이다. 그는 인간의 행동에 있어서 지극히 예외적인 사람을 상징하는 인물이다. 평범한 일상과 지극히 예외

『버스트』

적인 행동으로 이루어진 대부분의 사람들과는 달리 대부분이 예외적인 행동으로 이루어진 사람이라는 의미이다. 행동 방식이 거듭제곱 법칙이 아닌 어디로 튈지 모르는 무작위적인 분포를 가지기 때문에 예측하기가 힘들다.

관점을 바꾸어 인간의 행동을 시간적으로 보았을 때에도 거듭제곱 법칙이 성립한다. 대부분의 시간을 잠잠하게 보내다가 특정 시간에 인간의 행동이 집중된다. 이메일 발송, 인터넷 탐색, 전화 통화, 도서관에서의 대출, 병원 방문, 위인들의 서신 교환 등 모든 인간 활동에는 긴 휴식기 뒤에 찾아오는 짧은 시간에 격렬히 폭발하는 패턴이 나타난다. 가령, 이메일 보내는 패턴을 보면 일과 시간 중에 일정한 비율로 보내지 않으며, 갑자기 특정 시간에 폭발적으로 발송한다. 대부분의 시간을 조용히 보내다가 특정 시간에 특정 행동을 쏟아 낸다는 폭발성이 책의 제목인 '버스트'가 의미하는 바다.

그렇다면 왜 시공간상에서 이러한 폭발성이 발현되는 것일까? 저자는 인간 행동에 있어서 폭발성은 우선순위가 존재하기 때문에 발생한다고 설명한다. 예를 들어 지극히 상식적으로 생각하면 사람들이 병원을 찾는 것은 아플 때이고, 아픈 것이 무작위적으로 발생하기 때문에 병원 방문 시기는 무작위적이어야 한다. 하지만, 실제로는 그렇지 않다. 『해리 포터』 시리즈가 출간된 날이나 메이저 리그의 챔피언 시리즈가 열리는 날에는 병원이 텅텅 비어 있다. 바로 병원에 가서 치료 받는 일마저 미루는 등 인간의 행동은 '우선순위'에 따라 행동하기 때문임을 직관적으로 쉽게 이해될 것이다.

가령 매일 아침 내가 무슨 일을 할 것인지 우선순위별로 여섯 개를 나열한 후 순서대로 처리하고 남은 일은 내일로 넘긴다고 치자. 또한, 매일 새로운 일들이 끊임없이 발생하여 이를 포함하여 우선순위가 매겨진다고 했을 때 대기 시간의 빈도수 분포는 가우스 확률 분포를 따르기보다는 거듭제곱 법칙을 따름을 쉽게 인지할 수 있다. 우선순위가 높은 일들은 빨리빨리 처리가 될 것이고, 우선순위가 낮은 일들은 내일로 미루어질 수도 있으며, 새로운 일들이 보다 우선순위가 높을 경우 무한정 미루어질 수도 있기 때문이다.

본문에 언급되어 있는 아인슈타인 서신의 사례도 유사하다. 아인슈타인이 충분히 모든 편지를 처리할 수 있는 상황에서는 가우시안에 가까운 분포를 보일 것이나, 아인슈타인이 처리할 수 있는 한계량을 넘었을 경우 우선순위가 높은 편지가 먼저 처리가 될 것이고 그렇지 못한 편지는 뒤로 계속 밀리는 상황이 연출되어 거듭제곱 법칙을 따를 것이다.

즉, 인간이 한정된 자원을 잘 활용하기 위해 늘 우선순위를 설정하기 때문에 거듭제곱 법칙이 성립할 수밖에 없으며, 우선순위가 정해지면 폭발성이 필연적으로 등장한다는 것이다. 자원과 역량이 충분하다면 거듭제곱 법칙이 성립하지 않겠지만, 자원의 희소성과 역량의 한계로 우선순위를 설정할 수밖에 없으며 이로 인하여 폭발성이 발현된다. 즉, 우선순위가 없으면 사람은 무작위로 행동할 것이지만, 우선순위가 있다면 그로 인해 인간 행동의 패턴이 형성된다는 것이다.

다시 인간 행동의 예측 가능성의 문제로 돌아와서 생각해 보면, 인간 행동을 예측한다는 것은 특정 시간에 특정 행위가 발생하는 것을 예측하는 문제이다. 저자가 쓴 『링크』와 『버스트』의 아이디어를 종합해 보면 인간의 행동도 거듭제곱 법칙을 따르고, 행동이 발생하는 시간도 거듭제곱 법칙을 따른다면 인간 행동의 예측 가능성에 대한 실마리를 얻을 수 있지 않을까 생각한다. 내가 특정 시간에 무슨 일을 할 것인가에 대한 빈도수 분포가 존재한다면, 그리고 그 분포가 거듭제곱 법칙을 따른다면 분명 예측 가능성은 높아진다. 여기서 거듭제곱 법칙을 따른다는 의미는 자원과 역량의 한계로 인해 우선순위가 존재한다는 의미이다. 물론, 거듭제곱 법칙을 따르기 때문에 예외적인 경우도 존재한다. 즉, 예외적인 행동이 예외적인 시간에 발생할 수도 있지만 이는 극히 일부분일 것이다.

이렇게 이야기하니 결정론적 세계관에서 주장하는 인간 행동의 예측 가능성과 별반 다름이 없어 보인다. 인간의 행동을 100퍼센트 예측 가능하다는 생각의 밑바탕에는 결정론적 세계관이 있다. 그러나 거듭제곱 법칙에는 늘 예외적 현상이 발생할 수 있다. 인간의 행동은 특정한 일을 특정 시간에 할 가능성이 높지만, 그렇지 않은 경우도 희박하지만 가능하다는 것이 거듭제곱 법칙이 내포하는 바다. 또한, 지극히 단순하고 간단한 규칙인 우선순위 설정이 인간 행동의 다양한 패턴을 만들어 낸다는 측면은 복잡성 과학에서 이야기하는 '혼돈 속의 질서'를 연상시킨다.

정리하면 저자의 걸작서인 『링크』가 공간상의 거듭제곱 법칙을 주로 다루었다면 『버스트』는 공간과 시간을 결합하여 휴먼 다이내믹스라는 새로운 분야를 개척했다는 측면에서 중요한 의미를 지닌다. 행동이 발생하는 공간의 거듭제곱 법칙과 행동이 발생하는 시간의 거듭제곱 법칙, 이것이 결합되어 나타나는 인간 행동의 폭발성과 예측 가능성은 아직 완벽하지는 않지만 흥미로운 아이디어임에는 틀림이 없다. 아직 완벽하지는 않지만 흥미로운 아이디어라고 한 이유는, 인간의 행동은 자신의 의지에 의해서 결정되지만 사회적 관계에 의해서도 형성되기 때문이다. 이는 저자가 본문 속에서도 밝히고 있다. 이동 통신사의 데이터 분석에서 사람과 사람 사이의 관계를 알 수 있으면 예측 가능성을 더욱 높일 수 있다고 한 부분이다. 또한, 이 책은 인간 행동의 다이내믹스뿐만 아니라 다양한 시스템의 다이내믹스를 예측하는 문제에도 실마리를 제공한다는 측면에서 중요한 의미가 있으며 향후 더 많은 연구가 이어질 것으로 생각한다.

이 책은 고금의 다양한 사례와 이론을 중첩적으로 전개하여 약간 산만하면서도 독자에게 많은 여운을 주고 있다. 하산 엘라히라는 아랍계 미국인의 행적을 훑는 부분, 죄르지 세케이(Gyorgy Szekely)라는 인물을 중심에 놓고 1400~1500년대 헝가리 역사를 설명하는 부분, 복잡성 과학 자체에 대한 이야기 등이 혼재해 있어 집중해서 읽지 않으면 도대체 무슨 이야기를 하려고 하는 것인지 놓칠 가능성이 높다. 그렇지만 이러한 책의 구성이 독자들에게 생각할 시간을 제공하며, 독자 나름대로의 해석의 공간을 제공한다. 이를 감안하고 끝까지 완독한다면 저자의 주장이 실타래를 풀듯이 풀리리라 생각한다.

윤영수 삼성 경제 연구소 수석 연구원

포항 공과 대학교에서 산업 공학 학사 및 석사 학위를 취득하였고, 연세 대학교에서 경영학 박사 학위를 취득하였다. 2002년부터 복잡계 경제 연구회를 운영해 왔고, 2005년 복잡계 네트워크의 설립을 주도하였다. 저서로『복잡계 개론』,『이머전트 코퍼레이션』등이 있다. 현재 삼성 경제 연구소 산업 전략 1실 복잡계 센터 수석 연구원으로 일하고 있으며, 특허, 기업 간 네트워크, 창조와 혁신 등의 이슈에 관해 연구하고 있다.

『버스트』

김범준
『사회적 원자』

국형태
사회자

윤영수
『버스트』

국형태 김범준 선생님이 서평을 쓰실 때 작가의 시각이 새롭다, 낯설다는 말씀을 하셨거든요. 사람을 원자로 보는 것. 사람을 원자로 보니까 낯선가요? 그런데도 왜 쓸모가 있는 건가요?

김범준 제가 사회적 원자를 낯선 시점이라고 불렀던 이유는, 일단 낯설잖아요. 통계 물리학을 하는 저에게는 낯설지는 않지만, 많은 분들이 낯설게 느끼실 수밖에 없거든요. 사람이 어떻게 원자겠어요. 우리의 자유 의지라든가 적응 능력이라든가 협동 능력을 죄다 무시하고, 사람을 원자로 보겠다는 일종의 선언이죠. 굉장히 낯설게 느껴지리라는 맥락에서 낯설다고 표현했고요. 그럼에도 이게 앞으로 과학 발전에서 굉장히 유용한 시점일 수 있다고 생각을 해요. 한 가지 드리고 싶은 이야기는 사회 물리학자들이 사람을 사회적 원자로 보겠다는 관점으로 들이대는 사회 현상은 세상의 모든 사회 현상이 아니에요. 그런 관점으로 설명할 수 있는 사회 현상이 있다는 것이고, 그리고 그게 처음 생각보다 굉장히, 기대 이상으로 광범위하다,

적용 여지가 넓다, 그런 면에서 이미 기여를 했다고 보고요. 앞으로도 중요한 기여를 할 거라고 저는 믿습니다.

국형태 서평을 보면 『사회적 원자』에서는 저자가 인간 사회, 집단으로써 벌이는 사회 현상에 관심을 두는 것 같고, 『버스트』에서는 개인행동에 주된 관심을 두는 것 같습니다만, 꼭 그런 것만은 아닌 거죠? 집단으로서의 패턴과 개인으로서 인간 행동의 예측 가능성. 이런 것들이 다른 속성인가요? 아니면 같은 범주에서 나왔다고 이야기하나요?

인간은 적응하는 원자이다

윤영수 제가 읽은 바로는, 『사회적 원자』에서 이야기하는 원자는 적응하는 원자입니다. 『버스트』에서는 인간 행동이 예측 가능한 이유가 인간이 우선순위를 매기기 때문이라고 이야기합니다. 우선순위를 매긴다는 것은 결국은 인간이 지성을 가지고 적용한다는 의미예요. 적응은 자신의 행동을 스스로 바꾼다는 뜻이거든요. 그래서 적응이라는 관점에서 보았을 때 『사회적 원자』와 『버스트』에서 이야기하는 행위자는 근본적인 속성 자체는 같은 개념이라고 생각합니다.

국형태 김범준 교수님께서는 사회적 원자들이 보이는 집단적인 패턴이 윤영수 연구원님이 지금 이야기하신 인간 개인으로서 벌이는 예측성, 비예측성하고 관련이 있다고 보시는지요?

김범준 『버스트』를 보면 굉장히 다양한 맥락에서 예측이라는 단어를 사용하는데 이게 굉장히 혼재되어서 혼동되게 사용됩니다. 통계물리학을 연구했고, 지금도 계속하고 있는 연구자의 입장에서 이야기하자면 강남 어디 사는 갑돌이가 지금 어디 있느냐 하는 것은 복잡계 과학에서 추구할 질문은 아니라고 생각해요. 예측이라는 것이 어떤 건지를 명확하게 구분해야 한다라는 이야기를 드리고 싶고요. 『사회적 원자』에서 이야기하는 것은 거시적인 패턴과 그 예측에는 의미가 있지만, 기체 분자 몇 번째가 어디 있는지를 예측한다고 해도 의미가 없듯이 특정 개인이 어떤 행동을 하는지를 예측하는 것은 가능하지 않다는 겁니다. 그리고 그렇게 올바른 방향도 아니라고 생각합니다.

국형태 적어도 『사회적 원자』의 저자는 인간을 원자처럼 보고, 그 사람의 다양한, 다른 사람하고 충분히 구별되는 개성 같은 것은 무시하는 거죠.

김범준 좀 조심해야 할 것이, 개성을 '무시'한다가 아니고 사람마다 다르다는 거예요. 사회 전체의 패턴으로 볼 때는 서로 다른 개성들이 정반대의 방향에서 상쇄됩니다. 거시적인 사회의 패턴을 이해하기 위해 개개인의 구체적인 개성까지 우리가 이해할 필요는 없다는 겁니다.

국형태 예측 이야기는 『버스트』에서 더 직접적으로 나타나지요? 윤영수 연구원님께서 저자의 주장이 '인간 행동은 결국 예측 가능하다.'라고 하셨잖아요. 그때 예측은 어떤 의미인가요?

윤영수 강연장이었다면 김범준 교수님이랑 똑같은 이야기를 했을 겁니다. 하지만 제 생각을 이야기하는 자리가 아니라『버스트』의 대변인으로서 나온 만큼, 그 관점에서 이야기를 하는 게 타당할 것 같습니다. 말씀하셨던 그 기체 분자는 지능이 없거든요. 인지가 없어요. 즉 사회적 원자가 아닙니다. 애당초 예측도 어렵습니다. 반면,『버스트』에서 이야기하는 것은 기본적으로 인지를 갖추고 적응하는 에이전트로 구성된 시스템상에서 에이전트가 어떤 행동을 할 것인가에 대한 예측입니다.

바라바시는 인간 행동을 시간적으로 보아 행동 패턴이 폭발성을 지니는데, 예측 가능성은 정규 분포를 따른다고 이야기합니다. 다시 말하면 행동 자체는 멱함수 분포를 가지고 이는 지극히 일상적인 일을 반복하다가 어떤 특정 시점에 특정한, 굉장히 특이한 점프가 일어난다는 뜻이거든요. 왜 그러냐 하면 인간의 자원이나 역량이 굉장히 유한하기 때문에, 짧은 시간을 두고 무얼 할까를 고민해 우선순위를 매겨야 하기 때문이며 그래서 인간 행동은 예측 가능하다는 것입니다.

국형태 바라바시가 이야기하는 예측도 정확하게 딱 꼬집어서 그 사람이 언제 어디에 있을 것이다가 아니라 거기에 있을 확률이 얼마다라고 이야기하는, 그런 예측이죠.

김범준 예측이라고 할 때는 무엇을 예측할지, 그 예측의 대상을 잘 봐야 될 것 같아요. 복잡계 이론이 아무런 예측도 못 한다는 말은 아니에요. 예를 들어 내일 주식이 오를까 떨어질까 저는 몰라요. 아무도 모릅니다. 그런데 보통 우리나라는 하루 주가가 1퍼센트 정도 변하거든요. 1년 정도 후면 플러스마이너스로 몇 퍼센트 정도 변할까 대충은 알 수 있어요. 올라갈지 내려갈지는 몰라도 몇 퍼센트 폭 안에 들어갈지는 알 수 있어요. 그것도 예측이라면 예측인 거죠. 그런 예측이 돈을 벌게 해 주지는 못해요. 그런데 전 재산을 탕진해서 주식을 사야 될지 안 사도 될지를 판단하는 기준은 될 수 있죠. 이처럼 의미 있는 예측도 있습니다. 그런데 바라바시의 이야기 중에 받아들이기 힘들었던 것 중 하나는, 다음 주 수요일 몇 시에 어디 있을지를 90퍼센트 확률로 예측할 수 있다, 그런 이야기를 하거든요? 제가 한 번 볼까요. 저는 내일 새벽 5시에 분명히, 집에 있습니다. 이게 예측인가요? 바라바시가 예측할 수 있다는 90퍼센트의 대부분은 제가 보기에는 이런 거예요. 우리가 살아가는 사회를 더 재미있게 하고 무언가 이해할 거리를 제공하는 것은 예측이 불가능한 나머지 10퍼센트이지 내일 아침 새벽 5시에 집에 있으리라는 것을 예측이라고 부를 수 있는지는 잘 모르겠습니다.

윤영수 저도 그래서 기본적으로 사회 시스템에 대해서 예측 가능성을 100퍼센트 적용했다는 이야기를 안 썼어요. 실마리, 조금의 실마리. 우선순위 메커니즘 아이디어 자체는 저는 굉장히 높이 살 만하다고 봅니다. 그러나 그런 관점에서 보았을 때 어떤 조금의 실마리 정도지 100퍼센트 예측 가능하다는 것도 아니고 실제적으로 사회 예측 가능성 이슈에 대한 완전히 깨끗한 해답을 제공해 줬다고는 저도 생각하지 않습니다.

국형태 여기서 사회 물리학이란 무엇인가를 한 번 짚고 넘어가면 좋을 것 같습니다. 물론 사회 물리학이니까 사회를 연구하는 물리학이다, 이런 식으로 해석할 수는 있겠지요. 그동안 자연이 물리학의 대상이었다면 여기서는 사회가 물리학의 대상이라는 건데, 왜 물리학이 그걸 해야 하는 걸까요?

물리학의 새로운 무대

김범준 저는 물리학이라는 게 연구 대상에 의해서가 아니고 연구 방법으로서 정의되는 학문이 아닌가란 생각을 많이 합니다. "경제학이란 경제학자가 하는 학문을 말한다."라는 말을 읽은 적이 있는데요. 물리학도 그렇습니다. 사회 물리학자가 사회 현상을 물리학적인 개념, 방법을 가지고 연구하는 사람이라고 할 때 특히 통계 물리학을 하시는 분들이 관심이 많습니다. 그럴 수밖에 없는 것이 통계 물리학의 대상은 굉장히 많은 입자로 이루어진 시스템이거든요. 많은 입자를 많은 사람으로 바꾸면 통계 물리학자의 입장에서는 자신이 사용했던 연구 방법 그대로를 쓰는 겁니다. 그런 면에서 사회 물리학을 하는 사람의 대부분이 통계 물리학을 배경으로 갖고 있고요. 그러다 보니까 물리학의 대상은 될 수 있습니다.

국형태 그렇다면 사회 과학에서는 왜 이것을 이제까지도 만족스럽게 해결을 못 했을까요? 왜 사회 물리학이란 분야에서 이 문제를 하겠다고 나서는 걸까요? 경제학 같은 사회 과학은 다른 관점을 갖고 있었나요?

윤영수 고전 경제학이라고 이야기하는 것은 처음에 물리학의 아이디어에서 나왔습니다. 고전 물리학에서 아이디어를 채용하여 경제 시스템을 정교하게 계산해 내고, 예측하고, 발전시켜 왔던 것이죠. 그런데 사회 전체의 엔트로피가 증가하고 복잡성이 증가하면서 예측이 잘 맞지 않는다는 건데요. 고전 경제학에서는 기본적으로 인간이 완벽한 이성을 가진 존재라고 가정합니다. 문제는 우리가 사는 세상의 인간은 완벽하지 않다는 것이죠. 사실은 경제학자들도 이런 비판을 잘 알고 있습니다. 그러나 기업, 경제, 정부, 외환 등 다양한 사회 경제적 시스템은 컨트롤 시스템이고, 예측을 통해 기업은 전략을 수립하고 정부는 정책을 수립하는 것이 본연의 임무이거든요. 이러한 본연의 임무를 수행하기에 기존 고전 경제학의 방법이 더 유용하다고 판단하는 것입니다.

국형태 『사회적 원자』에서 보면 어림이 굉장히 중요한 역할을 하는 것 같습니다. 사회 물리학에서는 개인의 어느 수준까지 어림을 적용하는지, 처음 대상에서 어림하고 나면 보통 무엇이 어느 정도 남는지 하는 내용들을 좀 알려 주시면 좋겠습니다.

김범준 어림이라는 말을 예전에는 근사라고 많이 했습니다. 무엇인가를 설명하려고 하는 이론 혹은 모형을 만들 때 모든 것을 다 넣으면 너무 복잡해서 계산할 수가 없으니까 가능한 한 간단한 모델을 만들려고 하거든요. 어림은 필요해요. 어림을 안 하면 아무것도 못합니다. 사회 현상을 기술할 때 사람을 어떻게 근사 혹은 어떻게 어림하는 것이 바람직할까라는 건 사회의 어떤 사회 현상을 설명하려는 것인가에 따라 다를 듯합니다.

고전 경제학에서는 사람이 무한히 똑똑하다고 가정하잖아요. 그 어림이 타당한 경제 현상은 분명히 있을 겁니다. 거기에서까지 그 어림을 포기하라는 이야기는 아니고요. 경제 현상 혹은 사회 현상 중에 일정 부분은 그 어림이 맞지 않는 영역이 있을 뿐이죠. 그러면 그 어림을 포기를 해야 되지 않겠습니까. 상황에 따라 어림이 시스템마다 다를 것인데 고전 경제학에서 사용하는 가정만 가지고서 모든 것을 다 설명하겠다는 것이 문제입니다.

윤영수 김범준 교수님이 앞서 말씀하신 새벽 5시에 반드시 집에 있다는 식의 예측은 기업의 입장에서도 별로 필요가 없는 예측이거든요. 사실 의사 결정자들은 어림보다도 어림 외적으로 우리가 가지를 쳐낸 것들에 대해 오히려 관심이 있어요. 그렇다면 이런 요소를 다 떼어 낸 상황에서 만들어 낸 것에서 의미를 찾을 수 있을까 라는 걱정이 드는데요. 김범준 교수님처럼 물리학을 하신 분들은 어떻게 생각하시는지 개인적으로는 조금 궁금합니다.

김범준 지금 말씀하신 것하고 아까 이야기한 것하고 이어지는 게, 집단적인 거시 패턴의 이해가 기업체에서도 필요할 수밖에 없죠. 그게 비교의 기준이 되니까요. 그걸 기준으로 얼마큼 벗어나는지, 현실적으로는 그 부분이 기업이라든가 경제 현상에는 더 중요할 수는 있죠. 하지만 어떤 거시적인 패턴을 이해하는 자체는 당연히 선결되어야 하겠죠.

국형태 이제 마무리에 들어가야 될 것 같은데요. 혹시 종교도 이런 사회 물리학으로 설명이 가능할까요?

김범준 지금 제가 드리는 이야기는 제 입장은 아니고 이 책에 나왔던 이야기입니다. 『사회적 원자』에서는 종교를 사회성이란 것으로 설명하려고 애를 써요. 종교에 긍정적인 효과는 분명히 있어요. 그런데 사실 종교일 필요가 없습니다. 사람들을 특징짓는 어떤 지표만 있으면 됩니다. 무엇이든 사람들을 그룹으로 나눌 수 있는 지표가 있으면 그 지표를 내세우는 집단이 성공적이라는 거예요. 종교가 지금까지 오랜 기간 동안 존속하는 이유를 이해하기 위해서는 신이 존재하나 존재하지 않느냐가 중요한 게 아니고 종교가 지표의 역할을 한다는 것이 중요하다는 거예요.

윤영수 저는 『버스트』에서 그다지 종교와 관련한 특별한 관점은 발견할 수가 없었습니다. 그보다는 종교적 히스토리를 배경으로 이야기를 풀어 가는 것 같습니다. 예측 가능성과 불가능성에 대한 상징적 인물을 보이기 위해 종교의 예를 들고 있는데요, 결국 이 책에서 종교는 히스토리를 이끌어 내기 위한 어떤 부가적인 수단이지, 종교 그 자체에 대한 의미는 적은 것 같습니다.

사회 물리학의 미래는?

국형태 마지막으로 사회 물리학적 접근이 우리 사회를 얼마나 더 낫게 해 줄 것인지, 인간 행동에 무엇을 더 개선해 줄지 그런 가능성을 이야기해 볼 수 있을까요. 그리고 사회 물리학의 앞으로의 전망도 이야기해 주시면 감사하겠습니다.

김범준 사회 물리학을 연구하는 연구자로서 앞으로 이런 시점을 가지고 접근하는 연구 분야가 굉장히 넓어질 거라고 봅니다. 물론 이 연구가 모든 것을 설명하지는 못합니다. 하지만 이런 방법론과 개념을 이용해서 성공적으로 설명 가능한 영역들은 계속 넓어지지 않을까 그런 생각을 해 보고요. 제가 처음에 미시적인 예측보다 거시적인 패턴이 더 중요하다는 이야기를 반복적으로 드렸는데, 지금은 윤영수 연구원님의 말씀대로 패턴을 이해한 다음에 해야 할 일은 패턴을 만드는 메커니즘이 무엇인지, 가장 미시적인 메커니즘이 무엇인지 이해하는 일이 중요하지 않을까란 생각도 듭니다. 거시적인 패턴을 설명하는 아주 작은, 미시적인, 그러니까 아주 약간의 이해를 갖고도 우리가 사회에 도움을 줄 수 있고 변화를 만들 수 있는 것들이 있지 않을까. 그런 부분에서도 사회 물리학이 역할을 할 수 있었으면 좋겠다라는 정도에서 마무리를 하겠습니다.

윤영수 저는 복잡성 과학에 대해서 이야기를 하겠습니다. 우리가 느끼기에도 시간이 흐를수록 이것저것 신경 쓸 것도 많고 세상이 복잡해질 것 같지 않습니까? 그런데 우리는 지극히 작은 부분밖에 모르거든요. 굉장히 복잡해진, 또 복잡한 세상에 대해서 우리가 아는 것은 지극히 일부분일 뿐이고 전문가라는 사람들조차 지극히 일부분만을 가지고 이 세상을 이야기하고 있습니다. 그걸 아셔야 합니다. 저도 당연히 마찬가지이고요. 그렇지만 이 복잡한 세상에서 뭔가 패턴을 찾으려고 노력하는 사람 중의 한 명이고 이 책이 기회가 되어서 많은 분이 관심을 가지고 공부도 하고 같이 나아가는 하나의 계기가 되었으면 좋겠습니다.

13

최종 이론은 꿈인가?

『최종 이론의 꿈』

『최종 이론은 없다』

최종 이론의 꿈
스티븐 와인버그 | 이종필 옮김
사이언스북스 | 2007년 12월

최종 이론은 없다
마르셀로 글레이서 | 조현욱 옮김
까치 | 2010년 11월

최종 이론을
꿈꾸는 이유

이강영
경상 대학교 물리 교육과 교수

괴테의 희곡 『파우스트(*Faust*)』에서 파우스트는 이렇게 노래한다.

> 신과 같은 모습을 지닌 나는, 이미
> 영원한 진리의 거울에 아주 가까이 왔다고 생각했고,
> 하늘의 광채와 청명함 속에서 자신을 향유하며,
> 지상의 아들이라는 옷을 훌훌 벗어 버렸도다.

파우스트는 철학, 법학, 의학, 신학 등 인간의 학문에 모두 통달했고 더 많은 비법을 얻기 위해 정령의 마술까지도 배운 이다. 그는 "이 세상을 그 가장 깊은 내면에서 무엇이 다스리고 있는지를 인식"하고 "그 모든 작용력과 근원을 관조"한다. 그래서 "천사보다도 더 위대"하게 되었고, 나아가 "신들의 생활을 누리겠다는" 야심을 가지고 있다. 이는 괴테가 대표하는 바이마르 고전주의의 이상을 구현한 것이라고 할 수 있다. 그렇다면, 스티븐 와인버그가 최종 이론(final theory)이라고 부르는 것은 신과 같이 되고 싶은 파우스트의 소망을

충족시켜 줄 수 있는 것일까?

과학의 역사를 보면 우리가 과학이라고 부르는 지적 활동의 가장 두드러지는 특징은 그것이 대단히 환원적이라는 점이다. 아이작 뉴턴은 나무에서 떨어지는 사과와 지구 주위를 도는 달과 밀물과 썰물이 일어나는 수많은 현상을 운동의 일반 법칙과 중력의 법칙으로 환원했다. 존 돌턴(John Dalton)이 제안한 원자라는 개념은 전혀 상관없어 보이던 화학의 여러 법칙을 원자의 결합으로 환원해서 이해할 수 있음을 보였다. 열역학의 여러 개념과 법칙들은 기체의 성질을 작은 입자들의 행동으로 환원해서 뉴턴 역학으로부터 유도될 수 있었다. 열역학의 방법론은 일반화되어, 환원을 체계적으로 이해하는 방법인 통계 역학이라는 분야로 발전해 나갔다. 환원적 사고방식이 구체적인 물리 현상으로 나타난 가장 극적인 예가 바로 원자라는 개념이다. 20세기 들어서 원자의 존재가 확인되고, 원자의 행동 방식을 설명하는 양자 역학의 체계가 정립되면서, 환원론은 더욱 놀라운 성공을 거두었다. 이제 우리는 수많은 화학적 현상이 100여 종류의 원자들의 결합에 의한 것임을 알고 있다. 원자라는 개념을 생각하고, 원자의 본질을 탐구하고, 원자들의 상호 작용을 찾는 것은 곧 최종 이론을 찾는 일이었다. 원자 이하의 세계를 탐구하고 이해하게 되면서 우리는 이 우주에서 대부분의 자연 현상이 일어나는 원리를 궁극적으로 불과 12종류의 입자와 네 종류의 힘으로 표현되는 입자 물리학의 표준 모형으로 환원할 수 있음을 알게 되었다.

1929년 미국 캘리포니아 주 윌슨 산 천문대의 젊은 천문학자 에드윈 허블(Edwin Hubble)은 46개의 은하를 조사해서 모든 은하들이 지구로부터 멀어지고 있으며, 멀리 있는 은하일수록 더 빨리 멀어지고 있다는 것을 발견했다. 이 관측 결과는 우리 우주가 팽창하고 있다는 것을 의미한다. 만약 우주가 정말 팽창하고 있다면, 반대로 시간을 거슬러 갈 때 우주는 점점 축소될 것이고, 과거의 어떤 순간에는 마침내 크기가 0이 될 것으로 추정할 수 있다. 이는 바로 우주가 한 점에서 시작되었다는 빅뱅 이론을 암시한다. 그러니까 빅뱅의 존재는 팽창하는 우주로부터 유추되는 자연스러운 귀결이다.

환원주의와 최종 이론의 관계는 팽창하는 우주와 빅뱅의 관계와 비슷해 보인다. 팽창하는 우주로부터 빅뱅의 존재가 유추되는 것과 마찬가지로, 소박한 의미에서 최종 이론의 존재는 환원론의 유추다. 우주가 팽창한다는 것이 시간의 방향에 특정한 화살표가 존재함을 의미하듯, 과학적 설명에도 일정한 방향성이 있고, 설명들이 연결되는 방식은 환원되는 방향으로 수렴되는 양태를 보인다. 그래서 우리는 물리학 이론에 최종 이론이 있으리라는 강한 느낌을 가진다.

현대 물리학에서 최종 이론에 가장 가까운 것을 연구하는 분야는 입자 물리학, 혹은 고에너지 물리학(high energy physics)이라고 부르는 분야다. 입자 물리학이라는 이름이 의미하는 바는 물질을 이루는 기본 입자들과 그들의 상호 작용을 연구한다는 뜻이다. 현대 입자 물리학의 기본 이론은 게이지장 이론(gauge field theory)을 바탕으로 한 표준 모형이다. 이 책의 저자인 스티븐 와인버그는 표준 모형의 핵심적인 형태인 전자기 상호 작용과 약한 상호 작용이 통합된 방정식을 완성한 사람이다. 그러니까 그는 평생을 최종 이론을 꿈꾸었고, 스스로 최종 이론으로 가는 가장 중요한 발자국을 내딛은 사람이다.

이 책의 가치는 다음과 같은 세 가지 방향으로 요약해 볼 수 있다. 첫째는 이 책이 처음 발행된 1992년 당시 한창 건설 중이었으면서 또한 의회에서 논란이 끊이지 않았던 초전도 대형 충돌기 (Superconducting SuperCollider, SSC) 계획을 지원하기 위한 실용적인 목적에서의 가치다. 그러기 위해서 와인버그는 양자론과 상대성 이론 등의 20세기에 이룩된 물리학의 성과들과, 표준 모형으로 대표되는 현대 입자 물리학의 모습을 그리고, 그 아름다움과 의미를 논하고, 나아가서 SSC 계획과 그 경과를 자세하게 이야기하고 있다.

와인버그는 이 책에서 단순히 SSC를 이해하는 데 필요한 배경 지식을 보여 주는 데 그치지 않고, 과학의 본질을 통찰하고 인류 문명 속에서 현대 과학의 의미와 가치를 제시하고자 한다. 그가 제안하는 가치의 핵심이 바로 '최종 이론'이다. 이런 맥락에서 최종 이론이라는 개념을 제안하고 설명하는 것이 이 책의 두 번째 내용이자 중심이 되는 내용을 이룬다. 와인버그는 입자 물리학자로서의 경험과 직관을 바탕으로 최종 이론의 의미, 존재, 미래에 대해 다양한 고찰을 제시한다. SSC는 최종 이론을 향한 직접적인 발걸음이며, 이 위대한 지적 모험을 이루어 줄 수 있는 도구다. 그러나 우리가 알고 있는 대로 SSC 계획은 1993년 10월, 무려 20억 달러가 집행된 상태에서 전격적으로 취소되었다. 이는 현대 과학 역사에 가장 큰 스캔들로 남을 것이다. 한국어판에는 SSC 계획이 취소된 이후 회한과 우려가 담긴 와인버그의 후기가 책 뒤에 실려 있어서 이 사건에 대한 전체적인 조망을 돕는다.

비록 SSC 계획은 사라졌지만, 최종 이론을 향한 노력은 계속되고 있다. SSC의 경쟁자였던 유럽 입자 물리학 연구소의 LHC는 2008년 완성되어 2010년부터 가동되면서 인간이 그동안 도달해 보지 못한 세계를 탐구하고 있다. 그러므로 이 책에서 와인버그가 보여 주는 전망은 여전히 중요하다. 아니, LHC의 실험 결과를 손에 받아들게 된 지금 최종 이론을 꿈꾸는 것은 더 중요해졌는지도 모른다.

한편 이 책은 입자 물리학을 소개하는 데 그치지 않고 현대 물리학의 진정한 대가가 과학의 본질과 여러 가지 주제에 대해 가지는 깊은 통찰을 보여 준다. 이 점이『최종 이론의 꿈(*Dreams of a Final Theory*)』의 세 번째 가치라고 할 수 있다. 최종 이론에 동의하지 않고, 심지어 거부감을 가지는 사람이라 하더라도 이 세 번째 가치만으로 이 책은 읽어 볼 만하다. 그는 최종 이론의 바탕으로서의 양자 역학의 의미, 물리학 이론과 실험의 관계, 물리학자가 생각하는 신의 의미 등에 대해 설명하고, 현대 물리학과 여러 철학적 입장에 대해서 논의한다. 특히 과학적 지식의 객관적 존재에 대한 논의는 이후 과학 전쟁이라고 부르는, 대규모의 논란을 불러일으키는 한 원인이 되기도 했다.

많은 과학책들이 과학의 역사를 논리적으로 재구성해서 설명하기 때문에, 마치 과학은 정해진 길을 따라가듯, 합리적으로 순조롭게 발전해 왔다는 느낌을 주는 경우가 많다. 이 책에서 와인버그는 과학의 발전에 장애가 되고 심지어 해를 끼쳤던 사고방식에도 상당한 페이지를 할애한다. 지오다노 브루노(Giordano Bruno)를 화형시키고 갈릴레오 갈릴레이를 법정에 세웠던 중세 신학만이 과학의 발전에 장애가 되었던 것이 아니다. 우리가 과학이라고 하면 떠올리게 되는 중요한 요소인 실증주의조차도 도그마적인 모습이 되면 더 이상 '옳은 과학'에 기여하지 못하고, 심지어 해롭게 된다. 과학은 우리가 생각하는 것보다 훨씬 더 열린 형태의 인간 활동이면서, 그 결과인 과학 지식은 — 절대적이지는 않을지 모르지만 — 객관적이다. 와인버그는 책 전체에 걸쳐서 끊임없이 이 점을 강조하고 있다.

이 책에서 와인버그가 설명하려고 애쓰는 주제 중 하나가 물리학자의 미적 감각이다. 다른 과학에 비해서도 물리학자는 두드러지게 이론이 '아름답다'는 말을 많이 하고, 연구 현장에서 일종의 '미적 감각'이 연구의 방향을 정하고 판단을 내리는 데 실제로 중요한 구실을 하기도 한다. 그러나 이때 말하는 '아름다움'이란 일상적으로 말하는 예술에서의 아름다움과는 거리가 있다. 와인버그는 이에 대해 말을 보살피는 조마사(調馬師, horse trainer)에 재치 있게 비유한다. 조마사가 경주마를 아름답다고 할 때, 그는 말의 생김새가 예쁘다고 하는 것이 아니라, 잘 뛰어서 경주에서 이길 가능성이 높다고 말하고 있는 것이다. 이는 개인적 판단이기는 하지만 미학적 판단이 아니라 객관적인 사실에 근거한 실제적인 판단이다. 물리학자가 이론에 대해서 가지는 아름답다는 느낌도 이와 비슷하게, 그 이론이 옳을 가능성이 있다는 것을 의미한다.

물론 이런 느낌은 말로 표현하기는 어렵다. 그리고 예술적인 취향처럼 개인차도 상당히 크다. 그러나 이 미적 감각에 분명히 깊게 관련된 여러 가지 개념이 있는데, 그것은 단순성, 대칭성의 원리, 그리고 수학과의 관련성 등이다. 이런 개념들이 물리학자가 말하는 아름다움을 구성하는 부분들이다. 단순성이, 그리고 대칭성이 물리학 이론에서 어떤 역할을 하는가에 관한 와인버그의 논의를 읽다 보면 상대성 이론과 양자 역학과 같은 물리학의 기본 원리들에 대한 이해가 깊어짐을 느낄 수 있다.

괴테는 근대의 새로운 보편적 교양 개념을 대표하는 사람이다. 그의 안에는 고전주의와 낭만주의가, 문학과 과학이, 예술과 기술이 함께 존재하고, 이성의 힘과 낭만적인 충동이 연결되어 나타난다. 괴테는 『색채론(*Zur Farbenlebre*)』을 통해 그 나름의 자연 과학적 탐구를 제시하는 등 그 시대의 완전한 지식인이었다. 그래서 괴테가 빚어낸 파우스트도 완전한 지식을 추구한다. 완전한 지식이란 모든 것을 안다는 것이다. 최종 이론은 종종 '모든 것의 이론(Theory Of Everything, TOE)'이라는 말과 같이 쓰이기도 한다. 그러나 정확히 말해서 와인버그가 말하는 최종 이론은 파우스트가 추구하는 지식처럼 모든 것을 알려 주는 이론이라는 뜻이 아니라, 더 이상의 환원은 없다고 이야기하는 논리적인 개념이다. 최종 이론은 어떠한 질문에도 대답을 해 주는 '데우스 엑스 마키나(deus ex machina)'가 아니라 다만 과학적 설명이 출발하는 지점이다.

아무리 환원주의가 과학에서 자연스러운 방향이라고 하더라도, 환원의 끝을 말하는 최종 이론이라는 개념은 대담한 발상이다. 빅뱅 이론이 아무리 팽창하는 우주로부터 연상될 수 있다 해도, 실제로 받아들여지기 위해서는 우주의 배경 복사와 같은 직접적인 증거를 필요로 했듯이, 최종 이론에 대해 우리가 진정으로 알기 위해서는 결국 최종 이론을 실제로 찾거나, 적어도 그에 근접한 무언가를 얻어야 할 것이다. 입자 물리학자들은 진정한 기본 입자를 찾고, 그들의 상호 작용을 알게 되면 바로 그것이 최종 이론일 것이라고 생각해 왔다. 그로부터 원자핵을 이루는 양성자나 중성자, 그리고 원자를 이루는 전자 등의 행동을 이해할 수 있고, 그러면 원자를 설명하는 이론의 근거가 갖추어지기 때문이다. 그런데 물리학의 발전에 따라 기본 입자와 그들의 상호 작용은 우리 우주가 탄생하고 진화해서 오늘의 모습이 된 것과도 밀접한 관계가 있다는 것이 점차 확실해지고 있다. 그러므로 최종 이론은 또한, 왜 우주가 이런 모습으로 존재하는가에 관한 의미를 담고 있을 것이다.

이강영 경상 대학교 물리 교육과 교수

서울 대학교 물리학과를 졸업하고 KAIST에서 입자 물리학 이론을 전공해서 박사 학위를 받았다. 연세 대학교, 서울 대학교 이론 물리학 연구 센터, 고등 과학원 연구원 및 KAIST, 고려 대학교, 건국 대학교 연구 교수를 거치며 가속기에서의 입자 물리학 현상, 힉스 입자, CP 대칭성, 암흑 물질 등에 대해 연구해 왔다. 현재는 경상 대학교 물리 교육과 교수로 재직하면서 계속 우주와 물질의 근원에 대해 이론적으로 연구하고 있다.

우리를 둘러싼 세상은 불확실하고 비대칭적이다!

이기진
서강 대학교 물리학과 교수

이 책은 읽기에 쉬운 책은 아니다. 하지만 읽어 갈수록 흥미로운 논제에 빠지게 된다. 저자의 해박한 물리학 지식의 스펙트럼이 과거에서 미래로, 좌에서 우로, 위에서 아래로 넓어지면서 이 책은 하나하나 매듭을 지어 가며 결론을 유도해 낸다.

특히 고전 물리학을 포함한 입자 물리학에서 생명의 탄생에 이르는 우주론까지 광범위한 역사적 사실을 전개하면서 펼치는 논리는 이 책이 아니면 쉽게 만날 수 없다. 또 한 가지 재미있는 점은 저자가 한때 최종 이론을 위해 물리학에 투신한 사람이었다는 점이다. 통일론자로서 물리학을 시작하면서 가졌던 자신의 꿈인 최종 이론을 하나씩 하나씩 버릴 수밖에 없는 과정과 최종 이론을 의심할 수밖에 없는 회의와 변화에 대한 논리적 과정이 흥미롭다. 이런 과정이 이 책을 신뢰할 수밖에 없는 이유 중에 하나이며 읽는 즐거움의 하나다.

그가 말하고자 하는 핵심은 우주론적 물질의 기원에서부터 생명의 기원에 관여하는 물리 법칙의 본질에는 비대칭성이 있다는 것이다. 완벽한 하나의 통일 이론(unification theory)이나 대칭적 완벽성은 우리의 기대일 뿐이라는 이야기다. 세상의 변화는 비대칭이라는 존재에 의해 좌우되고, 그 속의 미학은 '메릴린 먼로(Marilyn Monroe)의 비대칭적 점의 존재'에 있다고 저자는 말한다.

스탠리 밀러와 해럴드 유리라는 두 학자는 생명이 탄생하기 전의 물질을 만들었다. 해럴드 유리는 노벨상 수상자이기도 하다. 그들은 지구에 존재하는 무기물을 한 곳에 모아 놓고 폭파 실험을 한 다음 무엇이 만들어지는지 관찰했다. 초기 지구의 대기에 해당되는 물, 암모니아, 메탄, 수소의 혼합물에 화산 폭풍과 같은 전기 방전을 사해 준 것이다. 결과는 주황색의 걸쭉한 유기 화합물인 "생명의 스프"였다. 생명 이전의 무기물에서 생명체를 구성하는 유기 물질을 만들어 낸 것이다.

생명이 없는 물질에서 생명이 있는 물질로 가는 복잡한 과정을 이 책은 무리 없이 설명해 낸다. 지옥과 같은 초기 지구에서 산소가 만들어지고, 물질이 진화해 생명 잉태의 장소인 다윈의 "따스한 작은 연못"으로 이끈다. 이런 조건은 우주의 다른 곳에도 존재할지 모른다. 하지만 핵심은 이런 생명의 탄생과 진화에 분자 수준의 "비대칭성"이 근본적인 역할을 했다는 점이다. 단일 분자에서 복제에 이르기까지의 역동적 과정은 불완전성이 없다면 불가능하다. 생명의 근원은 "우주의 비대칭"에 있다.

우리는 지구에 살고 있다. 우리와 같은 지능을 가진 인간이 다른 은하계에 존재할 것인가? 아니면 가까운 화성에 존재할 것인가? 이 점에 대한 저자의 논조를 읽는 재미는 이 책의 매력이기도 하다.

생명이 탄생하고 진화하기 위해서는 모성과 적절한 거리만큼 떨어져 있는 행성이 있어야 하고, 생명체의 생성이 쉽게 나타날 수 있는 적절한 화학 물질이 있어야 한다. 이런 항성이 탄생하기 위해서는 수소 구름이 필요한데, 다행히 수소는 빅뱅 후 약 40만 년 후 우주 배경 복사를 이루는 광자들이 온 우주를 돌아다니며 만들어 놓았다.

태양으로부터 세 번째 행성인 지구는 운 좋은 위치에 자리 잡은 덕분에 지금과 같은 생명체를 진화시켰다. 만약 태양으로부터 이보다 더 멀리 떨어졌다면 추웠을 것이고, 이보다 더 가까웠다면 너무 뜨거워 수분이 모두 증발했을 것이다. 생명의 화학 작용의 요람 역할을 하는 물이 액체 상태로 있기에 딱 맞는 조건은 지구밖에 없다. 이런 절대적 위치를 차지하는 바다는 지구 표면적의 약 70퍼센트를 차지하며 인체의 70퍼센트가 물로 구성되어 있다는 근거를 볼 때 타당한 결론이라 생각한다.

그 후 시간의 비대칭성과 물질의 비대칭성이라는 생명 출현의 전제 조건이 갖추어지고 우리 행성에 생명이 자리 잡게 된다. 이때가 약 40억 년 전의 일이다. 이런 자연이 생명체 진화의 무대를 제공했고, 사전에 계획된 종교적 입안자 없이 진화해 왔다. 오직 시간, 화학, 지질학과 자기 보존을 위한 투쟁에 의해 여기까지 온 것이다.

빅뱅 이후 지구의 환경이 단세포에서 다세포로, 혐기성에서 호기성으로 엄청난 다양성이 뒤따랐다. 그 후 유전자들이 다시 결합하고 맞물리면서 돌연변이가 발생한다. 그 결과로 생명이 탄생했다.

인간의 존재는 유전적 복제가 불완전했기 때문이다. 불완전성이 창조와 다양성을 만든 것이다. 시간에 따라 진화하는 우리의 존재는 유전자 복제에 있다. 하지만 그 핵심적인 역할은 부정확성 때문이다. 자연의 선택에는 미리 정해진 최종 목표는 없었다. 6500만 년 전에 공룡을 멸종시킨 소행성의 충돌이 없었다면 포유류가 지배적인 위

『최종 이론은 없다』

치를 차지할 수 없었을 것이다.

특정한 환경에 대한 효과적인 적응이 인간을 만들었다. 침팬지가 인간처럼 반도체를 만들 수 없었던 것은 외부 요인도 있겠지만 진화의 과정에서 지능의 독특한 불완전한 돌연변이가 없었기 때문이다.

저자가 우주론을 통해 이야기하려는 것은, 인간의 존재는 우연의 산물이지만 우주 밖에서 절대 찾을 수 없는 소중한 존재라는 것이다. 인류의 복합한 생명체는 유일신이나 창조의 계획에 절대 포함된 것이 아니라 불가능한 확률의 존재라는 점을 설득력 있게 보여 준 점이다. 이런 논의는 이단적일 수 있지만 이 책에서는 설득력 있게 들리는 논리의 축으로 보인다.

탈레스, 요하네스 케플러(Johannes Kepler), 아인슈타인의 우주론에서 현재로 이어지고 있는 초끈 이론에 저자는 회의적이다. 현대 물리학은 모든 물리 현상을 설명할 수 있다는 가정하에 발전해 왔다. 그 이론이 최종 이론인 것이다. 최종 이론은 자연계에 존재하는 네 가지의 힘인 중력, 전자기력, 약력, 강력을 하나의 수학적 이론 틀로 묶을 수 있다는 믿음 속에 발전해 왔다.

전자기력과 약한 핵력은 하나의 이론 틀로 통합된 전약력으로 설명된다. 전약력과 강한 핵력을 통일하려는 시도가 대통일 이론이다. 하지만 아직까지는 검증 단계에 있다. 여기에 중력을 더해서 모든 힘을 통일하려는 이론이 초끈 이론이다. 초끈 이론은 부분적인 통일 이론을 만들었지만 더 많은 문제를 더 쏟아 내고 있다. 현재 입장에서 보면, 앞으로 어떻게 발전할지 모르지만 실패한 이론이라고 저자는 추정한다. 약한 상호 작용에서 내적 대칭이 깨지고, 이런 비대칭적인 결과는 우리의 존재와 연관성이 있다고 판단한다. 따라서 비대칭성이 없다면 원자도, 항성도 없고 궁극적으로 인류도 없다고 말한다.

오늘날 이론 물리학자는 대부분 물질의 구성과 우주 기원에 관련된 최종 이론이나 통일 이론에 매달리고 있다. 과연 통일 이론이 가능한가? 통일 이론의 핵심은 높은 차원의 수학적 대칭성에 있다. 대칭성은 물리학의 유용한 핵심 도구의 하나다. 우주론을 포함한 소립자 물리학의 발견에서 보여 준 높은 차원의 대칭성은 아직도 유효하다. 대칭적 현상인 에너지 보존 법칙과 전하 보존 법칙에 대해서는 대칭성이 지켜진다. 하지만 다른 비대칭성과 근사치로 지켜지는 우주엔 비대칭이 분명 존재한다.

저자는 또 다른 최종 이론의 회의론적 논리를 우주론을 들어 설명한다. 미국의 여성 천문학자 베라 루빈(Vera Rubin)은 우주의 90퍼센트가 암흑 물질일 것이라고 주장한다. 다시 말해 우리가 볼 수 있는 모든 별이 우주의 10퍼센트에 지나지 않는다는 점이다. 은하의 운동을 설명하는 데 필요한 암흑 물질의 특성을 찾으려는 '무겁고 작은 헤일로 물체(Massive Compact Halo Object, MACHO)' 연구팀은 자신들이 찾아낸 물체로 보이지 않는 암흑 물질의 절반가량을 설명할 수 있다고 주장한다. 하지만 이런 주장에도 여전히 설명할 수 없는 미지의 물질이 존재한다는 것은 불완전한 의문을 남겨 놓고 있다. 암흑 물질이 얼마나 되는지, 밀도가 어떻게 되는지, 중력의 효과가 얼마나 강력한 것인지 이제 막 첫걸음을 내디딘 상태에서 최종 이론을 논한다는 것은 무리라는 이야기다.

대통일 이론들은 지금까지 물리학자들에 의해 물질의 속성을 결정하는 세 가지 힘으로 전자기력, 강력, 핵력에 대한 이론으로 발전해 왔다. 앞으로 완전한 통일 이론은 자연의 네 번째 힘이자 마지막

『최종 이론은 없다』

힘인 중력을 포함시킴으로써 궁극적으로 달성될 것이다.

하지만 아직까지는 대통일 이론의 미래가 밝지만은 않다. 심한 경우 대통일 이론이라는 전체 그림이 크게 잘못된 것이 아닌가 의심을 하는 경우도 있다. 초끈 이론 역시 회의적인 상황에 있다고 저자는 말한다. 실재를 반영하지 못하는 불완전한 무리한 이론으로 보고 있다. 그 논리의 핵심은 초끈 이론에 적어도 11차원이 존재한다는 근저에 있다. 이런 가정은 계산을 더 복잡하게 한다. 수만 개로 만들어진 방정식의 미로에서 길을 찾으려는 초인적인 노력은 상황을 더 어렵게 만드는 요인이다. 그래서 어떤 물리학자들은 엄청난 숫자들의 늪에서 길을 잃었다고 생각한다. 초기의 흥분은 가라앉고 이제는 회의 속에 있다는 의미다. 저자도 그중 한 사람임에 틀림없다.

물리학의 발전은 대칭적으로 발전되고 검증되어 왔지만, 어느 한 순간 지구에서 공룡이 사라진 것처럼 예측 불가능한 요소가 항상 존재한다. 자연의 선택에 미리 정해진 목표가 없는 것처럼 대통일 이론에도 앞으로 어떤 돌연변이가 일어날지 모른다. 만물의 출현이 근본적 불완전성과 물질과 시간이 만든 비대칭성에 있듯이, 우리는 그 속에서 원동력을 찾아야 한다. 그 논리는 불완전한 인간이 우주 속에서 자신의 기원과 위치에 의문을 품을 줄 아는 똑똑한 종으로 진화해 왔듯이 스스로의 성찰에 의해 앞으로 해결될 문제이기 때문이다.

인내심을 가지고 끝까지 이 책을 읽어 간다면 빅뱅으로부터 역동적으로 진화해 온 우주와 생명체의 근원에 대해 확고한 가치관을 갖게 될 것이다. 하지만 중간에 포기한다면 더 혼란스러운 우주론적 사고에 떨어지게 될 것이다. 포기하지 않고 끝까지 마지막 페이지까지 어렵게 읽은 책을 덮는 순간에 빅뱅으로부터 시작한 인류 기원의 지도가 그려질 것이다. 그리고 그 원동력이 불확실성과 비대칭에 있다는 사실을 인식할 것이다. 그만큼 이 책의 스펙트럼은 넓고 포스가 있다.

이기진 서강 대학교 물리학과 교수

1960년 서울에서 태어나 서강 대학교에서 물리학을 전공하고 동 대학원에서 이학 박사 학위를 받았다. 그 후 쓰쿠바 대학교 전임 교원과 동경 공업 대학교 응용 물리학과에서 전임 교원으로 일했으며, 현재 서강 대학교 정교수로 있다. 지은 책으로『깜까의 우주 탐험』,『제대로 노는 물리 법칙』,『맛있는 물리』,『꼴라쥬 파리』,『보통날의 물리학』등이 있다.

『최종 이론은 없다』

이강영
『최종 이론의 꿈』

이명현
『최종 이론은 없다』,
사회자

이강영 물리학은 우리가 접하는 모든 물질 세상에 대한 이론을 따지는 학문이죠. 당장 눈앞에 보이는 것이 어떻게 작동하는가를 따지는 일도 굉장히 중요하지만 세상의 근원, 즉 근본 구조가 뭐냐 또는 그 배후에 무엇이 있느냐, 그러한 새롭고 더 깊은 것을 찾는 것이 옛날부터 물리학의 가장 중요한 방향이었습니다. 그런 생각이 현대에 구체적으로 드러나기 시작한 것이 19세기 초 영국의 존 돌턴이 이야기한 원자론입니다. "헤아릴 수 없이 많은 물질이 있지만 유한한 기본 원자들의 결합으로 그 모두를 설명 가능하다." 이것이 원자론의 핵심입니다. 20세기에 들어서 이제 그 원자의 구조까지도 들여다볼 수 있게 되었습니다. 원자 안에는 핵과 전자가 있었습니다. 그럼 핵은 어떨까요. 핵에도 다시 깊은 구조가 있었고 양성자나 중성자로 구성되어 있다는 걸 알게 됩니다. 그 양성자와 중성자의 성질을 연구하다 보니까, 이번에는 그것과 상호 작용하는 많은 입자들이 존재했습니다. 그런 많은 입자와 상호 작용 방식을 정리하고 연구한 결과, 1970년대 초반이 되면 혼란스러운 입자들 속에서 핵처럼 강한 상호 작용을 하는 입자들은 쿼크라는 입자의 결합으로 설명할 수 있으며 강한 상호 작용을 하지 않는 입자들은 전자와 같은 성질을 지니는 입자들이란 것을 알게 되었습니다. 입자들이 상호 작용하는 방식에는 전자기적인 상호 작용과 핵을 뭉치게 하는 강한 상호 작용, 또 다른 약한 상호 작용, 세 가지가 있습니다. 이 모든 것들에 대한 이론이 표준 모형입니다. 지금 우리가 보는 것과 같은 표준 모형의 체계가 다 만들어진 것은 대략 1970년대 중반입니다.

현재 입자 물리학에서 표준 모형이 모든 것의 끝이나, 완진한 이론이냐 하면 그렇지는 않습니다. 표준 모형만으로는 이론적으로 부족한 면도 많고 중력을 설명하지 못한다든가, 중성미자의 질량과 같이 설명되지 않는 부분들이 여전히 남아 있기도 합니다. 그래서 좀 더 근본적인 이론을 찾는 것이 바로 입자 물리학자들이 하는 연구라고 할 수 있습니다.

이명현 와인버그가 이야기하는 최종 이론이 그 '더 근본적인 이론'인가요?

이강영 와인버그 같은 입자 물리학자들은 계속 연구를 진행하면서 이론에 분명한 방향성이 있음을 깨달았습니다. 이런 방향성이 언제까지나 그런 식으로 또 하부 구조가 나타날 것이냐? 그렇다기보다는 무언가 정말로 근본적인 요소가 있어서 그 요소가 이제 모든 이론을 설명하는 근본이 되고 어디서인가 그 화살표가 멈출 것이라는 뜻으로 와인버그는 최종 이론을 이야기합니다.

이명현 어떤 사람들은 만물 이론이란 말도 쓰고 통일장 이론이란 말도 하지 않습니까? 그런 것들이 서로 혼재되어서 쓰이기도 조금 다르게 쓰이기도 하는데 조금 정리를 하고 넘어가 볼까요.

모든 이론의 끝

이강영 와인버그는 최종 이론이란 말을 무언가 이론이 끝이 난다는 뜻으로 썼습니다. 만물 이론은 theory of everything, 모든 것의 이론이란 뜻으로 쓰는데 사실 비슷한 것을 지시할 때가 많습니다. 그런데 만물 이론이라고 하면 그것만 알면 모든 것을 다 거기서 연역해 낼 수 있을 듯이 들립니다. 최종 이론은 반드시 그런 뜻은 아닙니다. 최종 이론을 안다고 거기서부터 모든 것을 연역할 수 있다. 와인버그는 반드시 그렇다고 이야기하지는 않습니다. 그런 차이가 있고요. 대통일 이론이라는 말도 고유명사인데 grand unified theory라는 말을 번역한 말입니다. 이 말은 아주 구체적으로 지금 우리가 알고 있는 기본적인 힘, 전자기력과 핵을 만드는 강한 상호 작용과 그 핵 안에서 작용하는 약한 상호 작용을 하나로 묶어서 하나의 게이지 이론으로 만드는 것을 대통일 이론이라고 합니다. 아무것이나 다 통일한다는 건 아닙니다. 일단은 그렇게 구별하도록 하죠.

이명현 여기서 두 가지 비판을 해 볼 수 있는데요. 하나, 그러한 논리들이 결국은 어떤 작은 것으로 환원된다는 환원주의가 아닌가. 입자 물리학자들 사이에서는 당연한 이야기지만 다른 쪽에서 볼 때는

『최종 이론의 꿈』 대 『최종 이론은 없다』

굉장히 불쾌한 이야기일 수 있거든요.

다른 하나는 그렇게 한쪽 방향으로만 진행하고 무언가 뒤에 숨어 있는 일종의 성배를 찾아가는 그런 작업들을 굉장히 합리적이라고 하는 과학자들이 행할 수 있느냐. 『최종 이론은 없다』에서는 그런 일이 마치 종교의 맹목적 믿음과도 유사하다라고까지 비판을 하거든요. 이 두 부분에 대해서 입자 물리학자는 어떻게 이야기하나요?

이강영 두 번째 문제를 먼저 생각해 보셨습니다. 하나를 찾는 그것이 일신론 전통에 근거한 게 아니냐. 절반쯤은 그런 면도 있을지 모른다고 동의하기도 합니다. 다른 한편으로 생각해 보면, 1929년에 허블이 우주가 팽창한다는 사실을 처음 발견했거든요. 그러면 논리적으로 과정을 거꾸로 진행시키면 한 점으로 모이는 순간이 올 거라고 유추할 수가 있습니다. 이건 그냥 유추일 뿐이긴 합니다. 어쨌든 우주가 팽창한다는 사실로부터 우주에 시작이 있을 가능성을 생각할 수가 있습니다. 최종 이론은 그런 뜻이라고 생각합니다. 지금까지 많은 화살표가 이렇게 진행되었으니까 그것이 언젠가 가장 기본적인 이론으로 수렴할 수 있는 것이 아니냐. 그런 뜻이라면 사실 일신론하고 별로 상관은 없지요. 그냥 논리적인, 있을 법한 결론일 수도 있다고 생각합니다.

그리고 환원에 대해서는, 지금까지 물리학의 역사가 그냥 환원의 역사입니다. 그리고 엄청난 성공을 실제로 거두었고요. 사실은 물리학이 지나치게 성공적이었기 때문에 물리학의 방법론을 사회 과학이나 다른 학문에서 차용해 간 면이 많습니다. 예를 들어 경제학은 기본적인 원리나 요소를 수리적으로 전개하려는 경향이 굉장히 강하죠. 언어학도 마찬가지구요. 이런 방법론은 20세기에 크게 몰아닥친 하나의 학문 경향이라고 생각합니다. 환원주의에 대한 비판은 대부분 물리학의 방법론이 적용된 다른 학문 분야에 대한 것이지, 물리학에서는 환원주의가 지금까지 실패한 적이 없습니다. 그래서 환원주의적이라는 자체에 대해 비판을 받는 일이 옳은가에 대해서는 동의하지 못하겠습니다.

이명현 통계 물리학이나 요즘 많이 나오는 사회 물리학을 보면 집단으로서 움직이는 패턴들이 나오는데 그런 패턴이 더 낮은 하부구조에 있는 원자들의 움직임하고 바로 연결되어 있다고 이야기할 수 있는지 의문이 생깁니다. 전체는 부분의 합 이상이라고도 이야기하고요. 그런 면에서 환원주의에 대한 저항도 있을 것 같은데요. 예를 들어서 생명 현상이라든가 다른 현상을 설명할 때 원자들로부터 모든 것이 이루어진다면 그 속성들이 과연 지금 나타나는 행위나 행태에 바로 반영이 되겠느냐 안 되겠느냐 이런 이야기들을 많이 하지 않습니까?

이강영 생명이라든가 물성에서 나타나는 성질에 근본적으로 새로운 원리가 있을지도 모른다고 생각을 하긴 하지만, 실제로 생물학에서도 발전은 그 근본 요소를 물리 법칙으로 다루어서 현상을 이해할 수 있게 되었을 때 더 이루어졌습니다. 단정 짓지는 못하겠지만, 그런 무언가 더 새로운, 예를 들어 생명의 출현이라든가 아니면 생명체에서 사람이라면 의식의 출현이라든가 이런 것에 뭔가 새로운 게 더 들어온다는 생각을 개인적으로 믿지는 않습니다.

이명현 그 부분에서 차이가 나기 시작하는 것 같습니다. 기본적으로 생명 현상에 원자들의 단순한 모임으로는 설명할 수 없는 부분이 많음을 인정한다. 그러나 생명 현상도 결국은 물리학에 기반을 두고 나타난 현상이다. 어떻게 그렇게 생겨나는 것인지 대한 메커니즘을 '아직' 이해하지 못할 뿐이다. 그렇게 이해하시는 거죠?

이강영 예, 저는 그렇게 생각합니다.

이명현 제가 조금 부연을 하자면 『최종 이론은 없다』 뒷부분에서는 생명 현상에 대한 설명들을 많이 합니다. 생명 현상이라고 하는 것이 환원될 수 없다는 이야기는 더 낮은 단계의 것들을 가지고, 즉 원자의 행동을 가지고 사람들의 행동을 설명할 수 없다고도 할 수 있을 텐데요. 그런 관점에서 생명 현상을 다루어서 언뜻 보기에는 좀 이원론적인, 그러니까 생명을 전체적인 물리에서 환원되는 체계에서 좀 떼어서 생각하는 그런 느낌을 많이 받았거든요. 물리학자로서 받아들이기에 좀 거북하지 않으셨나요?

이강영 생명체에서 일어나는 일, 생명체가 움직이는 방식은 굉장히 강한 되먹임(feedback)이 걸리는 시스템이라고 하면 많은 것이 설명됩니다. 물리학으로도요. 아무튼 복잡한 물리학 시스템이라고 생각하지 새로운 무언가가 더 들어오는 시스템이라고 생각하지는 않습니다.

이명현 그 부분에서는 저도 생물학보다는 물리학자에 가까우니까 박사님 말씀처럼 비슷한 견해를 갖고 있는데 다른 쪽의 이야기를 들을 수 없는 게 조금 안타깝기는 합니다. 그 정도로 정리하겠습니다.

『최종 이론은 없다』에서 강한 논지 중 하나가 제가 질문 드렸던 서양 일신론적인, 여기서 종교적인 망상이라고 표현을 했는데요. 생각해 보면 과학자들도 과학이라는 행위를 해 나가지만 결국은 몸뚱어리를 가진 사람일 수밖에 없다면, 종교라고 하는 것이 지난 수천 년 동안 우리 의식 구조를 이끌어 온 하나의 패턴이라면, 과학자들도 그 패턴에서 벗어나지 못하는 게 너무 당연하지 않은가. 오히려 그런 논의는 물리학이 아니라 진화 생물학 논의로 가야 하는 것이 아닌가 하는 생각마저 드는데요. 어떻게 생각하십니까?

이강영 그런 전통은 최종 이론 훨씬 이전에 물리 법칙이라는 개념에서도 등장했었죠. 뭔가 신이 법칙을 정해 놓았고 만물은 그것을 따른다는 식으로요. 뉴턴이 처음 물리 법칙을 만들 때도 그랬습니다.

이명현 그 이야기를 조금만 더 해 보고 싶은데요. 어떤 배경이 되는 믿음이라고 하는, 플라톤의 이데아처럼 우리가 가지고 있는 어떤 절대적인 존재에 대한 상정. 이런 것들을 우리가 확인할 수 없음에도 믿는 체계가 있다면 최종 이론 탐색이 신에 대한 종교적인 믿음과도 통한다고 하는『최종 이론은 없다』의 논리가 설득력이 있지 않을까요?

이강영 그것은 최종 이론에 대해서 할 말이 아니라 물리학 이론 자체, 자연 과학 법칙이라는 것 자체에 항상 적용되는 말이라고 생각합니다. 최종 이론이 있어야 할 근거는 없다. 아무런 증거도 없고 근거도 없다고 하는데, 사실 자연법칙이 있어야 할 근거나 증거도 전혀 없습니다. 자연이 하나의 법칙으로 돌아간다는 것 자체가 사실은 가장 신비한 일이죠. 아인슈타인도 그렇게 이야기를 했고요. 그래서 그 지적 자체는 의미가 있는데 사실 맞고 틀리고를 논하기가 어려운 말이라고 생각을 합니다.

이명현 제가 항상 궁금하고 헷갈리는 것 중에 하나가 계속 쪼개고 들어가면서 최종 이론이라고 이야기하는 무언가를 기대하면서 동시에 아마도 영원히 발견하지 못하리라고 가정하는 모양새거든요. 아까도 "최종 이론이 만물 이론이 될 수는 없고 그렇게 되는 것들은 따로 또 있을 수도 있다." 이런 언급을 하셨거든요? 그런 측면에서 보자면 최종 이론이라고 하는 것 자체를 최종 이론이라고 부를 수 있겠느냐 하는 문제도 좀 제기가 될 수 있을 것 같은데요.

이강영 확실히 우리는 최종 이론의 지배를 받는 존재이기 때문에 과연 우리가 최종 이론을 가졌어도 최종 이론이 최종 이론인지 알아볼 수 있겠느냐? 그것은 맞는 문제라고 생각합니다. 저도 잘 모르겠습니다.

이명현 사실 입자 물리학이라든지 만물 이론, 최종 이론 이런 것들을 이야기할 때는 물리학자들이 아름답다는 단어로 표현을 많이 하거든요. 물리학자들이 어떤 이론이 있다면 굉장히 아름다워야 하고 우주 만물은, 세상은 굉장히 아름다워야 한다는 식으로요. 그 아름답다고 하는 표현이 예술가들이 말하는 미적인 아름다움하고 어떻게 같고 어떻게 다른가요?

이강영 와인버그의 비유대로라면 아름다운, 좋은 말이란 잘 달리는 말이죠. 잘 달리는 말이라는 건 뭐 다리가 길 수도 있고 어디 근육이 발달할 수도 있고 많은 이론이 있을 겁니다. 그렇지만 이제 조마사는 숙달된 경험으로 그걸 알아볼 수 있는 거지요. 물리학자들이 어떤 이론이 아름답다는 것은 털 빛깔이 예쁘다던가, 목 길이와 다리 길이의 비가 좋아 보인다던가 하는, 우리가 예술을 표현할 때 쓰는 것과 같은 뜻의 아름다움이 아니라, 이 이론이 잘 작동한다, 그러니까 더 실제와 잘 맞는, 실제의 진실을 담고 있는 그런 이론이라는 뜻으로 이야기를 하는 겁니다.

이명현 그것과 연관해서 보통 자연에서의 대칭성 같은 것을 굉장히 중요하게 생각하지 않습니까? 대칭이면 아름답다고 표현하고, 자연과 잘 맞아떨어진다고 하기도 하고. 단순한 것이 더 근본적이라고 생각하구요. 복잡한 현상이 있지만 쪼개 가면 결국 단순한 알갱이로 환원된다. 이게 환원주의적인 입장이구요. 그 뒷면에는 항상 단순과 대칭, 단순함이, 수학과의 연관성이 존재한다. 그런 걸 아름답다고 표현하지 않습니까? 그런데 세상을 보면 —『최종 이론은 없다』에서 메릴린 먼로의 점 이야기를 하는데요. — 오히려 비대칭인 점을 통해서 메릴린 먼로라는 여배우의 아름다움과 매력이 발산되는 것이다라고 이야기를 하지요. 사실 역사적으로 보더라도 자연이 단순하고 대칭인 것만은 아니죠. 대칭이 깨어지거나 단순성에서 벗어나는 그런 것들이 있어요. 자연은 아름답다고 표현을 하고 대칭적이고 단순

『최종 이론의 꿈』 대 『최종 이론은 없다』

하다고 하지만 실제 우리가 관측하는 것은 항상 비대칭적이고, 생명의 태동도 불완전함 속에서 돌연변이 같은 불완전한 현상을 통해서 나타나고. 그러니까 사실 세상은 비대칭, 불완전, 아름답지 않은 것, 복잡한 것, 이런 게 오히려 본성이고 본질이라고 이야기할 수 있지 않을까. 그런 질문을 할 수가 있거든요. 어떻게 생각하십니까?

이강영 한마디로 말하자면 조금 아까 말씀드린 와인버그가 아름답다는 것은 이론이 아름답다는 것이고, 방금 발씀하신 것들은 현상이 아름답다는 겁니다. 같은 단어를 쓰지만 사실 전혀 다른 걸 이야기하는 것이죠. 현상이 아름답다고 하면 우리가 예술 작품을 감상할 때 느끼는 아름다움과 오히려 비슷하다고 생각됩니다. 이론이 아름답다고 할 때는 기능적인, 굉장히 실용적인 의미에서 아름답다고 하는 것이라고 말씀드렸습니다. 잘 뛰는 말이 아름다운 것이죠. 현상이 아름다운 것은 허리가 날씬하다던가 무언가 다른 관점에서 아름답다고 이야기를 하는 거죠. 아름답다는 말만 같을 뿐 사실은 다른 이야기를 하고 있다고 생각합니다.

이명현 그렇다면 이것은 어떻습니까? 최근에 『위대한 설계』에서 스티븐 호킹이 몇 가지 이야기를 하는데요. 거기서 초끈 이론이 여러 가지가 있지 않습니까? 그런 이론들 몇 개를 묶어서 M 이론이라고 하는 일종의 누더기 이론으로, 단 하나의 이론이 아니라 각기 다른 것을 설명할 수 있는 여러 이론을 통합해서 모든 것을 설명하려고 하는데요. 그런 게 오히려 더 현실적이고 실제적인 접근법이 아닐까요?

최종 이론의 후보들

이강영 사람들이 초끈 이론을 만들어 연구하다 보니까 동등한 초끈 이론을 다섯 개 만들 수 있음을 알게 됐어요. 곤란하잖아요. 논리적으로 어느 쪽이 맞다고 할 수 없는 이론을 여러 개를 만들 수 있게 되었습니다. 와인버그가 책을 쓸 때까지는 그랬는데 1990년대 중반에 에드워드 위튼(Edward Witten)이 그 이론들이 다 논리적으로 연결된 것이라고 설명을 합니다. 그것은 그렇게 일단 해결이 되었습니다. 문제는, 초끈 이론을 풀면 정확히 우리가 사는 세상이라는 유일한 답이 나와야 했는데, 물론 그렇게 딱 풀리는 것은 먼 훗날의 일이 되겠지만, 그렇지 않다는 것을 발견한 겁니다. 그런 답 자체가 무지무지하게 많았습니다. 그냥 많은 정도가 아니라 자연 과학에 나온 숫자 중에 가장 클 정도로.

이명현 10의 수백 승이죠?

이강영 예. 10의 500승 정도거든요. 그래서 초끈 이론이 정말로 맞았다면 우리가 지금까지 생각했던 식으로 최종 이론을 만물 이론이라고 부르기는 굉장히 어렵게 됩니다. 아주 많은 가능성이 있어서 우리가 사는 곳은 우연히 그중의 하나일 뿐이죠. 그럼 나머지 답들은 다뭐냐. 그래서 최종 이론이 무엇이냐 하는 부분이 혼란스러워집니다.

이명현 그분들은 그렇게 되어 있는 것들도 아름답다고 표현을 하나요? 그 자체를?

『최종 이론의 꿈』 대 『최종 이론은 없다』

이강영 그것은 우리 세상에서 물질의 문제인데 그것을 다른 차원의 기하학으로 설명을 하니까 어떤 의미에서 아름답다고 할 수 있지요. 기하학으로 모든 것을 환원하는 식의 설명이니까.

이명현 결국은 또다시 환원으로 돌아왔네요.

이강영 사실 잘 환원되는 것을 아름답다고 한다 해도 과언이 아닐지 모릅니다.

이명현 그렇다면 그런 것들 때문에 지금은 초끈 이론을 가지고 최종 이론의 꿈을 해결한다는 꿈은 포기한 건가요?

이강영 아니죠. 어떻게 해야 할지, 그것을 어떻게 이해할지 모른다는 것이 아마 현 상황일 겁니다. 그 수많은 답을 이용해서 우리 세상의 많은 것을 설명하려고도 하고. 가능성은 아직 많습니다. 한 예로 레너드 서스킨드가 만든 '풍경(landscape)'이란 개념이 있는데 수없이 많은 답이 존재하는 그것을 풍경이라고 썼습니다. 서스킨드는 풍경이 오히려 아주 많은 것을 설명해 주고 왜 굳이 그중의 하나에 우리가 살고 있느냐 하는 사실이 우주의 의미를 설명하는 방식이 될 수 있다고 합니다. 오히려 그것을 굉장한 축복이라고 생각하는 모양입니다. 10의 500승이라는 많은 답이 어떻게 나왔는지는 사실 전 잘 모르겠지만요.

이명현 그것은 너무나 긍정적인 해석 아닐까요. 처음에 초끈 이론이 딜레마에 빠진 것이 너무나 많은 것들이 나오니까 단일한 답을 찾을 수 없다는 것이었는데 지금은 오히려 그것이 많으니까 궁여지책으로 갖다 붙이는 말처럼 들릴 수 있잖아요.

이강영 조금이라도 틀리면 생명의 존재 자체가 위험에 빠지는, 우리를 만드는 숫자들이 정확하게 나온다는 것을 거꾸로 풍경이라는 개념으로 설명하는 것이지요. 이미 우주에는 그만한 충분한 가능성이 존재하기 때문에.

이명현 그중에 하나에서 우리가 살아가는 것이다.

이강영 예. 그러니까 생명이 존재하는 것도 당연합니다. 원래 그렇게 충분히 많은 가능성이 있었기 때문에.

이명현 지금 초끈 이론에 더는 통일된 것을 찾을 길이 없다는 뜻으로 이해해도 될까요?

이강영 사실 갈 곳을 잃은 셈이죠. 물론 모든 사람이 다 초끈 이론을 최종 이론이라고 생각했던 것도 아니고요.

이명현 다른 후보들이 또 있습니까?

이강영 어디로 갈지는 사실 모르지만 대략의 방향, 그러니까 지금까지 우리가 이렇게 해서 확립된 이론으로서의 표준 모형, 그다음에

『최종 이론의 꿈』 대 『최종 이론은 없다』

표준 모형이 갈 수 있는 가능한 몇 가지 방향, 그런 것에 대해서는 많은 이론이 있고 사람들이 선호하는 것들이 있고 그렇습니다. 지금은 목적지를 모르고 있다고 해야 하겠죠.

이명현 여전히 무언가가 있을 것이라고만 믿는 셈이군요.

이강영 예. 적어도 다음 한 걸음으로 뭔가 있을 것 같다는 생각들을 많이 갖고 있습니다.

책 대 책 도서 목록

● 그림으로 보는 시간의 역사
스티븐 호킹 | 김동광 옮김
까치 | 2001년 12월

● 막스 플랑크 평전
에른스트 페터 피셔 | 이미선 옮김
김영사 | 2010년 4월

● 물리법칙의 발견
블라트코 베드럴 | 손원민 옮김
모티브북 | 2011년 9월

● 버스트
알버트 라즐로 바라바시 | 강병남, 김명남 옮김
동아시아 | 2010년 7월

● 부분과 전체
베르너 하이젠베르크 | 김용준 옮김
지식산업사 | 2005년 4월

● 블랙홀 전쟁
레너드 서스킨드 | 이종필 옮김
사이언스북스 | 2011년 8월

● 사회적 원자
마크 뷰캐넌 | 김희봉 옮김
사이언스북스 | 2010년 8월

● 숨겨진 우주
리사 랜들 | 김연중, 이민재 옮김
사이언스북스 | 2008년 3월

● 슈뢰딩거의 삶
월터 무어 | 전대호 옮김
사이언스북스 | 1997년 6월

● 스트레인지 뷰티
조지 존슨 | 고중숙 옮김
승산 | 2004년 2월

● 시간 여행자의 아내
오드리 니페네거 | 변용란 옮김
살림 | 2009년 8월

● 신의 입자를 찾아서
이종필
마티 | 2008년 8월

● 아메리칸 프로메테우스
카이 버드, 마틴 셔윈 | 최형섭 옮김
사이언스북스 | 2010년 8월

● 아인슈타인 우주로의 시간 여행
리처드 고트 | 박명구 옮김
한승 | 2003년 8월

● 은하수를 여행하는 히치하이커를
위한 과학
마이클 핸런 | 김창규 옮김
이음 | 2008년 5월

● 은하수를 여행하는 히치하이커를
위한 안내서
더글러스 애덤스 | 김선형, 권진아 옮김
책세상 | 2004년 12월

445

책대책

1판 1쇄 찍음 2014년 11월 7일
1판 1쇄 펴냄 2014년 11월 14일

기획	아시아태평양이론물리센터(APCTP)
지은이	고중숙 외 22인
펴낸이	박상준
펴낸곳	(주)사이언스북스

출판등록 1997. 3. 24.(제16-1444호)
(135-887) 서울시 강남구 도산대로1길 62

대표전화	515-2000	**팩시밀리**	515-2007
편집부	517-4263	**팩시밀리**	514-2329

www.sciencebooks.co.kr

ISBN 978-89-8371-705-4 03400